U0223338

"十二五"国家重点图书出版规划项目
材料科学研究与工程技术系列

轧制技术基础

霍晓阳　主　编
杨　林　副主编

哈尔滨工业大学出版社

内容提要

本书内容主要包括:轧制工艺基础,轧制理论基础,型材生产,棒线材生产,板带钢的生产,钢管的生产和特种轧制技术 7 部分。轧制技术是一门综合性极强的技术,它以塑性加工力学、材料加工金属学、材料加工摩擦学为基础,以钢铁产品轧制生产流程为主线,研究各类钢型材的生产工艺。

本书可作为材料成型与控制工程专业及材料科学与工程专业本科生教材,也可作为相关专业技术人员的参考书。

图书在版编目(CIP)数据

轧制技术基础/霍晓阳主编. —哈尔滨:哈尔滨
工业大学出版社,2013.10
　(材料科学研究与工程技术系列)
　ISBN 978 - 7 - 5603 - 4105 - 7

Ⅰ.①轧…　Ⅱ.①霍…　Ⅲ.①轧制-高等学校-
教材　Ⅳ.①TG33

中国版本图书馆 CIP 数据核字(2013)第 122252 号

材料科学与工程
图书工作室

责任编辑　张秀华
封面设计　卞秉利
出版发行　哈尔滨工业大学出版社
社　　址　哈尔滨市南岗区复华四道街 10 号　邮编 150006
传　　真　0451 - 86414749
网　　址　http://hitpress.hit.edu.cn
印　　刷　哈尔滨工业大学印刷厂
开　　本　787mm×1092mm　1/16　印张 14　字数 323 千字
版　　次　2013 年 10 月第 1 版　2013 年 10 月第 1 次印刷
书　　号　ISBN 978 - 7 - 5603 - 4105 - 7
定　　价　28.00 元

(如因印装质量问题影响阅读,我社负责调换)

前　言

　　钢铁材料用途广泛,在国民经济建设中起着举足轻重的作用,钢铁生产水平是衡量一个国家经济实力、国防实力的重要标志。2010 年我国钢产量达到世界钢铁总产量的45%,已成为世界钢铁大国,90% 以上的钢铁制品需经过轧制成型。近年来,高精度轧制技术、无头轧制技术、控轧控冷技术,以及轧制过程的自动控制和智能控制技术等迅速发展,轧制技术已成为复杂的系统工程。

　　轧制技术是一门综合性极强的技术,它以塑性加工力学、材料加工金属学、材料加工摩擦学为基础,以钢铁产品轧制生产流程为主线,研究各类钢型材的生产工艺。本书内容主要包括:轧制工艺基础,轧制理论基础,型材生产,棒线材生产,板带钢的生产,钢管的生产和特种轧制技术 7 部分。

　　通过对"轧制技术基础"课程的学习,可以掌握各类钢型材的生产工艺过程、工艺规律,了解国内外轧钢生产新的学术思想、新工艺、新技术,具有制定工艺规程、组织轧钢生产工艺过程的初步能力。本课程的实践性较强,通过生产实习、工艺实验、课程设计等实践活动,可以对本课程有更加深入的理解。

　　全书霍晓阳任主编,杨林任副主编。第 1～4 章由河南理工大学霍晓阳编写,第 5、6章由辽宁石油化工大学杨林编写,第 7 章由辽宁石油化工大学闫伟编写。

　　本书可作为材料成型与控制工程专业及材料科学与工程专业本科生教材,也可作为相关专业技术人员的参考书。

　　由于编者水平有限,书中定有缺欠和不当之处,恳请读者批评指正。

编　者

2013 年 6 月

目　　录

第1章 轧制工艺基础

金属压力加工是对具有塑性的金属施加外力作用使其产生塑性变形,改变金属的形状、尺寸和性能而获得所要求的产品的一种加工方法。金属压力加工的主要方法包括轧制、锻造、冲压、拉拔和挤压等。轧制是金属压力加工中使用最广泛的方法,采用轧制方法生产的金属制品称为轧材。

1.1 轧材的种类及用途

轧材在国民经济建设中广泛应用,其品种规格已达数万种之多。按金属与合金种类的不同,金属轧材分为钢材以及铜、铝、钛等有色金属与合金轧材;按断面形状尺寸的不同,轧材又分为型材、线材、板材、带材、管材及特殊品种轧材等。

1. 按化学成分分类

轧材中钢材的应用最为广泛,按化学成分的不同可分为碳素钢材和合金钢材。

（1）碳素钢材

碳素钢材的分类方法有多种,其中按用途分为碳素结构钢材和碳素工具钢材。普通碳素结构钢材的牌号以钢的屈服强度表示,例如 Q235 表示该钢的屈服强度为235 MPa。优质碳素钢材的牌号用平均碳质量分数的万分数的数字表示,例如 45 钢即表示碳的质量分数约为 0.45% 的钢。碳素工具钢牌号用平均碳质量分数的千分数的数字表示,数字之前冠以"T",例如 T9 表示碳质量分数为 0.9% 的碳素工具钢。

（2）合金钢材

合金钢材通常是按用途分类,分为合金结构钢、合金工具钢和特殊性能钢。合金结构钢编号方法是:前两位数字表示平均碳质量分数为万分之几,元素符号后面的数字表示该元素平均质量分数为百分之几。例如,18G2Ni4WA 表示平均成分为 $w(C) = 0.18\%$,$w(Cr) = 2\%$,$w(Ni) = 4\%$,$w(W) < 1.5\%$。合金结构钢中的滚动轴承钢编号例外,在钢号前加"G",其后数字表示平均铬质量分数为千分之几,而平均碳质量分数大于等于 1.0% 时不标出,例如 GCr15 钢中铬的质量分数为 1.5%。合金工具钢编号方法是前一位数字表示平均碳质量分数为千分之几。当平均碳质量分数大于 1.0% 时,钢号中不标出数字,元素符号后面的数字为该元素平均质量分数为百分之几,例如,9SiCr 表示平均成分为 $w(C) = 0.9\%$,$w(Si) < 1.5\%$,$w(Cr) < 1.5\%$;CrWMn 表示平均成分为 $w(C) > 1.0\%$,$w(Cr) < 1.5\%$,$w(W) < 1.5\%$,$w(Mn) < 1.5\%$。

在有色金属及合金的轧材中,应用较为广泛的是铝、铜、钛等有色金属及其合金的轧材,主要应用于机械、电器、航空航天、汽车制造等领域。

① 铝合金。纯铝的强度和硬度低,不适于制造受力的机械零件,可通过加入合金元素制成铝合金,提高性能。一般轧制变形铝及铝合金可分为铝(L)、硬铝合金(LY)、超硬

铝合金(LC)、防锈铝合金(LF)、锻铝合金(LD)及特殊铝合金(LT)等;铝合金也可按热处理特点不同分为可热处理强化的铝合金和不可热处理强化的铝合金两大类。铝合金的体积质量很小,采用各种强化手段后,铝合金的强度可以接近低合金高强度钢,因此其比强度(强度与体积质量之比)比一般的高强度钢高得多。

② 铜合金。铜及其合金一般可分为紫铜、普通黄铜、特殊黄铜、白铜及青铜等。工业纯铜称为紫铜;只含锌不含其他合金元素的黄铜称为普通黄铜;除锌以外,再加入 Al、Mn、Pb、Si 和 Ni 等合金元素的黄铜称为特殊黄铜;铜镍合金称为白铜;将黄铜和白铜以外的所有铜合金称为青铜。它们具有很好的导电、导热、耐蚀及可焊等性能。

③ 钛合金。钛及钛合金的机械性能和耐蚀性能高,比强度和比刚度都很大。常用于制造航空发动机压气机盘和叶片等部件。

2. 按断面形状分类

根据轧材形状特征的不同,可归纳为型材、线材、板材、带材、管材等品种。

(1) 型材

型材的品种繁多,主要用轧制方法生产,型钢一般占钢材总量的30% ~ 35%。常用有色金属及其合金因其熔点和变形抗力较低,对尺寸和表面要求较严,故绝大多数采用挤压方法生产;而生产批量较大,尺寸和表面要求较低的中小规格棒材、线坯和简单断面型线材时,采用轧制方法。

型材按应用范围可分为常用型材(方钢、圆钢、扁钢、角钢、槽钢和工字钢、H 型钢等)及专用型材(钢轨、T 字钢、球扁钢、窗框钢等);型材按断面形状可分为简单断面型钢和复杂断面型钢;按其生产方法还可分为轧制型钢、弯曲型钢、焊接型钢等。

通常型材按其断面形状分类如下:

① 简单断面型钢。简单断面型钢大致包括圆钢、方钢、扁钢、角钢等,如图1.1 所示。

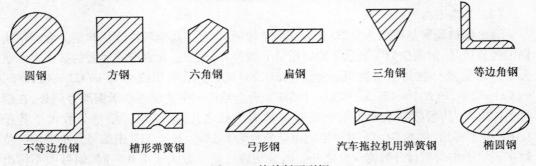

圆钢　　　方钢　　　六角钢　　　扁钢　　　三角钢　　　等边角钢

不等边角钢　　槽形弹簧钢　　弓形钢　　汽车拖拉机用弹簧钢　　椭圆钢

图1.1　简单断面型钢

圆钢　　断面形状为圆形的钢材称为圆钢,其规格以断面直径来表示。圆钢的直径一般为5 ~ 200 mm,初轧机轧制的直径可达350 mm。直径为5.5 ~ 9 mm的小圆钢,用于拔制钢丝、制造钢丝绳、钢索、钉子、焊条芯线、弹簧、辐条等;直径为10 ~ 25 mm 的圆钢,是常用的建筑钢筋,也用以制作螺栓等零件;直径为30 ~ 200 mm 的圆钢用来制造机械上的零件;直径50 ~ 350mm 的圆钢可用作无缝钢管的坯料。

方钢　　断面形状为正方形的钢材称为方钢,其规格以断面边长的尺寸来表示。通常轧制的方钢边长为4 ~ 250 mm,个别情况还有更大些的。方钢可用来制造各种设备的零部件、铁路用的道钉等。

六角钢　其规格以六角形内接圆的直径尺寸来表示,通常轧制六角钢的内接圆直径为 7 ~ 80 mm,多用于制造螺母。

扁钢　断面形状为矩形的钢材称为扁钢,其规格以厚度和宽度来表示。通常轧制的扁钢厚度为 3 ~ 60mm,宽度为 10 ~ 240mm。扁钢可作为板簧、机械零件、钢框架、农具、刃具、薄板,焊管等的坯料。

三角钢、弓形钢和椭圆钢　这些断面的钢材多用于制作锉刀。三角钢的规格用边长尺寸表示,通常轧制的三角钢边长为 9 ~ 30 mm。弓形钢的规格用其高度和宽度表示,一般的弓形钢高度为 5 ~ 12 mm,宽度为 15 ~ 20 mm。椭圆钢规格用长、短轴尺寸来表示,其长轴长为 10 ~ 26 mm,短轴长为 4 ~ 10 mm。

角钢　有等边、不等边角钢两种,其规格以边长与边厚尺寸表示。常用等边角钢的边长为 20 ~ 200 mm,边厚为 3 ~ 20 mm。不等边角钢的规格分别以长边和短边的边长表示,最小规格的不等边角钢长边为 25 mm,短边为 16 mm;最大规格的不等边角钢长边为 200 mm,短边为 125 mm。角钢多用于金属结构、桥梁、机械制造和造船工业,常为结构体的加固件。

②复杂断面型钢。复杂断面型钢经常轧制的品种有槽钢、工字钢、钢轨等,如图 1.2 所示。

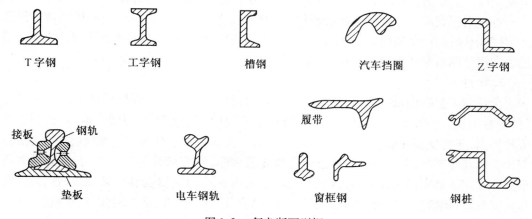

T 字钢　　工字钢　　槽钢　　汽车挡圈　　Z 字钢

接板　钢轨　　　　　　　　　履带

垫板　　　电车钢轨　　窗框钢　　钢桩

图 1.2　复杂断面型钢

槽钢　其规格以高度尺寸表示,一般的槽钢标有 No5 ~ 40,即高度等于 50 ~ 400 mm。槽钢应用于工业建筑、桥梁和车辆制造等。

工字钢　工字钢规格以高度尺寸表示,一般的工字钢标有 No10 ~ 63,即高度等于 100 ~ 630 mm。特殊的高度可达 1 000 mm。工字钢广泛应用于建筑用梁、地下构件等。

钢轨　钢轨的断面形状与工字钢相类似,所不同的是其断面形状不对称。钢轨规格以每米长的质量来表示。钢轨可分为轻轨与重轨。钢轨主要用于铁路用轨、电车用轨、起重机用轨等,也可用于工业结构部件。

T 字钢　T 字钢分腿部和腰部两部分,其规格以腿部宽度和腰部高度表示,广泛用于金属结构、飞机制造及其他特殊用途。

Z 字钢　Z 字钢也分为腿部和腰部两部分,其规格是以腰部高度表示,广泛应用于制造铁路车辆、工业建筑和农业机械等。

③ 特殊形状轧钢。特殊形状轧钢是指用纵轧、横轧、斜轧等特殊轧制方法生产的各种周期断面及特殊形状轧钢,如车轴、变断面轴、钢球、齿轮、丝杠、车轮和轮箍、内螺纹管以及双耳管等。

（2）板带材

板带材是应用最为广泛的轧材,占钢材比例的50% ~ 60%。板带材是一种宽度与厚度比值(B/H) 很大的扁平断面钢材,包括板片和带卷。板带材按厚度分为厚板、薄板、箔材;按轧制方法分为热轧板带材和冷轧板带材;按用途还可分为桥梁板、锅炉板、造船板、汽车板、镀层板、电工钢板等。通常板带材按其厚度分类如下:

厚板　厚板属于热轧板材,厚度为4 ~ 20 mm为中板,20 ~ 60 mm为厚板,60 mm以上为特厚板;板材厚度可达 500 mm,宽至 5 000 mm,长达 25 000 mm 以上,一般成张供应。主要用于锅炉、造船、车辆、重型机械、桥梁、槽罐等。

薄板　热轧、冷轧皆可生产薄板,厚为0.2 ~ 4 mm,宽为2 800 mm,可剪成定尺长度供应,也可成卷供应。用于车辆、电机、仪表外壳、家用电器等。

箔材　箔材属于冷轧产品,一般厚度为0.2 ~ 0.001 mm,宽度为20 ~ 600 mm,常以带卷供应。用于表面包层和包装,可起隔冷、隔热、隔潮、隔音等作用。

各种钢板宽度与厚度的组合已超过 5 000 种以上,宽度与厚度的比值达 10 000 种以上,异型断面钢板、变断面钢板等新型产品不断出现。板带钢不仅作为成品钢材使用,而且也常用于制造弯曲型钢和焊接钢等的原料。

3. 管材

全长为中空断面,长度与周长的比值较大的钢材称为管材。管材规格用其外形尺寸（外径或边长）和壁厚（或内径）表示。管材按断面形状分为圆形、方形、矩形、椭圆形及多种异型,还有变断面管材,如图 1.3 所示。管材按制造方法分为无缝钢管、焊接（有缝）钢管及冷轧与冷拔钢管;按管端状态可分为光管和车丝（带螺纹的）管,后者又分为普通车丝管和端头加厚的车丝管;按外径和壁厚之比的不同,还可分为特厚管、厚壁管、薄壁管和极薄壁管;钢管按用途分为管道用管、锅炉用管、地质钻探管、化工用管、轴承用管、注射针管等。

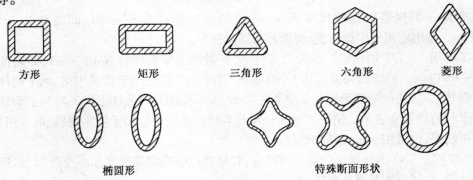

方形　　　　矩形　　　　三角形　　　　六角形　　　　菱形

椭圆形　　　　　　　　　　特殊断面形状

图 1.3　异型钢管断面形状

各种钢管的规格按直径与壁厚组合也非常多,其外径小至0.1 mm,大至4 000 mm;壁厚小至0.01 mm,大至100 mm。钢管的产量一般约占钢材总产量的8% ~ 16%。无缝钢管的主要用途是高压用管、化工用管、气体容器用管、油井用管、炮管、枪管等。焊接钢管可用于煤气管、水道用管、自行车和汽车用管等。随着社会需求的增加,新的钢管品种还在不断增多。

用轧制方法生产钢材,生产效率高,产品质量好,金属消耗少,生产成本低。随着轧制钢材产量的不断提高,钢材品种规格必将日益增大。

1.2　产品标准和技术要求

轧材的技术要求是为满足客户提出的使用要求而必须具备的规格和技术性能。轧材技术要求是按用途要求提出的,再根据当时实际生产技术水平的可能性和生产的经济性制订的,它体现为产品的标准。如根据用途的要求,制订产品形状、尺寸、表面状态、机械性能、物理化学性能、金属内部组织和化学成分等方面的标准。

由于各种轧材使用范围不同,产品标准也各不相同。产品标准相应地分为企业标准、地方标准与国家标准或部颁标准,也可以是由供需双方制订并认可的临时协议标准。企业标准是几个企业之间根据使用要求和生产条件相互协商而制订的标准,它仅适用于承认该协议的各企业。地方标准是指对于某些只在局部地区通用的产品所制订的标准,它只适用于一定的地区。而国家标准则是根据产品的使用要求与生产条件所制订出的适用于全国各生产企业的标准。常见的标准如美国的 U. S. 标准、德国的 DIN 标准、日本的 JIS 标准及中国的 GB(国家标准)、YB(冶金工业标准)、企业标准等。

轧材的产品标准一般包括品种(规格)、技术条件、验收交货等方面的内容。

1. 品种规格标准

品种规格标准是对轧材形状和尺寸精度的要求。形状方面要求形状规整,断面无歪扭,保证小于一定的不直度和表面不平度等;尺寸精度方面要求轧材轧后应满足的尺寸及偏差。在满足使用要求的前提下,以节约金属,减轻金属结构的重量为原则,因此提倡负偏差轧制,即在尺寸的负偏差范围内轧制。但若某些钢材在使用时还要经过加工处理工序,则要按正偏差轧制。例如,工具钢由于要经退火,钢板长度和宽度要经剪裁,故全部按正偏差轧制。

2. 技术条件

产品技术条件根据轧材的不同而不同,一般包括表面质量、组织结构、化学成分及性能等,同时还包括某些试验方法和试验条件。

表面质量直接影响到轧材的使用性能和寿命,主要包括表面缺陷、表面光洁和平坦程度,如表面裂纹、结疤、重皮、氧化铁皮等。

轧材性能主要取决于轧材的组织结构和化学成分,因此在技术条件上规定了化学成分、晶粒度、钢材内部缺陷、杂质形态及分布等金属组织结构方面的要求。轧材性能要求一般指轧材强度、塑性和韧性等机械性能以及弯曲、冲压、焊接等工艺性能,还有磁性、抗腐蚀性等特殊物理化学性能,有时还对硬度及其他指标有要求。通过拉伸试验、冲击试验及硬度试验可以确定这些性能指标。

3. 验收标准

验收标准指验收时应遵循的一些规定,一般包括试验内容、取样部位、试样形状和尺寸、试验条件及方法等;轧材交货时的包装、标识方法以及质量证明书的内容等。某些特殊轧材还规定了特殊的成品试验要求。

需要指出,技术条件是钢铁企业组织生产的法规。国家标准、部颁标准等只是说明某种产品的一般要求或最低要求。为了满足用户更高的要求,以提高企业的声誉和竞争能力,取得更好的经济效益,企业内部往往制订内控标准,采用某种工艺使产品在某一方面达到更高的水平。随着产品要求和生产技术水平的提高,标准也在不断修改、补充和提高。

1.3　轧材生产方法

轧制过程是靠旋转的轧辊与轧件之间形成的摩擦力将轧件拖进轧辊之间,并使之受到压缩产生塑性变形的过程,在轧辊压力作用下,轧件在长、宽、高三个方向上完成塑性成型。轧制过程除使轧件获得一定形状和尺寸之外,还必须使轧件具有一定的组织和性能。根据轧件长度方向与轧辊轴向的关系,轧制方法大致可分为纵轧、斜轧和横轧等方法。

1. 纵轧

纵轧就是轧件在相互平行且旋转方向相反的平直轧辊或带孔槽轧辊缝隙间进行的塑性变形的过程,轧件的前进方向与轧辊轴线垂直,如图 1.4(a) 所示。常见的机型有二辊轧机、三辊轧机、四辊轧机、六辊轧机、多辊轧机、万能轧机等。纵轧广泛用于生产钢坯、板带材和型材。

2. 斜轧

斜轧的两个轧辊呈一定的角度且旋转方向相同,轧件做螺旋形运动。轧件沿轧辊交角的中心线方向进入轧辊缝隙,在变形过程中,轧件除绕其轴线做旋转运动外,还做沿其轴线方向前进运动,如图 1.4(b) 所示。常见的机型有二辊和三辊斜轧穿孔机、轧管机等。斜轧广泛用于无缝管材生产。

3. 横轧

在横轧过程中,轧件轴线与轧辊轴线平行,金属只有绕其自身轴线的旋转运动,故仅在横向受到加工,如图 1.4(c) 所示。常见的机型有齿轮轧机。

4. 特殊轧制

特殊轧制就是不能简单地用上述 3 种方法描述的轧制方式。比如周期式轧管机,虽然它近似于纵轧,但与一般纵轧不同的是轧辊在做旋转运动的同时,还有在水平方向上的移动,因而轧件的拖入方向与轧辊旋转方向相反,且轧制是周期性的。常见的特殊轧制方法有车轮及轮箍轧制、周期断面轴轧制、钢球轧制等。

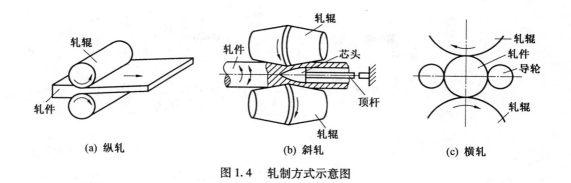

图 1.4 轧制方式示意图

1.4 轧制工艺流程

由钢锭或钢坯轧制成具有一定规格和性能的钢材的一系列加工工序的组合,称为轧钢生产工艺流程。如何能够优质、高产、低成本地生产出合乎技术条件的钢材,是制订轧钢生产工艺流程的总任务和总依据。

铁矿石转变成钢材要经历许多复杂的过程,必须经过炼铁、炼钢和轧钢 3 个阶段,各个阶段又包括很多复杂的工序。

就轧钢生产而言,传统的轧钢工艺是以模铸钢锭为原料,从钢锭浇注车间送来的钢锭首先放入均热炉中加热,当其温度达到要求且内外温度均匀后,再送到初轧机上轧出方坯、扁坯或板坯等半成品,这些半成品又分别在型钢、板带钢、钢管等各种钢材轧制车间,继续经过加热、轧制、精整等工序生产出所需的成品。图 1.5 为从炼铁、炼钢到轧制成材的生产工艺简图。

近年来连续铸造技术迅猛发展,钢水直接铸成连铸坯,省去了铸锭、均热、初轧等多道工序,在很大程度上简化了钢材生产工艺流程,显著降低了生产成本。碳素钢和合金钢的一般生产工艺流程,如图 1.6、1.7 所示。采用连铸坯生产系统,不需要大的开坯机,无论是板带材或型材,一般都经一次加热轧出成品。采用铸锭的大型生产系统,需要大型的初轧机,钢锭重量大,一般采用热锭作业及二次或三次加热轧制的方式。合金钢的一般生产工艺流程在工序上比碳钢复杂,包括铸坯的退火、轧制后的退火、酸洗等工序,有时采用锻造代替轧制开坯。钢材冷轧生产的一般工艺流程必须有轧制前的酸洗和退火相配合。

不同的轧制产品具有不同的工艺过程,最基本的工序是原料的准备、加热、轧制、冷却与精整和质量检查等工序。

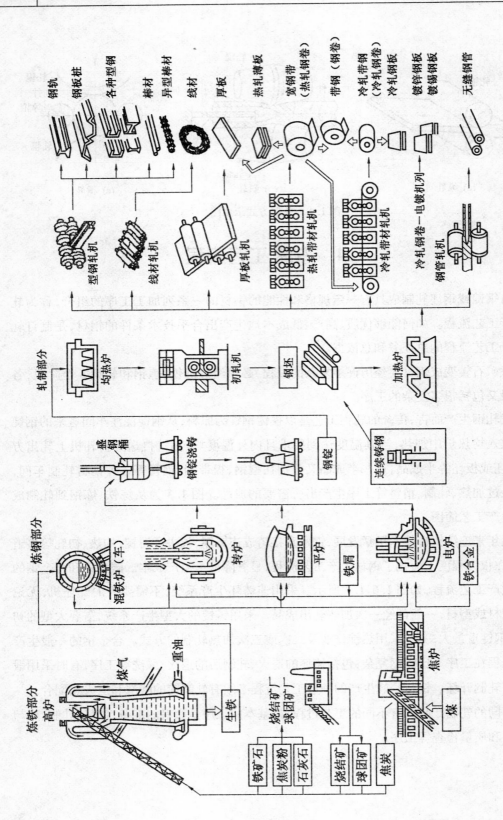

图1.5 冶炼至轧制成材的生产工艺简图

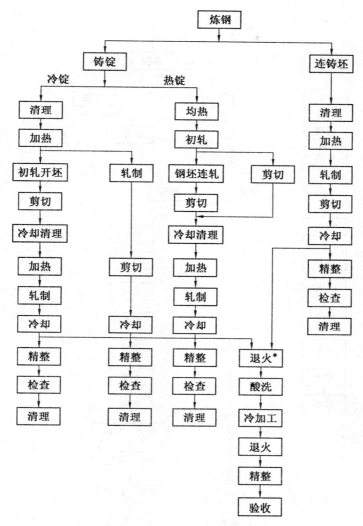

图 1.6 碳素钢和低合金钢的一般生产过程
（带 * 的工序根据需要确定取舍）

1.4.1 原料的准备

轧制常用原料有铸锭、轧坯及连铸坯等,近年来,有些小企业已开始使用压铸坯。各种原料的比较见表 1.1。钢锭是用钢水铸成的锭坯,按钢水脱氧程度不同,可分为镇静钢锭、沸腾钢锭和半镇静钢锭。钢锭的基本形状有方形、扁形、圆形和多边形。

连铸坯的金属收得率一般是 96% ～ 99%,与铸锭和开坯方式相比,对镇静钢来说,成材率可以提高 15%,对半镇静钢来说,可提高 7% ～ 10%。连铸可以实现机械化操作,表面质量好,材质均匀。但连铸操作难于控制,对钢水的冶炼条件要求严格,目前还不能适用于全部钢种。

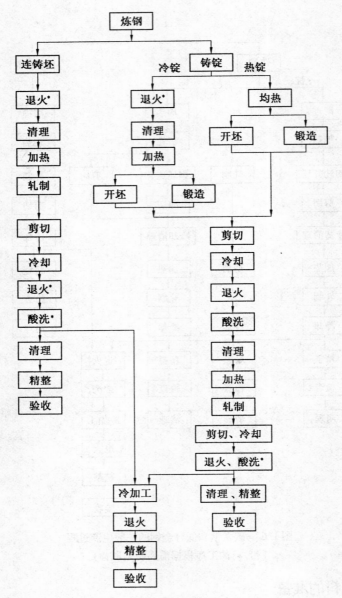

图 1.7　合金钢的一般生产过程
（带 * 的工序根据需要确定取舍）

表 1.1 轧制生产常用原料的比较

原 料	优 点	缺 点	适用情况
钢锭	不用初轧开坯,可独立进行生产	金属消耗大,成材率低,不能中间清理,偏析重,产量低	无初轧机及开坯机的中小型企业及特厚板生产
钢坯	可用大锭,压缩比大,可以中间清理,钢种不受限制,坯料尺寸规格可灵活选择	需要初轧开坯,使工艺设备复杂化,消耗和成本增加,成材率较低	大型企业钢种多、规格特殊的钢坯,可用横轧方法生产厚板
连铸坯	不用初轧机,简化生产过程和设备;成材率提高,降低能耗,成分均匀,易于自动化	钢种和压缩比都受一定限制,规格难灵活变化	适于大、中、小型联合企业的品种简单的大批量生产
压铸坯	金属消耗小,组织均匀致密,表面质量好,设备简单,投资少	生产能力较低,不适合大企业大规模生产,连续化自动化差	适于中小型企业及特殊钢生产

原料种类、尺寸和重量的选择,不仅要考虑其对产量和质量的影响,而且要综合考虑生产技术经济指标的情况及生产的可行性。

原料表面可能存在结疤、裂纹、夹渣、折叠等缺陷,如果轧制前不清理,轧制中将不断扩大,并引起更多的缺陷,甚至影响钢在轧制时的塑性与成型。因此对于轧前原料及轧后成品都应该进行仔细地表面清理,特别是合金钢要求更加严格。根据钢种、缺陷的性质与状态、产品质量的不同要求,采取的清理方法也不同。一般对碳素钢和合金钢局部清理采用人工火焰清理法,碳素钢和部分合金钢大面积剥皮采用机械火焰清理法,碳素钢和部分不能用火焰清理的局部缺陷采用风铲清理,有些合金钢采用砂轮清理,若需要全面剥皮则采用机床刨削清理。合金钢在铸锭以后一般是采用冷锭装炉作业,让钢锭完全冷却,以便仔细进行表面清理,在清理之前往往要进行退火处理以降低表面硬度。对于碳素钢和低合金钢则应尽量采用热装炉,或在轧制前利用火焰枪进行在线清理,或暂不做清理,等待轧制以后对成品一并进行处理。每种清理方法都有各自的操作规程。

清理表面氧化铁皮的方法有机械法和化学法。机械清理如喷砂、弯折,金属损失少,不污染环境,但表面清理不够彻底。化学清理法表面清理彻底,质量好,但劳动条件差,污染环境,化学清理主要采用酸洗和碱洗方法。

1.4.2 原料的加热

绝大多数轧材均采用热轧方法轧制,轧制之前原料必须进行加热。加热的目的是提高钢的塑性,降低变形抗力及改善金属内部组织和性能。一般将钢加热到奥氏体单相固溶体组织的温度范围内,并使其具有较高的温度和足够的时间以均匀化组织及溶解碳化物,从而得到塑性高、变形抗力低、加工性能好的金属组织。尤其是钢锭的加热可使不均匀组织借助于高温扩散作用得到改善,有时甚至完全消除铸锭的缺陷。为了更好地降低变形抗力和提高塑性,加热温度应尽量高一些好。良好的加热质量能减少轧辊和其他设备的磨损,延长设备的使用寿命,并能采用较大的压下量,减少轧制道次,提高轧机生产率。但是高温及不正确的加热制度可能引起钢的强烈氧化、脱碳、过热、过烧等缺陷,降低钢的质量,甚至导致废品。因此,钢的加热温度主要应根据各种钢的特性和压力加工工艺要求,从保证钢材质量和产量出发进行确定。加热质量的好坏取决于加热温度、加热速度及加热时间的确定。

1. 加热温度

加热温度的选择主要是确保在轧制时金属有足够的塑性,同时必须充分考虑到过热、过烧、氧化、脱碳等加热缺陷产生的可能性。根据合金相图、塑性图及再结晶图确定加热温度。碳素钢加热最高温度常低于固相线 NJE 50 ~ 100 ℃。

加热温度越高,尤其是在 900 ℃ 以上,加热时间越长,炉内氧化性气氛越强,则钢的氧化越剧烈,生成氧化铁皮越多。氧化铁皮的形成及组成结构如图 1.8 所示。氧化过程是一个扩散过程,铁以离子状态由内层向外层表面扩散,氧化性气体的原子吸附在表层后向内扩散。依据氧原子浓度的差异,金属表面的氧气含量高,与铁强烈作用生成铁的高价氧化物,内层氧含量较低形成铁的低价氧化物,即由表及里依次形成 Fe_2O_3、Fe_3O_4 和 FeO,且各层厚度不同,其比例如图 1.8 所示。上述氧化铁皮和机体的结合性差,同时各自的膨胀系数不同,最外层 Fe_2O_3 比同质量金属的体积大 2 倍多,因此在氧化物层内产生很大的应力,引起氧化铁皮周期性的破裂,以致脱落,给进一步氧化造成有利条件。氧化铁皮除直接造成金属损耗(烧损)以外,还会引起钢材表面缺陷(如麻点、铁皮等),造成次品或废品。氧化严重时,还会使钢的皮下气孔暴露和氧化,经轧制后形成皮裂。钢中含有铬、硅、镍、铝等成分会使形成的氧化铁皮致密,它起到保护金属及减少氧化的作用。

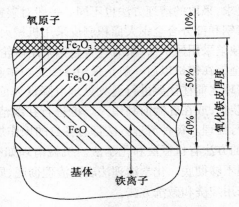

图 1.8　氧化铁皮的形成及组成结构

加热时钢的表层碳元素被氧化而使碳含量减少的现象称为脱碳。脱碳使钢材表面硬度降低,许多合金钢材及高碳钢不允许有脱碳发生。加热温度越高,时间越长,脱碳层越厚,钢中含钨和硅等也促使脱碳的发生。

加热温度偏高,时间偏长,会使奥氏体晶粒过度长大,引起晶间结合力减弱,使钢的塑性、冲击韧性、疲劳性能、断裂韧度及抗应力腐蚀能力下降,这种缺陷称为过热。常见钢的过热温度列于表 1.2 中,通常过热的钢可以用热处理方法(正火、高温回火、扩散退火和快速升温、快速冷却)改善和消除。

表 1.2　常见钢的过热温度

钢种	过热温度/℃	钢种	过热温度/℃
45	1 300	18CrNiWA	1 300
40Cr	1 350	25MnTiB	1 350
40MnB	1 200	GCr15	1 250
42CrMo	1 300	60Si2Mn	1 300
25CrNiW	1 350	W18Cr4V	1 300
30CrMnSiA	1 250 ~ 1 300	W6Mo5Cr4V2	1 250

加热温度过高,或在高温下时间过长,金属晶粒除粗大外,还使偏析夹杂富集的晶粒边界发生氧化或熔化,使金属塑性降低,轧制时往往发生碎裂或崩裂,甚至一碰即碎,这种缺陷称为过烧。过烧的金属无法进行补救,只能报废。金属的过烧温度主要受化学成分的影响,如钢中的 Ni、Mo 等元素使钢易产生过烧,Al、W 等元素则能减轻过烧。高合金钢由于其晶界物质和共晶体容易熔化而特别容易过烧。过烧也和炉内气氛有关,炉气的氧化能力越强,越容易发生过烧现象。部分钢的过烧温度见表 1.3。

表 1.3　部分钢的过烧温度

钢种	过烧温度/℃	钢种	过烧温度/℃
45	> 1 400	W18Cr4V	1 360
40Cr	1 390	W6Mo5Cr4V	1 270
30CrNiMo	1 450	2Cr13	1 180
4Cr10Si2Mo	1 350	Cr12MoV	1 160
50CrV	1 350	T8	1 250
12CrNi3A	1 350	T12	1 200
60Si2Mn	1 350	GH4135	1 200
GCr15	1 350	GH4036	1 220

2. 加热速度

加热速度是指单位时间内钢的温度升高值。加热速度应根据某温度范围内金属塑性和导热性来确定。确定钢的加热速度时,必须考虑到钢的导热性。

很多合金钢和高碳钢在 500 ~ 600 ℃ 塑性很差,如果突然将其装入高温炉中,或者快速加热,则由于表层和中心温度差过大引起巨大的热应力和组织应力,并与铸造应力叠加,往往会使钢锭中部产生"穿孔"开裂的缺陷。因此对导热性和塑性都很差的钢种,例如高速钢、高锰钢、轴承钢、高硅钢、高碳钢等,应该缓慢加热,尤其在 600 ~ 650 ℃ 要特别小心。普通碳素钢和低合金钢,由于塑性较好,导热性能也好,无论是钢锭还是钢坯一般均不限装炉温度,加热到 700 ℃ 以上时,钢的塑性已经很好,就可以用尽可能快的速度加热。断面尺寸也影响着加热速度,厚料比薄料加热速度慢一些。

生产上的加热速度还常常受到炉子结构、供热能力及加热条件的限制。对于普通碳素钢,只要加热设备允许,就可以采用尽可能快的加热速度。加热时应使金属均匀受热,如果加热不均匀,不仅影响产品质量,而且在生产中往往引起事故,损坏设备。

加热过程一般分为 3 个阶段,即预热阶段(低温阶段)、加热阶段(高温阶段)及均热阶段。在低温阶段要放慢加热速度以防开裂,在 700 ~ 800 ℃ 的高温阶段,可进行快速加热,达到高温带以后,为了使钢的各处温度均化及组织成分均化,需要在高温处停留一定时间,这就是均热阶段。并非所有的原料都必须经过这样三个阶段,要根据原料的断面尺寸、钢种特性及入炉前的温度而定。例如,加热塑性较好的低合金钢,即可由室温直接快速加热到高温,加热冷钢锭往往低温阶段要长,而加热冷钢坯则可以用较短的低温阶段,甚至直接到高温加热阶段。常见的加热曲线如图1.9所示。

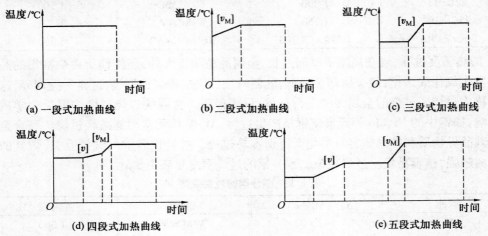

(a) 一段式加热曲线　　(b) 二段式加热曲线　　(c) 三段式加热曲线

(d) 四段式加热曲线　　　　　　　　(e) 五段式加热曲线

图1.9　钢的加热曲线类型

$[v]$— 金属允许的加热速度;$[v_M]$— 最大可能的加热速度

一段式加热是把钢料放在炉温基本上不变的炉内加热,如图1.9(a)所示。二段式加热是使金属先后在两个不同的温度区域内加热,通常由加热期和均热期组成,如图1.9(b)所示。三段式加热是把钢料放在三个温度条件不同的区域内加热,依次是预热段、加热段、均热段,如图1.9(c)所示,适用于加热各种尺寸冷装的碳素钢坯及合金钢坯,特别是在加热初期必须缓慢进行预热的高碳钢、高合金钢。四段式加热是由预热段、缓慢升温段、快速升温段和均热段组成,如图1.9(d)所示。五段式加热是由预热段、缓慢升温段、相变保温段、快速升温段和均热段组成,如图1.9(e)所示。四段式和五段式加热适用于高合金钢冷锭及大型碳素钢、结构钢冷锭的加热。

为了提高加热设备的生产能力及节省能源消耗,生产中应尽可能采用热装炉的操作方式。热锭及热坯装炉可以节省能耗,降低成本,提高加热设备的生产能力,由于减少了冷却和加热过程,钢锭中内应力较少,但是钢锭表面缺陷难以清理。近年,连铸坯轧制生产中采用了连铸连轧工艺,取消了初轧后和连铸后的再加热工序,采用液心加热或液心轧制,这对节约能耗,降低成本很有成效。

3. 加热时间

加热时间是指从金属装炉后加热到轧制要求的温度所需要的时间。原料加热时间长短不仅影响加热设备的生产能力,也影响钢材质量,即使加热温度不过高,也会由于保温时间过长而造成加热缺陷。合理的加热时间取决于原料的种类、尺寸、装炉温度、加热速度及加热设备的性能与结构。

加热时间的计算,主要还是依靠经验公式和实测资料进行估算。例如,在连续式炉内

加热钢坯,其加热时间为

$$t = kS \tag{1.1}$$

式中　　k——考虑钢种成分及其他因素影响的修正系数,见表1.4;

　　　　S——原料的厚度或直径,cm。

表1.4　各种钢的修正系数 k

钢种	碳素钢	合金结构钢	高合金结构钢	高合金工具钢
k	0.10 ~ 0.15	0.15 ~ 0.20	0.20 ~ 0.30	0.30 ~ 0.40

1.4.3　轧制制度的确定

轧制是完成金属塑性变形的工序,该工序既要完成精确成型,又要起到改善组织性能的作用,是保证产品质量最重要的环节。

精确成型即要求产品形状正确、尺寸精确、表面规整光洁。影响精确成型的主要因素是轧辊孔型设计、辊型设计、压下规程和轧机调整。变形温度影响到变形抗力,进而影响轧机弹跳、辊缝大小、轧辊摩擦等,使轧材尺寸精确度受到影响。

改善钢材性能主要指改善钢材的机械性能(强度、塑性、韧性等)、工艺性能(弯曲、冲压、焊接性能等)以及特殊物理化学性能(磁性、抗腐蚀性等)。对钢材性能起决定性作用的因素是变形温度、变形速度和变形程度。孔型设计和压下规程规定了变形程度,它们同样对轧材性能有重要影响。

轧制制度的主要内容包括变形温度、变形程度和变形速度等。

1. 变形温度

变形温度是由轧制温度决定的,轧制温度范围是指开轧温度到终轧温度的范围。轧制温度范围要根据相关塑性、变形抗力和钢种特性来确定,以保证产品正确成型,不出现裂纹,组织性能合格及力能消耗少。由于各种钢的化学成分和组织不同,因而热轧温度范围也不同。图1.10为铁-碳平衡图,根据其确定碳素钢轧制温度范围。

最高的开轧温度取决于金属的最高允许加热温度,最低的开轧温度是指终轧温度与轧制过程中总温降数值之和。对钢材的性能没有特殊要求时,开轧温度应在不影响质量的前提下尽量提高,以便提高金属的塑性,减小变形抗力,降低变形时的能量消耗,轧制时可以采取较大的变形量,减少轧制道次,提高

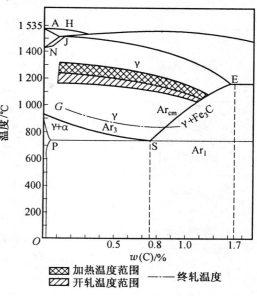

图1.10　铁-碳平衡图

生产效率。但必须考虑过高的加热温度,不但氧化、脱碳严重,还会引起过热、过烧。对钢材的性能有要求时,对终轧温度要进行控制,那么开轧温度必须以保证终轧温度为依据。考虑从加热炉到轧钢机有温降,开轧温度应比加热温度低一些。

　　终轧温度取决于产品技术要求中规定的组织性能，因钢种不同而不同。如果要求产品在热轧后不经热处理就具有这种组织性能，那么终轧温度选择应以获得所需要组织性能为目的。

　　轧制亚共析钢时，一般终轧温度应高于 Ar_3 线 50～100 ℃，以便终轧后迅速冷却到相变温度，得到细致的晶粒组织，获得良好的机械性能。对于含 Nb、Ti、V 等合金元素的低合金钢，由于再结晶困难，一般终轧温度取高些。采用控制轧制或形变热处理，其终轧温度可以从高于 Ar_3 线到低于 Ar_3 线，甚至低于 Ar_1 线。

　　在热轧后还须进行热处理，终轧温度可以低于 Ar_3 线，但一般总是避免在 Ar_3 线以下温度进行轧制。轧制过共析钢时，热轧的温度范围较窄，即奥氏体区域较窄，其终轧温度应不高于 Ac_m 线，否则在晶粒边界析出网状碳化物，钢材的机械性能恶化。若终轧温度过低，低于 Ar_1 线，则加工硬化现象严重，且随着变形程度的增加，显微间隙增加，为随后缓冷及退火时石墨优先析出和长大创造了条件，可能会出现黑灰色断口。因此，过共析钢终轧温度比 Ar_1 线高出100～150 ℃。表 1.5 列出了部分金属材料的轧制温度范围。

表 1.5　部分金属材料的轧制温度范围

种类	牌　号　举　例	开轧温度/℃	终轧温度/℃
普通碳素钢	A3,A4,A5	1 280	700
优质碳素钢	40,45,60	1 200	800
碳素工具钢	T7,T8,T9,T10	1 080	750
合金结构钢	12CrNi3A,40Cr	1 150	800
	30CrMnSiA,18CrMnTi,18CrNi4WA	1 180	800
合金工具钢	3Cr2W8V	1 120	850
	4Cr5MoSiV1	1 100	850
	5CrNiMo,5CrMnMo	1 100	800
	Cr12MoV	1 050	850
高速工具钢	W6Mo5Cr4V2	1 130	900
	W18Cr4V,W9Cr4V2	1 150	950
滚珠轴承钢	GCr6,GCr9,GCr9SiMn, GCr15,GCr15SiMn	1 080	800
不锈钢	1Cr13,2Cr13,1Cr18Ni9	1 150	850
	1Cr18Ni9Ti	1 180	850
高温合金	GH4033,	1 150	980
	GH4037	1 200	1 000
铝合金	LF21,LF2,LD5,LD6	480	380
	LY2	470	380
	LC4,LC9	450	380

2. 变形程度

　　三向压应力状态对产品性能的影响是最好的，变形程度越大，三向压应力状态相对越强，轧材质量越好。

　　通过增大变形程度，增强三向压应力以破碎合金钢锭中的枝晶偏析和碳化物。例如，在某些马氏体、莱氏体及奥氏体等高合金钢锭中,柱状晶发达,且有稳定碳化物及莱氏体,即使在高温平衡状态仍有碳化物存在,这种组织只依靠退火无法打破其平衡,只有进行较大变形程度的加工,才能充分破碎铸造组织,使晶粒细化,组织致密,碳化物分布均匀。

对一般钢种,为了改善其机械性能,也要有相当的变形程度,保证一定的压缩比,使铸锭或铸坯组织得到改善,从而使钢材组织致密。例如,重轨的压缩比往往达数十,钢板的压缩比为 5 ~ 12。

变形量包括总变形量和道次变形量,总变形量是根据所轧金属的特点及技术要求确定的。总变形量的大小对金属的组织和性能影响很大,所以对不同成分的金属应按其技术要求选择不同的总变形量。在塑性允许的条件下,应该尽量提高每道次压下量,并同时控制好终轧压下量,这主要是考虑再结晶的特性。如果是要求细致均匀的晶粒度,就必须避免落入使晶粒粗大的临界压下量范围内。

3. 变形速度

变形速度与轧制速度变化规律相同,它首先影响到轧制产量,提高轧制速度是轧机提高生产率的主要途径之一。但是,轧制速度的提高受到电机能力、轧机设备及强度、机械化自动化水平以及咬入条件和坯料规格等一系列设备和工艺因素的限制。轧制速度或变形速度通过对加工硬化和再结晶的影响,也对钢材性能和质量产生一定的影响。变形速度的变化通过对摩擦因素的影响,还经常影响到钢材尺寸精确度等质量指标。提高轧制速度不仅有利于产量的大幅度提高,而且对提高质量、降低成本等也都有益。表 1.6 为各类轧机的规格和轧制速度。

表 1.6 各类轧机的规格和轧制速度

种 类	型 式	规 格 /mm	轧制速度 /(m·s⁻¹)
初轧机	二辊可逆式	750 ~ 1 350	2 ~ 7
	万能板坯	1 150 ~ 1 370	~ 6
钢坯轧机	三辊横列式	500 ~ 650	2.5 ~ 4
	钢坯连轧	420 ~ 850	4 ~ 5
轨梁及大型轧机	横列式	650 ~ 950	3.5 ~ 7
	跟踪式	550 ~ 750	6 ~ 7
	万能式	850 ~ 1 355	3 ~ 5
中小型轧机	横列式中型	400 ~ 650	2.5 ~ 4.5
	连续式中型	400 ~ 650	7 ~ 12
	横列式小型	250 ~ 350	2.5 ~ 8
	半连续式小型	250 ~ 350	5 ~ 15
	连续式小型	250 ~ 350	7 ~ 20
线材轧机	横列式	180 ~ 280	3 ~ 9
	半连续式	150 ~ 300	8 ~ 30
	连续式	150 ~ 300	15 ~ 100
厚板轧机	四辊可逆式	2 800 ~ 5 500	4 ~ 7.5
	三辊劳特式	1 800 ~ 2 450	2.5 ~ 4.4

续表 1.6

种 类	型 式	规 格 /mm	轧制速度 /(m·s⁻¹)
宽带热轧机	炉卷式	1 200 ~ 1 700	~ 8.5
	半连续式	1 200 ~ 2 000	8 ~ 19
	连续式	1 200 ~ 2 300	15 ~ 30
宽带冷轧机	四辊可逆式	1 200 ~ 2 300	6 ~ 15
	多辊式	1 150 ~ 1 400	~ 15
	连续式	1 200 ~ 2 200	25 ~ 41
无缝管轧机	自动轧管机	76 ~ 400	2 ~ 5.5
	连续轧管机	102 ~ 168	3.9 ~ 6
焊管机	直缝电焊	32 ~ 1 625	0.16 ~ 2
	螺旋焊	650 ~ 2 540	0.05 ~ 0.083
	连续炉焊	12 ~ 114	0.83 ~ 8

1.4.4 钢材轧后冷却与精整

1. 轧后冷却

热轧后钢材温度一般为 800 ~ 900 ℃,冷却到常温,钢材有相变和再结晶过程,有时还发生弯曲,所以热轧后钢材需要有合理的冷却温度制度。某种钢在不同的冷却条件下会得到不同的组织结构和性能,轧后冷却制度对钢材组织性能有很大影响。轧后冷却过程就是一种利用轧后余热的热处理过程,生产中经常利用控制轧制和控制冷却的方法来控制钢材所需要的组织和性能。

对于某些塑性和导热性较差的钢种,在冷却过程中容易产生白点或冷却裂纹。白点主要是由于氢的析出和聚集形成的。冷却裂纹主要是由于钢的内应力造成的,钢的冷却速度越大,导热性和塑性越差,内应力也越大,则越容易产生裂纹。凡导热性差的钢种,尤其是高合金钢如高速钢、高铬钢、高碳钢等,都特别容易产生冷却裂纹。

根据产品技术要求和钢种特性,在热轧以后应采用不同的冷却制度。一般在热轧后常用的冷却方式有水冷、空冷、堆冷、缓冷等。钢材冷却时不仅要求控制冷却速度,而且要力求冷却均匀,否则容易引起钢材扭曲变形和组织性能不均等缺陷。

(1)水冷

水冷包括在冷床或辊道上喷水或喷雾冷却,或将钢材放入水池中,或将行进中的钢材(线材)通过龙型水管强制冷却。在下列情况中通常采用水冷方式。

亚共析钢轧制后要求细致均匀的晶粒组织时,例如,轧制 A3 钢板一般在略高于 Ar_3 时终轧,进行喷水急冷,以得到细晶粒组织,提高机械性能;

过共析钢轧制后要求消除网状碳化物时,例如,高碳工具钢、合金钢在热轧以后须快速冷却,以免形成网状碳化物,但这种钢在冷却时又容易冷裂,故须在快速冷却到相变温度以下之后,还须接着进行缓冷,以减少内应力;

对轧材表面氧化铁皮清除要求很高时,例如,薄板坯在热轧以后即可浸入水中,借急剧的冷却使氧化铁皮从表面脱落;

为提高冷床生产能力时,快速冷却要在保证不会产生任何缺陷时才可以使用。

（2）空冷

空冷也是最常用的一种钢材冷却方式。凡在空气中冷却时不产生热应力裂纹,最终组织不是马氏体或半马氏体的钢,例如,普碳钢、低合金高强度钢、大部分碳素结构钢及合金结构钢、奥氏体不锈钢等都可在冷床上空冷。钢材在冷床上空冷的冷却速度一般可以通过不同的气流（例如用鼓风机吹风等）及钢材排列的疏密程度来进行调节。为防止冷却不均,各类型钢在冷床上的放置方法也不一样。冷床有各种各样的形式,目前多采用链式或步进式,以提高冷却质量,减少划伤。往往利用各种钢材冷却时间的实测数据或经验公式对钢材的冷却时间进行估算。

（3）堆冷

堆冷是对强度、韧性和塑性要求较高的钢材,在冷床上冷却到一定程度后,采取堆垛冷却。这样不仅可减少冷床负担,更主要的是为了减少内应力,以防止产生裂纹,并提高其塑性和降低其硬度,以利于对表面缺陷的清理。

（4）缓冷

某些合金钢及高合金钢在冷却时易产生应力和裂纹,在空气中冷却或者堆冷仍会产生裂纹,必须采用极缓慢的冷却方式,即为缓冷。通常在缓冷坑或保温炉中冷却,甚至还要在带加热烧嘴的缓冷坑或保温炉中进行等温处理和缓慢冷却。对于轴承钢、重轨等白点敏感性强的钢材,也必须采取类似的缓冷或等温处理来防止白点产生。

2. 精整

精整是工艺过程最后一个工序,产品不同,采取的精整方法也不同,它主要包括矫直、剪切、酸洗、热处理、表面镀层以及机加工等。矫直的主要目的是使钢材平直,剪切的目的是切除不合格部分及切定尺,酸洗、镀层是为了获得良好的表面,热处理是为了获得需要的组织性能要求。某些产品按特殊要求可有特殊的精整机加工。

1.4.5　钢材质量的检查

生产工艺过程和成品质量的检查,对于保证成品质量具有重要的意义。现代轧钢生产的检查工作可分为熔炼检查、轧制生产工艺过程检查及成品质量检查3种。

熔炼检查和轧钢过程的检查主要应以生产技术规程为依据,特别应以技术规程中与质量有密切关系的项目作为检查工作的重点。

1. 熔炼检查

熔炼检查主要检查配料、冶炼、脱氧、出钢及铸锭的情况。轧制过程检查则主要保证原料的正确加热制度、正确的压下规程与孔型设计及正确的精整制度。

2. 轧制生产工艺过程检查

加热工序的检查是检查的一个重点环节,轧钢中出现的废次品大部分与加热质量有关。原料在装炉之前要进行钢号检查。当采用热装钢锭入炉时,须测量防止出现热裂纹的钢锭装炉温度,通常要规定允许的最低钢锭表面温度和最高均热炉温度。

热轧工序中首先要检查开轧温度、终轧温度和压下规程等。轧制过程中通过对轧件尺寸和表面的不断检查来检验轧辊及导卫装置的情况。钢材的冷却速度和终轧温度对成品钢材的组织性能影响很大,因此有必要进行重点检查。

现代轧机的自动化、高速化和连续化使得有必要和有可能采用最现代化的检测仪器,例如,在带钢连轧机上采用 X 射线或 γ 与 β 射线对带钢厚度尺寸进行连续测量等。依靠这些连续检测信号和数学模型,对轧机调整乃至对轧件温度调整,实现全面的计算机自动控制。

对钢材表面质量的检查要予以很大注意,为此要按轧制过程逐工序地进行取样检查。为便于及时发现缺陷,在生产流程线上近代采用超声波探伤器及 γ 射线探伤器等对轧件进行在线连续检测。

3. 成品质量检查

最终成品质量检查的任务是确定成品质量是否符合产品标准和技术要求。检查的内容取决于钢的成分、用途和要求,一般包括化学分析、机械性能检验、工艺试验、低倍组织及显微组织的检验等。

复习题

1. 轧材是如何分类的?

2. 轧材的生产方法有哪几种,各有什么特点?

3. 轧制工艺流程包括哪些内容?

4. 轧制温度范围如何确定? 为什么中碳钢要加热到单相区轧制,而高碳钢要加热到双相区轧制?

5. 钢材轧后冷却方法有几种? 各有何特点?

第2章 轧制理论基础

2.1 轧制过程的基本概念

轧制过程是靠旋转的轧辊与轧件之间形成的摩擦力将轧件拖进轧辊之间,并使之受到压缩产生塑性变形的过程。轧制变形区是指轧制时,轧件在轧辊作用下发生变形的体积。实际的轧制变形区分成弹性变形区、塑性变形区和弹性恢复区三个区域,如图2.1所示。

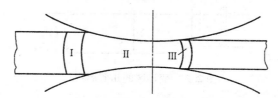

图2.1　冷轧薄板的变形区

Ⅰ— 弹性变形区;Ⅱ— 塑性变形区;Ⅲ— 弹性恢复区

在热轧时,轧辊表面粗糙的情况下,轧件与轧辊有一部分粘着在一起,轧件轧制时变形情况非常复杂。在实际分析中,常常把复杂的轧制过程简化成简单的轧制过程。简单轧制过程就是指上下轧辊直径相等、转速相同、均为主动辊,轧制过程中两个轧辊完全对称,轧辊为刚性,轧件除受轧辊作用力外不受其他任何外力作用,轧件在入辊处和出辊处速度均匀,轧件的机械性质均匀的轧制过程。

2.1.1 变形区主要参数

最简单的轧制变形区是轧制宽而较薄的钢板轧机的变形区,如图2.2所示。描述变形区的主要参数如下:

α —— 咬入角(rad),轧件被咬入轧辊时轧件和轧辊最先接触点(实际为一条线)和轧辊中心的连线与两轧辊中心连线所构成的角度;

l —— 接触弧长的水平投影,也称变形区长度,即图2.2中的 AC 段;

F —— 接触面水平投影面积,简称接触面积;

$l/\overline{h}$ —— 变形区形状参数,$\overline{h} = (H + h)/2$(变形区平均高度)。

1. 咬入角 α、轧辊的直径 D、压下量 Δh 之间的关系

如图2.2所示,压下量与轧辊直径及咬入角之间存在如下的关系

$$\Delta h = 2(R - R\cos \alpha)$$

因此得到

$$\Delta h = D(1 - \cos \alpha) \tag{2.1}$$

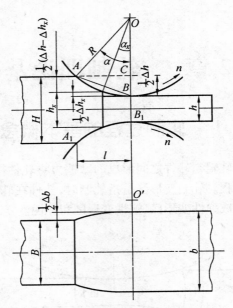

图 2.2　变形区的几何形状

又

$$\cos \alpha = 1 - \frac{\Delta h}{D}$$

得

$$\sin \frac{\alpha}{2} = \frac{1}{2} \sqrt{\frac{\Delta h}{R}} \tag{2.2}$$

当 α 很小时($\alpha < 10° \sim 15°$),取 $\sin \dfrac{\alpha}{2} \approx \dfrac{\alpha}{2}$,因此得

$$\alpha = \sqrt{\frac{\Delta h}{R}} \tag{2.3}$$

式中　D、R —— 轧辊的直径和半径;

　　　　Δh —— 压下量。

变形区内任一断面的高度 h_x,可按下式求得

$$h_x = \Delta h_x + h = D(1 - \cos \alpha_x) + h \tag{2.4}$$

或

$$\begin{aligned}
h_x &= H - (\Delta h + \Delta h_x) = \\
&\quad H - [D(1 - \cos \alpha) - D(1 - \cos \alpha_x)] = \\
&\quad H - D(\cos \alpha_x - \cos \alpha)
\end{aligned} \tag{2.5}$$

2. 变形区长度

变形区长度随轧制条件的不同而不同。

（1）简单轧制过程中的变形区长度

由图 2.2 的几何关系得到

$$l^2 = R^2 - \left(R - \frac{\Delta h}{2}\right)^2$$

即

$$l = \sqrt{R\Delta h - \frac{\Delta h^2}{4}} \tag{2.6}$$

由于 $\frac{\Delta h^2}{4}$ 相对很小，可以忽略不计，变形区长度 l 近似表示为

$$l \approx \sqrt{R\Delta h} \tag{2.7}$$

（2）考虑轧辊及轧件弹性变形时的变形区长度

轧制过程中，由于金属轧件和轧辊间的压力作用，轧辊会产生局部的弹性压缩变形，也称为轧辊的弹性压扁，在冷轧薄板时轧辊的弹性压扁更为显著。另外，轧辊间的金属轧件在产生塑性变形的同时也伴随着弹性压缩变形，轧件的弹性压缩变形在轧件出辊后即产生弹性恢复。轧辊的弹性压扁和轧件的弹性恢复均造成接触弧长度增加。因此，在冷轧薄板以及热轧厚度小于 4 ~ 6 mm 的薄板时，必须考虑轧辊和轧件的弹性变形对接触弧长度的影响。图 2.3 为考虑轧辊和轧件弹性变形时的变形区长度。

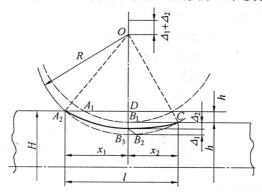

图 2.3 考虑轧辊和轧件弹性变形时的变形区长度

设轧辊的弹性压缩量为 Δ_1，轧件的弹性恢复量为 Δ_2，为使轧件轧制后获得 Δh 的压下量，必须把每个轧辊再压下 $\Delta_1 + \Delta_2$ 的压下量，此时轧件与轧辊的接触线为图 2.3 中的 $A_2 B_2 C$ 曲线，其接触弧长度为

$$l' = x_1 + x_2$$

由图 2.3 的几何关系得出

$$x_1 = \overline{A_2 D} = \sqrt{R^2 - \left[R - \left(\frac{\Delta h}{2} + \Delta_1 + \Delta_2\right)\right]^2} =$$

$$\sqrt{2R\left(\frac{\Delta h}{2} + \Delta_1 + \Delta_2\right) - \left(\frac{\Delta h}{2} + \Delta_1 + \Delta_2\right)^2}$$

忽略 $\left(\frac{\Delta h}{2} + \Delta_1 + \Delta_2\right)^2$，得到

$$x_1 \approx \sqrt{2R\left(\frac{\Delta h}{2} + \Delta_1 + \Delta_2\right)} \tag{2.8}$$

$$x_2 = \overline{B_1C} = \sqrt{R^2 - [R - (\Delta_1 + \Delta_2)]^2} = \sqrt{2R(\Delta_1 + \Delta_2) - (\Delta_1 + \Delta_2)^2}$$

忽略$(\Delta_1 + \Delta_2)^2$,得到

$$x_2 \approx \sqrt{2R(\Delta_1 + \Delta_2)} \tag{2.9}$$

考虑轧辊和轧件弹性变形时的变形区长度为

$$l' = x_1 + x_2 \approx \sqrt{2R\left(\frac{\Delta h}{2} + \Delta_1 + \Delta_2\right)} + \sqrt{2R(\Delta_1 + \Delta_2)} \tag{2.10}$$

或

$$l' \approx \sqrt{R\Delta h + x_2{}^2} + x_2 \tag{2.11}$$

Δ_1 和 Δ_2 可以用弹性理论中的两圆柱体互相压缩时的计算公式求出,即

$$\Delta_1 = 2q\frac{1 - \gamma_1{}^2}{\pi E_1}; \quad \Delta_2 = 2q\frac{1 - \gamma_2{}^2}{\pi E_2}$$

式中　　q—— 压缩圆柱体单位长度上的压力,$q = 2x_0\bar{p}$($\bar{p}$ 为单位平均压力);

　　　　γ_1、γ_2—— 轧辊与轧件的泊松系数;

　　　　E_1、E_2—— 轧辊与轧件的弹性模量。

将 Δ_1 和 Δ_2 代入式(2.9),再将得到的 x_2 值代入式(2.10),即可计算出 l'。

金属的弹性压缩变形很小时可忽略不计,即 $\Delta_2 = 0$,剩下的只有轧辊弹性压缩时接触弧长度的计算公式,即西齐柯克公式

$$x_2 = 8\frac{1 - \gamma_1{}^2}{\pi E_1}R\bar{p} \tag{2.12}$$

$$l' \approx \sqrt{R\Delta h + \left(8\frac{1 - \gamma_1{}^2}{\pi E_1}R\bar{p}\right)^2} + 8\frac{1 - \gamma_1{}^2}{\pi E_1}R\bar{p} \tag{2.13}$$

2.1.2　轧制变形的表示方法

当轧件在变形区内沿高度方向上受到压缩时,金属向纵向及横向流动,轧制后轧件在长度和宽度方向尺寸增大。而由于变形区几何形状及力学和摩擦作用的影响,轧制时金属主要是纵向流动,宽向变形通常很小。将轧制时轧件在高向、宽向、纵向的变形分别称为压下、宽展和延伸。轧制变形的表示方法如下:

1. 用绝对变形量表示

用轧制前后轧件绝对尺寸之差表示的变形量称为绝对变形量,包括绝对压下量、绝对宽展量和绝对延伸量。

轧制前、后轧件厚度 H、h 之差为绝对压下量,即 $\Delta h = H - h$;

轧制前、后轧件宽度 B、b 之差为绝对宽展量,即 $\Delta b = b - B$;

轧制前、后轧件长度 L、l 之差为绝对延伸量,即 $\Delta l = l - L$。

绝对变形量不能确切地表示变形程度的大小,只能表示轧件外形尺寸的变化。

2. 用相对变形量表示

用绝对变形量与轧件原始尺寸或轧后尺寸的比值表示的变形量称为相对变形量。

相对压下量 $\dfrac{H-h}{H} \times 100\%$; $\dfrac{H-h}{h} \times 100\%$

相对宽展量 $\dfrac{b-B}{B} \times 100\%$; $\dfrac{b-B}{b} \times 100\%$

相对延伸量 $\dfrac{l-L}{L} \times 100\%$; $\dfrac{l-L}{l} \times 100\%$

相对变形量能够表示出轧件变形的程度,在工程计算上较为常用。例如,两个轧件的绝对变形量相同,即 $\Delta h = 1$ mm,对于原始高度为 100 mm 的轧件,相对变形量为 1% ,而对于原始高度为 2 mm 的轧件,相对变形量为 50% 。

3. 用对数变形量表示

用对数表示的轧制前后轧件尺寸比值的变形量称为对数变形量,对数变形量能够正确地反映变形的大小。

对数压下量 $\ln \dfrac{h}{H}$

对数宽展量 $\ln \dfrac{b}{B}$

对数延伸量 $\ln \dfrac{l}{L}$

用对数表示的变形反映了轧件的真实变形程度,又称真变形,一般在要求精度较高的计算时使用。

4. 用变形系数表示

轧制前后轧件尺寸的比值称为变形系数,变形系数包括压下系数、宽展系数和延伸系数。

压下系数 $\eta = \dfrac{H}{h}$

宽展系数 $\beta = \dfrac{b}{B}$

延伸系数 $\mu = \dfrac{l}{L}$

根据体积不变定律 $\eta = \mu \beta$,变形系数能够简单正确地反映变形的大小,因此得到广泛应用。

2.2　轧制过程的建立

轧件与轧辊从接触开始到轧制结束的轧制过程一般分为三个阶段,第一个阶段为从轧件与轧辊开始接触到充满变形区的咬入阶段;第二个阶段为轧件充满变形区后到尾部开始离开变形区的稳定轧制阶段;第三个阶段为尾部开始离开变形区到全部脱离轧辊的不稳定阶段。轧制过程能否建立就是指这三个过程能否顺利进行。

为了便于研究轧制过程的各种规律,从简单轧制条件开始研究实现轧制过程的咬入条件和稳定轧制条件。

2.2.1　咬入条件

为了实现轧制过程,必须使轧辊能咬着轧件拖进辊缝使金属填充于轧辊之间。依靠回转的轧辊与轧件之间的摩擦力,轧辊将轧件拖入轧辊之间的现象称为咬入。轧制过程能否建立的先决条件是轧件能否被轧辊咬入。咬入时,变形区的几何参数、运动学参数以及受力参数都是变化的,所以轧件在轧辊上的咬入过程是一个不稳定过程。

首先分析轧件对轧辊的作用力。如图 2.4 所示,轧件在 Q 力的作用下与轧辊在 A、B 两点切实接触,此时轧辊在 A、B 两点承受轧件的径向压力 p 的作用,在 p 作用下产生与之互相垂直的摩擦力 T_0,T_0 是阻止轧辊转动的力,所以 T_0 的方向与轧辊转动方向相反,并与轧辊表面相切,如图 2.4(a) 所示。

轧辊对轧件将产生与径向压力 p 大小相等方向相反的径向反作用力 N,在 N 作用下产生与轧制方向相同的切向摩擦力 T,如图 2.4(b) 所示,力图将轧件咬入轧辊的缝隙中进行轧制。

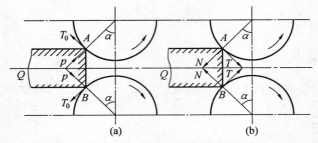

图 2.4　轧件与轧辊开始接触瞬间作用力

由于上下轧辊对轧件的作用方式相同,所以只取上轧辊对轧件的作用力进行分析,如图 2.5 所示。将作用在 A 点的径向力 N 与切向力 T 分解成垂直分力 N_y 与 T_y 和水平分力 N_x 与 T_x,垂直分力 N_y 与 T_y 对轧件起压缩作用,使轧件产生塑性变形。水平分力 N_x 与 T_x 决定轧件在水平方向的运动,N_x 与轧件运动方向相反,阻止轧件进入轧辊缝隙中,而 T_x 与轧件运动方向一致,力图将轧件咬入轧辊缝隙中。由此可见,在没有附加外力作用的条件下,只有咬入力 T_x 大于咬入阻力 N_x 才能实现自然咬入。

通过上述分析可知:

当 $N_x > T_x$ 时,不能实现自然咬入。

当 $N_x = T_x$ 时,处于平衡状态。

当 $N_x < T_x$ 时,可以实现自然咬入。

由图 2.5 可知

$$N_x = N\sin \alpha$$
$$T_x = T\cos \alpha = Nf\cos \alpha$$

式中　f —— 摩擦系数,$f = \tan \beta$,β 为摩擦角。

将 $N_x = N\sin \alpha$ 和 $T_x = T\cos \alpha = Nf\cos \alpha$ 代入上述三种状态中得到:

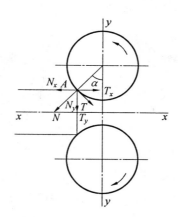

图 2.5 上轧辊对轧件作用力分解图

当 $N_x > T_x$ 时，$\tan \alpha > f$，$\alpha > \beta$，即当咬入角大于摩擦角时，不能自然咬入。此时轧辊对轧件作用的水平分力的合力与轧制方向相反。

当 $N_x = T_x$ 时，$\tan \alpha = f$，$\alpha = \beta$，即当咬入角等于摩擦角时，处于平衡状态。此时轧辊对轧件的作用力的合力恰好是垂直方向，无水平分力。通常把 $\beta = \alpha$ 称为极限咬入条件。

当 $N_x < T_x$ 时，$\tan \alpha < f$，$\alpha < \beta$，即当咬入角小于摩擦角时才能开始自然咬入。此时轧辊对轧件作用的水平分力的合力与轧制方向相同。

综上所述

$$\alpha \leqslant \beta \qquad (2.14)$$

式(2.14)为实现自然咬入的条件，β 比 α 大得越多，轧件越容易被咬入轧辊间的缝隙中。

2.2.2 稳定轧制条件

当轧件被轧辊咬入后开始逐渐充填轧辊缝隙，在轧件充填轧辊缝隙的过程中，轧件前端与轧辊轴心连线间的夹角 δ 不断地减小，开始咬入时，$\delta = \alpha$，当轧件前端到达轧辊中心线时，$\delta = 0$，即开始了稳定轧制阶段。

如图 2.6 所示，F 为轧辊对轧件作用力 N 和 T 的合力，随着轧件逐渐充填辊缝，合力 F 的作用点逐渐内移，合力 F 作用点的中心角 φ 从 $\varphi = \alpha$ 开始逐渐减小。进入稳定轧制阶段后，合力 F 对应的中心角 φ 不再发生变化，并为最小值，即

$$\varphi = \frac{\alpha_y}{K_x}$$

式中　K_x——合力作用点系数；

　　　α_y——稳定轧制阶段的咬入角。

当金属进入到变形区中某一位置时，随着中心角 φ 的减小，咬入力越来越大于咬入阻力，这时咬入条件比轧件被轧辊开始咬入时好得多。稳定轧制的条件仍然是咬入力大于咬入阻力，即 $N_x < T_x$。

由于

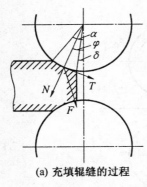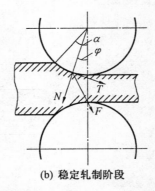

(a) 充填辊缝的过程　　　　　　　　(b) 稳定轧制阶段

图 2.6　轧件充填辊缝过程中作用力的变化

$$N_x = N\sin\varphi$$
$$T_x = T\cos\varphi$$

因此

$$N\sin\varphi < T\cos\varphi$$

而

$$T = Nf_y$$
$$f_y = \tan\beta_y$$

式中　　f_y、β_y——稳定轧制阶段的摩擦系数和摩擦角。

于是得出

$$\tan\varphi < f_y, \quad \tan\varphi < \tan\beta_y$$

$$\varphi < \beta_y, \quad \frac{\alpha_y}{K_x} < \beta_y$$

稳定轧制阶段 $K_x \approx 2$，故

$$\frac{\alpha_y}{2} < \beta_y, \quad \alpha_y < 2\beta_y$$

　　假设由咬入阶段过渡到稳定轧制阶段的摩擦系数不变,其他条件都相同,将咬入条件与稳定轧制条件比较,可以看出:开始咬入时所要求的摩擦条件高,即摩擦系数相对要大一些;咬入条件一经建立起来,轧件就能自然地向辊间充填,此时水平拽入力逐渐增大,咬入容易,稳定轧制过程也容易建立。稳定轧制阶段最大咬入角是刚咬入时最大咬入角的两倍。

2.2.3　最大压下量的计算方法

　　式(2.1)给出了压下量、轧辊直径及咬入角三者的关系,在直径一定的条件下,根据咬入条件通常采用如下两种方法来计算最大压下量。

1. 按最大咬入角计算最大压下量

由式(2.1)不难看出,当咬入角的数值最大时,相应的压下量也是最大的,即

$$\Delta h_{\max} = D(1 - \cos\alpha_{\max}) \tag{2.15}$$

2. 根据摩擦系数计算压下量

已经确定如下关系

$$f = \tan\beta, \quad \alpha_{\max} = \beta$$

故

$$\tan\alpha_{\max} = \tan\beta$$

根据三角关系可知

$$\cos\alpha = \frac{1}{\sqrt{1+\tan^2\beta}} = \frac{1}{\sqrt{1+f^2}}$$

将上式代入式(2.15)得出根据摩擦系数计算的最大压下量公式,即

$$\Delta h_{\max} = D\left(1 - \frac{1}{\sqrt{1+f^2}}\right) \tag{2.16}$$

表2.1为实际生产中根据不同的轧制条件,允许的摩擦系数和最大咬入角。

表2.1 不同轧制条件时允许的摩擦系数和最大咬入角

状态	轧制条件	摩擦系数	最大咬入角
热轧	有刻痕和焊痕的轧辊上轧制钢坯	0.45 ~ 0.62	24° ~ 32°
	轧制型钢	0.36 ~ 0.47	20° ~ 25°
	轧制钢板及扁钢	0.27 ~ 0.36	15° ~ 20°
冷轧	一般光面辊间轧制	0.09 ~ 0.18	5° ~ 10°
	镜面辊间轧制(表面光洁度)	0.05 ~ 0.08	3° ~ 5°
	用蓖麻油、棉籽油、棕榈油润滑的净面辊间轧制	0.03 ~ 0.06	2° ~ 4°

2.2.4 改善咬入条件的途径

改善咬入条件可以更顺利地完成轧制过程,同时是提高轧机生产率的重要措施之一。根据咬入条件 $\alpha \leqslant \beta$,凡是能够降低咬入角 α 和提高摩擦角 β 的措施都有利于咬入。下面对以上两种途径分别进行讨论。

1. 降低咬入角 α

由图2.2的几何关系得到

$$\Delta h = D(1 - \cos\alpha)$$

则

$$\alpha = \arccos\left(1 - \frac{\Delta h}{D}\right)$$

据此,可通过降低轧件开始高度 H 或提高轧后的高度 h,减小压下量 $\Delta h (\Delta h = H - h)$ 以及增加轧辊直径 D 的方法降低咬入角 α。

在实际生产中常见的降低咬入角 α 的方法有:

① 将钢锭的小头先送入轧辊或采用带有楔形端的钢坯进行轧制,在咬入开始时首先将钢锭的小头或楔形前端与轧辊接触,此时所对应的咬入角较小。在摩擦系数一定的条件下,易于实现自然咬入,如图2.7所示。此后轧件充填辊缝且咬入条件得到改善,同时压下量逐渐增大,最后压下量稳定在某一最大值,咬入角也相应地增加到最大值,此时已过渡到稳定轧制阶段。

　　这种方法可以保证顺利地自然咬入和进行稳定轧制,对产品质量亦无不良影响,所以在实际生产中应用较为广泛。

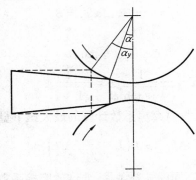

图 2.7 　钢锭小头进入轧辊

　　② 强迫咬入,即用外力将轧件强制推入轧辊中,由于外力作用使轧件前端被压扁。相当于减小了前端咬入角,故改善了咬入条件。

　　2. 提高摩擦角 β 的方法

　　① 改变轧件或轧辊的表面状态,以提高摩擦角。通常采用轧辊上刻槽、滚花等方法改变轧辊的表面状态,以提高摩擦角 β。对于轧制表面质量要求高的高合金钢,通过清除轧件表面氧化铁皮的方法,提高摩擦角 β。实验研究表明,钢坯表面的炉生氧化铁皮,使摩擦系数降低。由于炉生氧化铁皮的影响,使自然咬入困难,或者以极限咬入条件咬入后在稳定轧制阶段会发生打滑现象。由此可见,清除炉生氧化铁皮对保证顺利地自然咬入及进行稳定轧制是十分必要的。

　　② 合理地调节轧制速度。实践表明,随轧制速度的提高,摩擦系数是降低的。据此,可以低速实现自然咬入,然后随着轧件充填轧辊缝隙使咬入条件好转,逐渐增加轧制速度,使之过渡到稳定轧制阶段时达到最大,但必须保证 $\alpha_y < K_x \beta_y$ 的条件。这种方法简单可靠,易于实现,因此被广泛采用。

　　在实际生产中不限于以上几种方法,而且往往是根据不同条件几种方法同时并用。

2.3 　轧制过程中金属的变形规律

2.3.1 　横向变形 —— 宽展

　　在轧制过程中轧件的高度方向承受轧辊压缩作用,压缩下来的体积,将按照最小阻力定律沿着纵向及横向移动。沿横向移动的体积所引起的轧件宽度的变化称为宽展。

　　习惯上,通常将轧件在宽度方向线尺寸的变化,即绝对宽展直接称为宽展。虽然用绝对宽展不能正确反映变形的大小,但是由于它简单、明确,在生产实践中得到极为广泛的应用。

　　用途不同对宽展的要求也不同,如由窄的坯料轧成宽的成品时,希望金属沿横向移动,得到较大的宽展,此时必须设法增大宽展。若由横截面较大的坯料轧成横截面较小的成品时,则不希望有宽展,因消耗于横变形的功是多余的,在这种情况下,应该力求轧制产生最小的宽展。以延伸为目的的纵轧,除特殊情况外,应该尽量减小宽展,降低轧制功能消耗,提高轧机生产效率。因此必须掌握对宽展的要求。

正确地计算宽展非常重要,尤其是在孔型中轧制的宽展计算更为重要。正确估计轧制中的宽展是保证断面质量的重要环节,若计算宽展大于实际宽展,孔型充填不满,会造成很大的椭圆度,如图2.8(a) 所示。若计算宽展小于实际宽展,孔型充填过满形成耳子,如图2.8(b) 所示。以上两种情况均造成轧件报废。

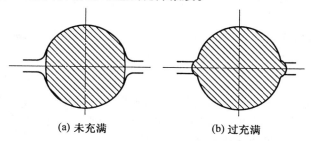

(a) 未充满   (b) 过充满

图2.8 宽展估计不足产生的缺陷

因此,正确地计算宽展,并通过孔型和工艺的变化避免由于宽展计算的不足产生的缺陷,对提高产品质量,改善生产技术经济指标有着重要的作用。

1. 宽展的分类

在不同的轧制条件下,坯料在轧制过程中的宽展形式是不同的。根据金属沿横向流动的自由程度,宽展可分为自由宽展、限制宽展和强迫宽展。

（1）自由宽展

坯料在轧制过程中,被压下的金属体积中的金属质点在横向移动时,具有沿垂直于轧制方向朝两侧自由移动的可能性,此时金属流动除受接触摩擦的影响外,不受其他任何的阻碍和限制,如孔型侧壁、立辊的限制,结果明显地表现出轧件宽度上线尺寸的增加,这种情况称为自由宽展,如图2.9 所示。

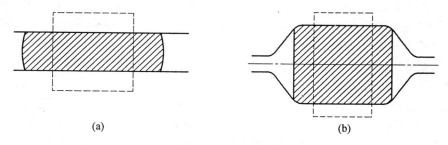

(a)   (b)

图2.9 自由宽展轧制

自由宽展发生于变形比较均匀的条件下,如平辊上轧制矩形断面轧件,以及宽度有很大富裕的扁平孔型内轧制。自由宽展轧制是最简单的轧制。

（2）限制宽展

坯料在轧制过程中,金属质点横向移动时,除受接触摩擦的影响外,还承受孔型侧壁的限制作用,因而破坏了自由流动条件,此时产生的宽展称为限制宽展。如在孔型侧壁起作用的凹型孔型中轧制时即属于此类宽展,如图 2.10 所示。由于孔型侧壁的限制作用,使横向移动体积减小,故所形成的宽展小于自由宽展。

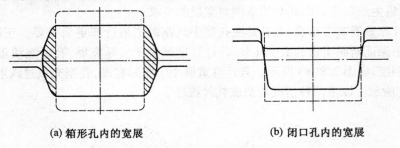

(a) 箱形孔内的宽展　　　　　　　　(b) 闭口孔内的宽展

图 2.10　限制宽展

(3) 强迫宽展

坯料在轧制过程中,金属质点横向移动时,不仅不受任何阻碍,且受到强烈的推动作用,使轧件宽度产生附加的增长,此时产生的宽展称为强迫宽展。由于出现有利于金属质点横向流动的条件,所以强迫宽展大于自由宽展。

在凸形孔型中轧制及在有强烈局部压缩的条件下轧制是强迫宽展的典型例子,如图 2.11 所示,由于孔型凸出部分强烈地局部压缩,强迫金属横向流动。轧制宽肩钢时采用的切深孔型就是强制宽展的实例,如图 2.11(a) 所示。而图 2.11(b) 所示为由两侧部分的强烈压缩形成强迫宽展。

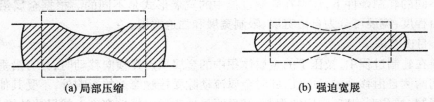

(a) 局部压缩　　　　　　　　　　(b) 强迫宽展

图 2.11　强迫宽展轧制

在孔型中轧制时,由于孔型侧壁的作用和轧件宽度上压缩的不均匀性,确定金属在孔型内轧制时的宽展是十分复杂的,尽管做过大量的研究工作,但在限制或强迫宽展孔型内金属流动的规律还不是十分清楚。

2. 宽展的组成

(1) 宽展沿轧件横断面高度上的分布

由于轧辊与轧件的接触表面上存在摩擦,以及变形区几何形状和尺寸的不同,因此沿接触表面上金属质点的流动轨迹与接触面附近的区域和远离的区域是不同的。它一般由以下几个部分组成:滑动宽展(ΔB_1)、翻平宽展(ΔB_2) 和鼓形宽展(ΔB_3),如图 2.12 所示。

滑动宽展是变形金属与轧辊的接触面产生相对滑动所增加的宽展量,以 ΔB_1 表示,展宽后轧件由此而达到的宽度为

$$B_1 = B_H + \Delta B_1$$

翻平宽展是由于接触摩擦阻力的作用,使轧件侧面的金属,在变形过程中翻转到接触表面上。使轧件的宽度增加,增加的量以 ΔB_2 表示,加上这部分展宽的量之后轧件的宽度为

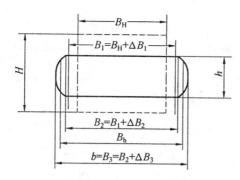

图 2.12 宽展沿轧件横断面高度分布

$$B_2 = B_1 + \Delta B_2 = B_H + \Delta B_1 + \Delta B_2$$

鼓形宽展是轧件侧面变成鼓形而造成的展宽量,用 ΔB_3 表示,此时轧件最大宽度

$$b = B_3 = B_2 + \Delta B_3 = B_H + \Delta B_1 + \Delta B_2 + \Delta B_3$$

显然,轧件的总展宽量为

$$\Delta B = \Delta B_1 + \Delta B_2 + \Delta B_3$$

通常理论上所说的宽展及计算的宽展是指将轧制后轧件的横断面化为同厚度的矩形之后,其宽度与轧制前轧坯宽度之差,即

$$\Delta B = B_h - B_H$$

式中,B_h 为轧后宽度,是为便于工程计算而采用的理想值。

图 2.12 可以清楚地表示宽展的组成及其相互的关系。滑动宽展(ΔB_1)、翻平宽展(ΔB_2)和鼓形宽展(ΔB_3)的数值,依赖于摩擦系数和变形区的几何参数的变化。由于至今还不能定量地掌握它们的变化规律,只能通过实验和初步的理论分析了解它们之间的一些定性关系。例如,摩擦系数 f 值越大,不均匀变形就越严重,此时翻平宽展和鼓形宽展的值就越大,滑动宽展越小。

各种宽展与变形区几何参数 $l/\bar{h}$ 之间有图 2.13 所示的关系,由图中曲线可见,当 $l/\bar{h}$ 越小时,则滑动宽展越小,翻平和鼓形宽展占主导地位。这是因为 $l/\bar{h}$ 越小,粘着区越大,故宽展主要是由翻平和鼓形宽展组成。而随着 $l/\bar{h}$ 的增加,鼓形宽展和滑动宽展逐渐占据了主导地位。

(2) 宽展沿轧件宽度上的分布

关于宽展沿轧件宽度分布的理论,基本上有两种假说:

第一种假说认为,宽展沿轧件宽度均匀分布。这种假说主要以均匀变形和外区作用作为理论的基础。因为变形区与前后外区是紧密联结在一起的一个整体,因此对变形起均匀的作用,使沿长度方向上各部分金属延伸相同,宽展沿宽度分布自然是均匀的,如图 2.14 所示。宽展沿宽度均匀分布的假说只适用于轧制宽而薄的薄板,宽展很小甚至可以忽略时的变形可以认为是均匀的。但在其他情况下,均匀假说与许多实际情况是不相符合的,尤其是对于窄而厚的轧件更不适应。因此这种假说是有局限性的。

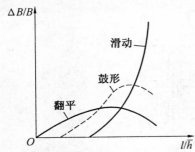

图 2.13　各种宽展与 $l/\bar{h}$ 的关系

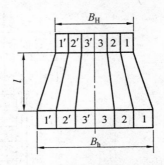

图 2.14　宽展沿宽度均匀分布的假说

第二种假说认为,变形区可分为四个区域,即在两边的区域为宽展区,中间分为前后两个延伸区,如图 2.15 所示。变形区分区假说也不完全准确,许多实验证明变形区中金属表面质点流动的轨迹,并非严格地按所画的区间进行流动。但是它能定性地描述宽展发生时变形区内金属质点流动的总趋势,便于说明宽展现象的性质和作为计算宽展的根据。

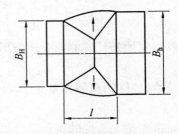

图 2.15　变形区分区图示

总之,宽展是一个极其复杂的轧制现象,它受许多因素的影响。

3. 影响宽展的因素

影响金属在变形区内沿纵向及横向流动的因素很多,但这些因素都是建立在最小阻力定律及体积不变定律基础上的。经过综合分析,影响宽展诸因素的实质可归纳为两方面:一是高向移动体积,二是变形区内轧件变形的纵横阻力比,即变形区内轧件应力状态中 σ_3/σ_2 的关系(σ_3 为纵向压缩主应力,σ_2 为横向压缩主应力)。根据分析,变形区内轧件的应力状态取决于多种因素,这些因素是通过变形区形状和轧辊形状反映变形区内轧件变形的纵横阻力比,从而影响宽展。下面具体分析各因素对轧件宽展的影响。

(1)压下量对宽展的影响

压下量是形成宽展的主要因素之一,没有压下量宽展就无从谈起,因此相对压下量越大,宽展越大。

实验表明,随着压下量的增加,宽展量也增加,如图 2.16(a)所示。这是因为压下量增加时,变形区长度增加,变形区水平投影形状 l/b 值增大,因而使纵向塑性流动阻力增加,纵向压缩主应力值加大。根据最小阻力定律,金属沿横向运动的趋势增大,因而使宽展加大。另一方面,$\Delta h/H$ 增加,高向压下来的金属体积也增加,所以使 Δb 也增加,如图 2.16(b)所示。

(2)轧制道次对宽展的影响

实验证明,在总压下量一定的前提下,轧制道次越多,宽展越小,表 2.2 所示的数据可完全说明上述结论。因为在其他条件及总压下量相同时,一道轧制时变形区形状 l/b 比值较大,所以宽展较大,而当多道次轧制时变形区形状 l/b 值较小,所以宽展也较小。因此不能只是从原料和成品的厚度来决定宽展,而是应该按各个道次来分别计算。

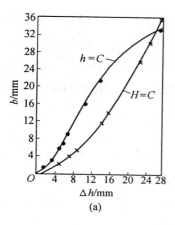

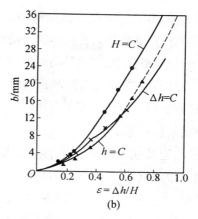

图 2.16　宽展与压下量的关系

表 2.2　轧制道次与宽展量的关系

序号	轧制温度 /℃	轧制道次数	$\dfrac{\Delta h}{H}$/%	Δb/mm
1	1 000	1	74.5	22.4
2	1 085	6	73.6	15.6
3	925	6	75.4	17.5
4	920	1	75.1	33.2

（3）轧辊直径对宽展的影响

由实验得知,其他条件不变时宽展 Δb 随轧辊直径 D 的增加而增加。这是因为当 D 增加时变形区长度加大,纵向的阻力增加,根据最小阻力定律,金属更容易向宽展方向流动,如图 2.17 所示。

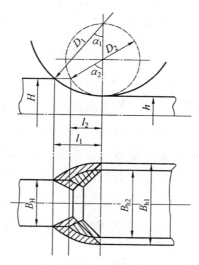

图 2.17　轧辊直径对宽展的影响

　　比较轧辊直径与轧辊形状对宽展的影响,轧辊形状影响更显著。在研究辊径对宽展的影响时,应当注意到轧辊为圆柱体这一特点,沿轧制方向由于是圆弧形的,必然产生有利于延伸变形的水平分力,它使纵向摩擦阻力减少,有利于纵向变形,即增大延伸。所以,即使变形区长度与轧件宽展相等时,延伸与宽展的量也并不相等,而由于轧辊形状的影响,使轧件延伸变形总是大于宽展变形。

　　(4)摩擦系数对宽展的影响

　　实验证明,当其他条件相同时,随着摩擦系数的增加,宽展增加,如图 2.18 所示。因为随着摩擦系数的增加,轧辊的工具形状系数增加,因此使 σ_3/σ_2 比值增加,相应地使延伸减小,宽展增大。摩擦系数是轧制条件的复杂函数,可写成下面的函数关系

$$f = \psi(t, v, K_1, K_2)$$

式中　　t —— 轧制温度;

　　　　v —— 轧制速度;

　　　　K_1 —— 轧辊材质与表面状态;

　　　　K_2 —— 轧件的化学成分。

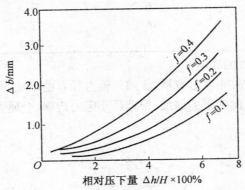

图 2.18　摩擦系数对宽展的影响

　　凡是影响摩擦系数的因素都将通过摩擦系数引起宽展的变化。

　　① 轧制温度对宽展的影响。轧制温度对宽展影响的实验曲线如图 2.19 所示。分析此图上的曲线特征可见,轧制温度对宽展的影响与其对摩擦系数的影响规律基本上相同。在此热轧条件下,轧制温度主要是通过氧化铁皮的性质影响摩擦系数,从而间接地影响宽展。从图 2.19 看出,在较低温阶段由于温度升高,氧化皮生成,摩擦系数升高,从而宽展亦增。而到高温阶段由于氧化皮开始熔化起润滑作用,摩擦系数降低,从而宽展降低。

　　② 轧制速度对宽展的影响。轧制速度对宽展的影响基本上与其对摩擦系数的影响相同,因为轧制速度是影响摩擦系数的,从而影响宽展的变化,随轧制速度的升高,摩擦系数是降低的,从而宽展减小,如图 2.20 所示。

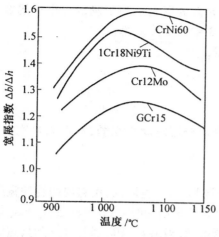

图 2.19 轧制温度与宽展指数的关系

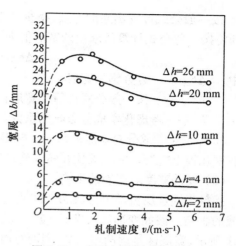

图 2.20 宽展与轧制速度的关系

③轧辊表面状态对宽展的影响。轧辊表面越粗糙,摩擦系数越大,从而使宽展越大,实践也完全证实了这一点。比如,在磨损后的轧辊上轧制时,产生的宽展较在新辊上轧制的宽展要大;轧辊表面润滑使接触面上的摩擦系数降低,相应地使宽展减小。

④轧件化学成分对宽展的影响。轧件的化学成分主要通过外摩擦系数的变化来影响宽展。热轧金属及合金的摩擦系数所以不同,主要是由于其氧化皮的结构及物理机械性质不同,从而影响摩擦系数的变化和宽展的变化。但是,目前对各种金属及合金的摩擦系数研究较少,尚不能满足实际需要。有些学者进行了一些研究,IO. M. 齐日柯夫在一定的实验条件下做了具有各种化学成分和各种组织的大量钢种的宽展试验,所得结果列入表 2.3 中。从表中可以看出,合金钢的宽展比碳素钢大些。

表 2.3 钢的成分对宽展的影响系数

组 别	钢 种	钢 号	影响系数 k	平均数
I	普碳钢	10 号钢	1.0	
II	珠光体 – 马氏体钢	T7A(碳钢)	1.24	1.25 ~ 1.32
		GCr15(轴承钢)	1.29	
		16Mn(结构钢)	1.29	
		4Cr13(不锈钢)	1.33	
		38CrMoAl(合结钢)	1.35	
		4Cr10Si2Mo(不锈耐热钢)	1.35	
III	奥氏体钢	4Cr14Ni14W2Mo	1.36	1.35 ~ 1.46
		2Cr13Ni14Mn9(不锈耐热钢)	1.42	
IV	带残余项的奥氏体(铁素体、莱氏体)钢	1Cr18Ni9Ti(不锈耐热钢)	1.44	1.4 ~ 1.5
		3Cr18Ni25Si2(不锈耐热钢)	1.44	
		1Cr23Ni13(不锈耐热钢)	1.53	
V	铁素体钢	1Cr17Al5(不锈耐热钢)	1.55	
VI	带碳化物的奥氏体钢	Cr15Ni60(不锈耐热合金)	1.62	

按一般公式计算出来的宽展,很少考虑合金元素的影响。为了确定合金钢的宽展,必须将按一般公式计算所求得的宽展值乘上表2.3中的系数k,即

$$\Delta b_合 = k \cdot \Delta b_计$$

式中　　$\Delta b_合$——合金钢的宽展;

　　　　$\Delta b_计$——按一般公式计算的宽展;

　　　　k——考虑化学成分影响的系数。

⑤轧辊化学成分对宽展的影响。轧辊的化学成分影响摩擦系数,从而影响宽展,一般在钢轧辊上轧制时的宽展比在铸铁轧制时大。

（5）轧件宽度对宽展的影响

接触表面金属流动可分成四个区域:前、后滑区和左、右宽展区,用它说明轧件宽度对宽展的影响。假如变形区长度l一定,当轧件宽度B逐渐增加时,由$l_1 > B_1$到$l_2 = B_2$如图2.21所示,宽展区是逐渐增加的,因而宽展也逐渐增加,当由$l_2 = B_2$到$l_3 < B_3$时,宽展区变化不大,而延伸区逐渐增加。因此从绝对量上来说,宽展的变化也是先增加,后来趋于不变,这已为实验所证实。

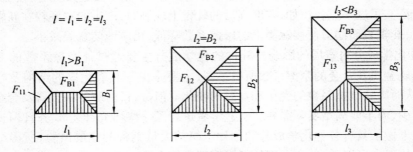

图2.21　轧件宽度对变形区划分的影响

从相对量来说,随着宽展区F_B和前、后滑区F_1的F_B/F_1不断减小,而$\Delta b/B$逐渐减小。同样若B保持不变,而l增加时,则前、后滑区先增加,而后接近不变;而宽展区的绝对量和相对量均不断增加。

一般说来,当$l/\bar{B}$增加时,宽展增加,即宽展与变形区长度l成正比,而与其宽度$\bar{B}$成反比。轧制过程中变形区的长度与宽展之比,可用下式计算

$$l/\bar{B} = \frac{\sqrt{R \cdot \Delta h}}{\dfrac{B + b}{2}} \tag{2.17}$$

此比值越大,宽展亦越大。$l/\bar{B}$的变化,实际上反映了纵向阻力及横向阻力的变化,轧件宽度$\bar{B}$增加,Δb减小,当B值很大时,Δb趋近于零,$b/B = 1$,即出现平面变形状态。此时表面横向阻力的横向压缩主应力为$\sigma_2 = (\sigma_1 + \sigma_3)/2$。在轧制时,通常认为,在变形区的纵向长度为横向长度的二倍时($l/\bar{B} = 2$),会出现纵横变形相等的条件。为什么不在二者相等($l/\bar{B} = 1$)时出现呢?这是因为前面所说的工具形状的影响。此外,在变形区前后轧件都具有外端,外端将起着阻碍金属质点向横向移动的作用,因此也使宽展减小。

4. 宽展的计算

计算宽展的公式很多,影响宽展的因素也很多,只有在深入分析轧制过程的基础上,正确考虑主要因素对宽展的影响,选用合适的公式才能获得较好的宽展计算结果。

宽展计算公式有如下几种,这些公式考虑的影响因素并不全面,只是考虑了其中最主要的影响因素,其计算结果和实际出入并不太大。现在很多公式是按经验数据整理的,使用起来有很大局限性,在实际生产中很多情况是按经验估计宽展。

(1)热兹公式

此公式是最简单的公式,其表达式为

$$\Delta b = C\Delta h \qquad (2.18)$$

式中 C 包括除压下量 Δh 以外的所有轧制参数对宽展的影响,它的变化范围为 $0 \sim 1$。不同轧制情况的 C 值是由实验确定的,现在常把它表示成一个宽展指数 $C = \Delta b/\Delta h$,它广泛应用于表征轧制时金属的横向流动的运动学特征。

(2)古布金公式

$$\Delta b = \left(1 + \frac{\Delta h}{H}\right)\left(f\sqrt{R\Delta h} - \frac{\Delta h}{H}\right)\frac{\Delta h}{H} \qquad (2.19)$$

此公式是通过实验数据回归得到的,它不仅考虑了主要几何尺寸,还考虑了接触摩擦条件。而且当 $f = 0.40 \sim 0.45$ 时,计算结果与实际相当吻合。

(3)采利柯夫公式

此公式导出的理论依据是最小阻力定律和体积不变定律。根据最小阻力定律把变形区分成宽展区、前滑区和后滑区。

当 $\Delta h/H < 0.9$ 时,得到简化公式为

$$\Delta b = C\Delta h\left(2\sqrt{\frac{R}{\Delta h}} - \frac{1}{f}\right)(0.138\varepsilon^2 + 0.328\varepsilon) \qquad (2.20)$$

式中　ε —— 压下率 $\Delta h/H$;

　　　C —— 决定于轧件原始宽度与接触弧长的比值关系,按下式求出

$$C = 1.34\left(\frac{B}{\sqrt{R \cdot \Delta h}} - 0.15\right)e^{0.15 - \frac{B}{\sqrt{R \cdot \Delta h}}} + 0.5$$

此公式尽管是理论推导,但其结果比较符合实际。

(4)巴赫契诺夫公式

此公式是根据移动体积与其消耗功成正比的关系导出的,即

$$\frac{V_{\Delta b}}{V_{\Delta h}} = \frac{A_{\Delta b}}{A_{\Delta h}}$$

式中　$V_{\Delta b}$、$A_{\Delta h}$ —— 向宽度方向移动的体积与其所消耗的功;

　　　$V_{\Delta h}$、$A_{\Delta b}$ —— 向高度方向移动的体积与其所消耗的功。

从理论上导出宽展公式,忽略宽展的一些影响因素后得出实用的简化公式如下

$$\Delta b = 1.15\frac{\Delta h}{2H}\left(\sqrt{R\Delta h} - \frac{\Delta h}{2f}\right) \qquad (2.21)$$

巴赫契诺夫公式考虑了摩擦系数、相对压下量、变形区长度及轧辊形状对宽展的影

响,在公式推导过程中也考虑了轧件宽度及前滑的影响。实践证明,用巴赫契诺夫公式计算平辊轧制和箱型孔型中的自由宽展可以得到与实际相接近的结果,因此可以用于实际变形计算。

（5）艾克伦得公式

该公式导出的理论依据是:认为宽展决定于压下量及轧件与轧辊接触面上纵横阻力的大小,并假定在接触面范围内,横向及纵向的单位面积上的单位功是相同的,在延伸方向上,假定滑动区为接触弧长的 2/3,即粘着区为接触弧长的 1/3。按体积不变条件进行一系列的数学处理,得

$$b^2 = 8m\sqrt{R\Delta h}\,\Delta h + B^2 - 2 \times 2m(H + h)\sqrt{R\Delta h}\ln\frac{b}{B} \qquad (2.22)$$

式中
$$m = \frac{1.6f\sqrt{R\Delta h} - 1.2\Delta h}{H + h}$$

计算摩擦系数公式如下

$$f = k_1 k_2 k_3 (1.05 - 0.000\,5t)$$

式中 k_1——轧辊材质与表面状态的影响系数,见表 2.4;

k_2——轧制速度影响系数,其值如图 2.22 所示;

k_3——轧件化学成分影响系数,见表 2.3;

t ——轧制温度,℃。

表 2.4   轧辊材质与表面状态影响系数 k_1

轧辊材质与表面状态	k_1
粗面钢轧辊	1.0
粗面铸铁轧辊	0.8

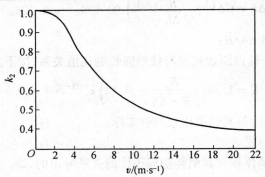

图 2.22   轧制速度影响系数

2.3.2   纵向变形 —— 前滑和后滑

轧制过程中存在轧辊转动、轧件运动以及轧件金属本身的流动,由此产生轧制时的前滑和后滑现象。这种现象使轧件的出辊速度与轧辊圆周速度不相一致,而且这个速度差在轧制过程中并非始终不变,它受许多因素的影响而变化。在连轧机上轧制和周期断面钢材的轧制等都要求确切知道轧件进出轧辊的实际速度。

1. 轧制过程中的前滑和后滑现象

在轧制过程中,轧件在高度方向受到压缩的金属产生纵向和横向流动,金属纵向流动使轧件形成延伸,金属横向流动使轧件形成宽展。轧件的延伸是由于被压下金属向轧辊入口和出口两个方向流动的结果。在轧制过程中,轧件出口速度 v_h 大于轧辊在该处的线速度 v,即 $v_h > v$ 的现象称为前滑现象。而轧件进入轧辊的速度 v_H 小于轧辊在该处线速度 v 的水平分量 $v\cos \alpha$ 的现象称为后滑现象。轧制理论中,前滑值用轧件出口速度 v_h 与对应点的轧辊圆周速度的线速度之差与轧辊圆周速度的线速度之比值的百分数表示,即

$$S_h = \frac{v_h - v}{v} \times 100\% \tag{2.23}$$

式中　S_h —— 前滑值;

　　　　v_h —— 在轧辊出口处轧件的速度;

　　　　v —— 轧辊的圆周速度。

后滑值是用轧件入口断面轧件的速度与轧辊在该点处圆周速度的水平分量之差与轧辊圆周速度水平分量之比值的百分数表示,即

$$S_H = \frac{v\cos \alpha - v_H}{v\cos \alpha} \times 100\% \tag{2.24}$$

式中　S_H —— 后滑值;

　　　　v_H —— 在轧辊入口处轧件的速度。

将式(2.23)中的分子和分母同时乘以轧制时间 t,前滑值可用长度表示,即

$$S_h = \frac{v_h t - vt}{vt} = \frac{L_h - L_H}{L_H} \tag{2.25}$$

根据式(2.25),可以通过实验方法求得前滑值。

在轧辊表面上刻出距离为 L_H 的两个凹坑,如图 2.23 所示。轧制后,对应出现在轧件的表面上的是距离为 L'_h 的两个凸起,测出 L'_h 尺寸,用式(2.25)计算出轧制时的前滑值。实测出的轧件尺寸是冷尺寸 L'_h,必须换算成热尺寸(L_h),换算公式为

$$L_h = L'_h[1 + \alpha(t_1 - t_2)] \tag{2.26}$$

式中　L'_h —— 轧件冷却后测得的尺寸;

　　　　t_1, t_2 —— 轧件轧制时的温度和测量时的温度;

　　　　α —— 膨胀系数,见表 2.5。

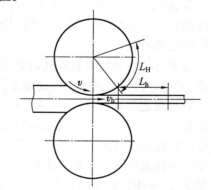

图 2.23　前滑值测量

表 2.5　碳钢的热膨胀系数

温度 $t/℃$	膨胀系数 $\alpha/10^{-6}$
0 ~ 1 200	15 ~ 20
0 ~ 1 000	13.3 ~ 17.5
0 ~ 800	13.5 ~ 17.0

式(2.25)说明前滑可用长度表示,所以在轧制原理中有人把前滑、后滑作为纵向变形来讨论。

按秒流量体积相等的条件,则

$$F_H v_H = F_h v_h \quad 或 \quad v_H = \frac{F_h}{F_H} v_h = \frac{v_h}{\mu}$$

式中 μ —— 轧件的延伸系数, $\mu = \frac{F_H}{F_h}$。

将式(2.23)改写成

$$v_h = v(1 + S_h) \tag{2.27}$$

将式(2.27)代入 $v_H = \frac{v_h}{\mu}$ 中,得

$$v_H = \frac{v}{\mu}(1 + S_h) \tag{2.28}$$

由式(2.24)可知

$$S_H = 1 - \frac{v_H}{v\cos \alpha} = 1 - \frac{\frac{v}{\mu}(1 + S_h)}{v\cos \alpha}$$

或

$$\mu = \frac{(1 + S_h)}{(1 - S_H)\cos \alpha} \tag{2.29}$$

由式(2.27)～(2.29)可知,前滑和后滑是延伸的组成部分。当延伸系数 μ 和轧辊圆周速度 v 已知时,轧件进出轧辊的实际速度 v_H 和 v_h 决定于前滑值 S_h,或知道前滑值便可求出后滑值 S_H。当 μ 和咬入角 α 一定时,前滑值增加后滑值就必然减少。前滑值与后滑值之间存在上述关系,所以清楚前滑问题,后滑也就清楚了。

2. 中性角的确定

当金属由轧前高度 H 轧到轧后高度 h 时,由于进入变形区高度逐渐减小,根据体积不变条件,变形区内金属质点运动速度不可能相同。金属各质点之间以及金属表面质点与工具表面质点之间就有可能产生相对运动。

设轧件无宽展,且沿每一高度断面上质点变形均匀,其运动的水平速度相等。轧件运动速度与轧辊线速度的水平分量相等的面称为中性面,用 v_γ 表示在中性面上的轧辊水平分速度。中性面将变形区划分为两个部分,即前滑区和后滑区,如图 2.24 所示。根据体积不变条件,在中性面至出口断面间的前滑区内,任一断面上金属沿断面高度的平均运动速度大于轧辊圆周速度的水平分量,金属力图相对轧辊表面向前滑动,而且在出口处的速度 v_h 最大。在中性面和入口断面间的后滑区内,在任一断面上金属沿断面高度的平均运动速度小于轧辊圆周速度的水平分量,金属力图相对轧辊表面向后滑动,并在入口处的轧件速度 v_H 为最小。

中性面所对应的角 γ 为中性角。中性角 γ 是决定变形区内金属相对轧辊运动速度的一个参量。

由于在前滑和后滑区内金属力图相对轧辊表面产生滑动的方向不同,摩擦力的方向

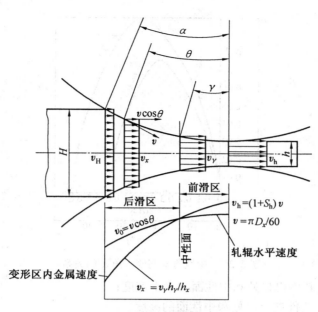

图 2.24　轧制过程速度图示

不同,在前滑、后滑区内,作用在轧件表面上的摩擦力的方向都指向中性面。

按变形区水平力平衡条件推导出中性角 γ 的计算公式为

$$\gamma = \frac{\alpha}{2}\left(1 - \frac{\alpha}{2f}\right) \tag{2.30}$$

利用式(2.30)可以计算出中性角 γ 的最大值,即

$$\frac{\mathrm{d}\gamma}{\mathrm{d}\alpha} = \frac{1}{2} - \frac{\alpha}{2f} = 0$$

可得 $\alpha = f \approx \beta$ 时,即当咬入角 α 等于摩擦角 β 时,中性角 γ 有最大值,即

$$\gamma_{\max} = \frac{\beta}{2}\left(1 - \frac{\beta}{2\beta}\right) = \frac{\beta}{4} \tag{2.31}$$

根据式(2.30)作出 γ 与 α 的关系曲线如图 2.25 所示。由图 2.25 可见,当 $f = 0.3$ 和 $f = 0.4$ 时,中性角 γ 最大,只有 4°～6°。而且当 $\alpha = \beta \approx f$ 时,$\gamma = \alpha/4$,有极大值。但当 $\alpha = 2\beta$(相当于稳定轧制阶段的极限咬入角)时,γ 角又再变为零,此时前滑区完全消失,轧制过程实际上已经不能再进行下去。

3. 前滑值的理论计算

式(2.23)是前滑值的定义表达式,此式并没有反映出轧制参数对前滑的影响。确定轧制过程中前滑值的大小,必须明确前滑与轧制参数的关系。前滑与轧制参数的关系式的推导是以变形区各横断面秒流量体积不变的条件为出发点。变形区内各横断面秒流量相等的条件是 $F_x v_x = $ 常数,水平速度 v_x 是沿轧件断面高度上的平均值。按秒流量体积不变条件,变形区出口断面金属的秒流量应等于中性面处金属的秒流量,由此得出

$$v_{\mathrm{h}}h = v_{\gamma}h_{\gamma} \quad \text{或} \quad v_{\mathrm{h}} = v_{\gamma}\frac{h_{\gamma}}{h} \tag{2.32}$$

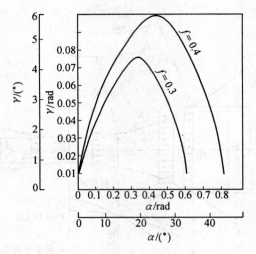

图 2.25　中性角 γ 与咬入角 α 的关系

式中　　v_h、v_γ——轧件出口处和中性面的水平速度；

　　　　h、h_γ——轧件在出口处和中性面的高度。

将 $v_\gamma = v\cos\gamma$，$h_\gamma = h + D(1 - \cos\gamma)$ 代入式(2.32)，得

$$v_h = \frac{h_\gamma \cos\gamma}{h} = \frac{[h + D(1 - \cos\gamma)]}{h} v\cos\gamma$$

将上式代入式(2.23)，得

$$S_h = \frac{(D\cos\gamma - h)(1 - \cos\gamma)}{h} \tag{2.33}$$

此式即为芬克前滑公式。由式(2.33)可看出，影响前滑值的主要工艺参数为轧辊直径 D、轧件厚度 h 及中性角 γ。显然，在轧制过程中凡是影响 D、h 及 γ 的各种因素必将引起前滑值的变化。图 2.26 是用芬克前滑公式计算出来的前滑值 S_h 与轧辊直径 D、轧件厚度 h 和中性角 γ 的关系曲线。

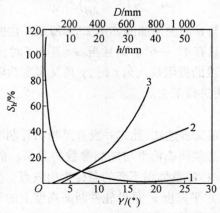

图 2.26　按芬克前滑公式计算的曲线

图中：1—$S_h = f(h)$，$D = 300$ mm，$\gamma = 5°$；

2——$S_h = f(D)$，$h = 300$ mm，$\gamma = 5°$；

3——$S_h = f(\gamma)$，$D = 300$ mm，$h = 20$ mm。

由图 2.26 可知，前滑值与轧件厚度呈双曲线的关系，与辊径呈直线关系，与中性角呈抛物线的关系。

当中性角 γ 很小时，可取 $1 - \cos\gamma = 2\sin^2\dfrac{\gamma}{2} = \dfrac{\gamma^2}{2}$，$\cos\gamma = 1$。则式（2.33）可简化为

$$S_h = \frac{\gamma^2}{2}\left(\frac{D}{h} - 1\right) \tag{2.34}$$

此式即为艾克伦得前滑公式。因为 $\dfrac{D}{h} \gg 1$，故上式括号中的 1 可以忽略不计，则该式又可写为

$$S_h = \frac{\gamma^2}{2} \cdot \frac{D}{h} = \frac{\gamma^2}{h}R \tag{2.35}$$

此式为德里斯顿公式。当 $\gamma^2 R = C$（常数）时，$S_h = f(h) = \dfrac{C}{h}$，函数呈双曲线；当 $\dfrac{\gamma^2}{h} = C$（常数）时，$S_h = f(R) = CR$，函数呈直线；当 $\dfrac{R}{h} = C$（常数）时，$S_h = f(\gamma) = C\gamma^2$，函数呈抛物线。此式所反映的函数关系与式（2.33）是一致的。

上述公式都是在不考虑宽展时求前滑的近似公式。当宽展不能忽略时，实际所得的前滑值将小于上述公式所算得的结果。在一般生产条件下，前滑值为 2% ~ 10%，但某些特殊情况也有超出此范围的。

4. 沿轧件断面高向的变形分布

关于轧制时变形的分布有两种不同理论，一种是均匀变形理论，另一种是不均匀变形理论。后者比较客观地反映了轧制时金属的变形规律。不均匀变形理论认为，沿轧件断面高度上的变形、应力和流动速度分布都是不均匀的；在几何变形区内，在轧件与轧辊接触表面上，不但有相对滑动，而且还有粘着，粘着即轧件与轧辊间无相对滑动；变形不但发生在几何变形区以内，而且在几何变形区以外也发生变形，其变形分布也是不均匀的。这样就把轧制变形区分成变形过渡区、前滑区、后滑区和粘着区，如图 2.27 所示；在粘着区内有一个临界面，在这个面上金属的流动速度分布均匀，并且等于该处轧辊的水平速度。

大量实验证明，不均匀变形理论是比较正确的，其中以塔尔诺夫斯基实验最具代表性，其通过研究轧件对称轴的纵断面上的坐标网格的变化，证明了沿轧件断面高度上的变形分布是不均匀的。塔尔诺夫斯基根据实验研究指出，沿轧件断面高度上的变形不均匀分布与变形区形状系数有很大关系。当 $l/\bar{h} > 0.5 \sim 1.0$ 时，即轧件断面高度相对于接触弧长度不太大时，压缩变形完全深入到轧件内部，形成中心层变形比表面层变形要大的现象；当 $l/\bar{h} < 0.5 \sim 1.0$ 时，随着变形区形状系数的减小，外端对变形过程的影响变得更为突出，压缩变形不能深入到轧件内部，只限于表面层附近的区域，此时表面层的变形较中心层要大，金属流动速度和应力分布都不均匀，如图 2.28 所示。

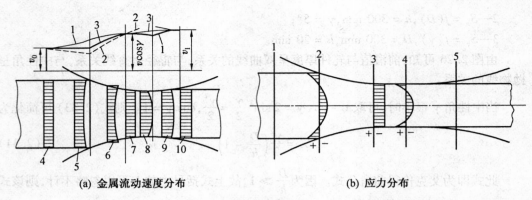

(a) 金属流动速度分布　　　　　　　　　(b) 应力分布

图 2.27　按不均匀变形理论金属流动速度和应力的分布

（a）1— 表面层金属流动速度；2— 中心层金属流动速度；3— 平均流动速度；4— 后外端金属流动速度；
5— 后变形过渡区金属流动速度；6— 后滑区金属流动速度；7— 临界面金属流动速度；
8— 前滑区金属流动速度；9— 前变形过渡区金属流动速度；10— 前外端金属流动速度

（b）1— 后外端；2— 入辊处；3— 临界面；4— 出辊处；5— 前外端

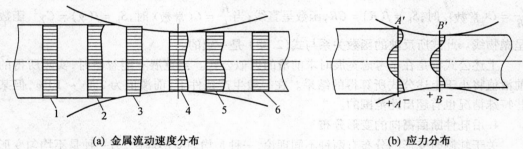

(a) 金属流动速度分布　　　　　　　　　(b) 应力分布

图 2.28　$l/\bar{h} < 0.5 \sim 1.0$ 时金属流动速度与应力分布

（a）1,6— 外端；2,5— 变形过渡区；3— 后滑区；4— 前滑区

（b）$A'—A$：入辊平面；　$B'—B$：出辊平面

5. 影响前滑的主要因素

实践表明,影响前滑的因素很多,主要包括轧件宽度、轧件厚度、轧辊直径、压下率、摩擦系数、张力和孔型形状等。

（1）轧件宽度对前滑的影响

由图 2.29 可见,宽度小于一定值时,本实验为小于 40 mm 时,如宽度增加,则前滑增加；宽度大于一定值时,如宽度再增加,则前滑为一定值。这是因为宽度小时,如增加宽度其宽展减小,故延伸增加,所以前滑也增加。当宽度大于一定值时,宽度再增加,宽展为一定值,故延伸也为定值,所以前滑值不变。

（2）轧件厚度对前滑的影响

轧后轧件厚度减小,前滑值增加。因为由式（2.35）可知,当 $\gamma^2 R = C$（常数）时,$S_h = f(h) = \dfrac{C}{h}$,轧件厚度 h 越小,前滑值 S_h 越增加。

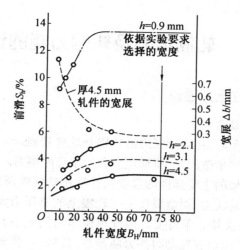

图 2.29 轧件宽度与前滑的关系

（3）轧辊直径对前滑的影响

从式（2.35）的前滑值公式可以看出，当 $\dfrac{\gamma^2}{h}=C$（常数）时，$S_h=f(R)=CR$，前滑值是随轧辊直径增加而增加的，这是因为在其他条件相同的情况下，辊径增加时咬入角 α 就要降低，而摩擦角 β 保持常数，所以稳定阶段的剩余摩擦力就增加，由此将导致金属塑性流动速度的增加，也就是前滑的增加。

（4）压下率对前滑的影响

前滑随压下率的增加而增加，其原因是由于高向压缩变形增加，纵向和横向变形都增加，因而前滑值 S_h 增加。

（5）摩擦系数对前滑的影响

实验证明，在压下量及其他工艺参数相同的条件下，摩擦系数 f 越大，其前滑值越大。这是由于摩擦系数增大引起剩余摩擦力增加，从而前滑值增大。利用前滑公式（2.30）、（2.35）同样可以证明摩擦系数对前滑的影响，由该公式看出摩擦系数增加将导致中性角 γ 增加，因此前滑也增加。同时，凡是影响摩擦系数的因素：如轧辊材质、表面状态、轧件化学成分、轧制温度和轧制速度等，均能影响前滑的大小。

（6）张力对前滑的影响

在 $\phi 200$ 轧机上，轧制铅试样，将试样轧成不同厚度，有张力存在时，前滑显著增加。前张力增加时，则使金属向前流动的阻力减少，从而增加前滑区，使前滑值增加；反之，后张力增加时，则后滑区增加。

除上述影响前滑的因素外，孔型形状对前滑也有影响，因为通常沿孔型周边各点轧辊的线速度不同，但由于金属的整体性和外端的作用，轧件横断面上各点又必须以同一速度出辊，这就必然引起孔型周边各点的前滑值不一样。那么孔型轧制时如何确定轧件的出辊速度，目前尚未很好地解决。

2.4 轧制压力及轧制力矩的计算

2.4.1 轧制单位压力理论

1. 轧制单位压力的概念

当金属在轧辊间变形时,在变形区内沿轧辊与轧件接触面产生接触应力。通常将轧辊表面法向应力称为轧制单位压力,将切应力称为单位摩擦力。

计算轧辊及工作机架的主要部件的强度和计算传动轧辊所需的转矩及电机功率,必须掌握作用在轧辊上的总压力,而金属作用在轧辊上的总压力大小及其合力作用点位置完全取决于单位压力值及其分布特征。因此单位压力的大小及其在接触弧上的分布规律,对于从理论上正确确定金属轧制时的力能参数:轧制力、传动轧辊的转矩和功率具有重大意义。

确定平均单位压力的方法归纳为以下 3 种:

(1) 理论计算法

理论计算法是建立在理论分析基础之上,用计算公式确定单位压力。通常都要首先确定变形区内单位压力分布形式及大小,然后再计算平均单位压力。常用的方法是力学方法。理论计算法是一种较好的方法,但它还没有建立起包括各种轧制方式、条件和钢种的高精度公式,理论计算公式尚有一定的局限性。

(2) 实测法

实测法是在轧钢机上放置专门设计的压力传感器,将压力信号转换成电信号,通过放大或直接送往测量仪表把它记录下来,获得实测的轧制压力资料。用实测的轧制总压力除以接触面积,即求出平均单位压力。实测法如果在相同的实验条件下应用,可能会得到较为满意的结果,但是它又要受到实验条件的限制。

(3) 经验公式和图表法

根据大量的实测统计资料,进行一定的数学处理,抓住一些主要因素,建立经验公式或图表。

上述三种方法在确定平均单位压力时得到广泛应用,它们各具有优缺点。因此计算平均单位压力时,根据不同情况,选择上述方法。下面主要介绍应用较为广泛的理论计算法。

2. 轧制时的平衡微分方程

(1) 卡尔曼单位压力微分方程

卡尔曼单位压力微分方程是建立在数学、力学理论的基础上,在一定的假设条件下,在变形区内任取一微分体(见图 2.30),分析作用在此微分体上的各种作用力,根据力平衡条件,将各力通过微分平衡方程联系起来,同时运用塑性方程、接触弧方程、摩擦规律及边界条件来建立单位压力微分方程,并求解。利用卡尔曼单位压力微分方程计算单位压力比较普遍,而且对此方法的研究也比较深入,很多公式都是由它派生出来的。

① 卡尔曼微分方程的假设条件。变形区内沿轧件横断面高度上的各点的金属流动速度、应力及变形均匀分布；

当 $\dfrac{\bar{b}}{h}$ 值很大时，认为宽展很小，可以忽略，即 $\Delta b = 0$，$\sigma_1 - \sigma_3 = 1.15\sigma_s = 2k = K$；

轧件高向、纵向和横向的变形都与主应力方向一致，忽略了切应力的影响；

认为金属质点在变形过程中，性质处处相同；

上下轧辊辊径相等，并作匀速运动，不产生惯性力，轧辊和机架为刚体，即不产生弹性变形；

在接触弧上的摩擦系数为常数，即 $f = C$。

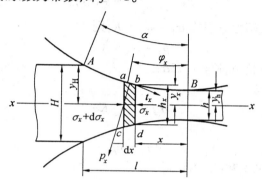

图 2.30　变形区内任意微分体的受力情况

② 单位压力微分方程式的导出。如图 2.30 所示，在后滑区取一微分体积 $abdc$，其厚度为 dx，其高度由 $2y$ 变化到 $2(y + dy)$，轧件宽度为 B，弧长近似视为弦长

$$\overset{\frown}{ab} = \overline{ab} = \frac{dx}{\cos \varphi_x}$$

作用在 ab 弧长的力有径向单位压力 p_x 及单位摩擦力 t_x，在后滑区，接触面上金属质点向着轧辊转动相反的方向滑动，它们在接触弧 ab 上的合力的水平投影为

$$2B\left(p_x \frac{dx}{\cos \varphi_x}\sin \varphi_x - t_x \frac{dx}{\cos \varphi_x}\cos \varphi_x\right)$$

式中　φ_x——ab 弧切线与水平面所成的夹角，即相对应的圆心角。

根据纵向应力分布均匀的假设，作用在微分体积两侧的应力各为 σ_x 和 $\sigma_x + d\sigma_x$，而其合力为

$$2B\sigma_x y - 2B(\sigma_x + d\sigma_x)(y + dy)$$

根据力之平衡条件，所有作用在水平轴 x 上力的投影代数和应等于零，亦即

$$\sum X = 0$$

$$2B\sigma_x y - 2B(\sigma_x + d\sigma_x)(y + dy) + 2Bp_x \tan \varphi_x dx - 2Bt_x dx = 0 \qquad (2.36)$$

原假设没有宽展，并取 $\tan \varphi_x = dy/dx$，忽略高阶项，对上式进行简化，可以得到

$$\frac{d\sigma_x}{dx} - \frac{p_x - \sigma_x}{y} \cdot \frac{dy}{dx} + \frac{t_x}{y} = 0 \qquad (2.37)$$

同理，前滑区中金属的质点沿接触表面向着轧制方向滑动，与上式相同，但摩擦力的

方向相反,故可如上面相同的方式得出下式

$$\frac{\mathrm{d}\sigma_x}{\mathrm{d}x} - \frac{p_x - \sigma_x}{y} \cdot \frac{\mathrm{d}y}{\mathrm{d}x} - \frac{t_x}{y} = 0 \qquad (2.38)$$

为了对方程(2.37)、(2.38)求解,需找出单位压力 p_x 与应力 σ_x 之间的关系。根据假设,设水平压应力 σ_1 和垂直压应力 σ_3 为主应力,则可写成

$$\sigma_3 = \left(p_x \frac{\mathrm{d}x}{\cos \varphi_x} B\cos \varphi_x \pm t_x \frac{\mathrm{d}x}{\cos \varphi_x} B\sin \varphi_x \right) \frac{1}{B\mathrm{d}x}$$

忽略第二项,则

$$\sigma_3 \approx p_x \frac{\mathrm{d}x}{\cos \varphi_x} B\cos \varphi_x \frac{1}{B\mathrm{d}x} = p_x$$

同时 $\sigma_1 = \sigma_x$,代入塑性方程式 $\sigma_1 - \sigma_3 = K$,则

$$p_x - \sigma_x = K \qquad (2.39)$$

式中 K—— 平面变形抗力,$K = 1.15\sigma_s$。

式(2.39)也可写成

$$\sigma_x = p_x - K$$

对其微分,则得

$$\mathrm{d}\sigma_x = \mathrm{d}p_x$$

将上式代入式(2.37)和(2.38),得

$$\frac{\mathrm{d}p_x}{\mathrm{d}x} - \frac{K}{y} \cdot \frac{\mathrm{d}y}{\mathrm{d}x} \pm \frac{t_x}{y} = 0 \qquad (2.40)$$

上式即为单位压力微分方程的一般形式。

(2)卡尔曼单位压力微分方程的采利柯夫解

假设在接触弧上,轧件与轧辊间近于完全滑动,在此情况下,变形区内的接触摩擦条件基本服从于库仑摩擦定律,即

$$t_x = fp_x \qquad (2.41)$$

将 t_x 值代入式(2.40)中,卡尔曼微分方程变成如下形式

$$\frac{\mathrm{d}p_x}{\mathrm{d}x} - \frac{K}{y} \cdot \frac{\mathrm{d}y}{\mathrm{d}x} \pm \frac{f}{y} p_x = 0 \qquad (2.42)$$

此线性微分方程式的一般解为

$$p_x = \mathrm{e}^{\pm \int \frac{f}{y} \mathrm{d}x} \left(C + \int \frac{K}{y} \mathrm{e}^{\pm \int \frac{f}{y} \mathrm{d}x} \mathrm{d}y \right) \qquad (2.43)$$

式中 C—— 常数,视边界条件而定。

式(2.43)即为单位压力卡尔曼微分方程的干摩擦解。

采利柯夫把接触弧看作弦,得出式(2.43)的简单解,此方程式的最后结果对于实际计算比较方便,所得误差较小。

根据采利柯夫的假定,通过 A 与 B 两点的直线方程式,即轧制时接触弧对应弦的方程式为

$$y = \frac{\Delta h}{2l} x + \frac{h}{2} \qquad (2.44)$$

微分后

$$dy = \frac{\Delta h}{2l}dx$$

$$dx = \frac{2l}{\Delta h}dy$$

将此 dx 的值代入式(2.43) 得到

$$p_x = e^{\pm \int \frac{\delta}{y}dy}\left(C + \int \frac{K}{y}e^{\pm \int \frac{\delta}{y}dy}dy\right) \qquad (2.45)$$

式中 $\delta = \frac{2lf}{\Delta h}$。

积分后在前滑区得到

$$p_x = C_0 y^{-\delta} + \frac{K}{\delta} \qquad (2.46)$$

积分后在后滑区得到

$$p_x = C_1 y^{-\delta} - \frac{K}{\delta} \qquad (2.47)$$

按边界条件确定积分常数:

在 A 点,当 $y = \frac{H}{2}$,并有后张应力 q_H 时

$$p_x = K - q_H = \xi_0 K$$

式中 $\xi_0 = 1 - \frac{q_H}{K}$。

在 B 点,当 $y = \frac{h}{2}$,并有前张应力 q_h 时

$$p_x = K - q_h = \xi_1 K$$

式中 $\xi_1 = 1 - \frac{q_h}{K}$。

将 p_x 及 y 值代入式(2.46) 和(2.47) 得到积分常数

$$C_0 = K\left(\xi_0 - \frac{1}{\delta}\right)\left(\frac{H}{2}\right)^{\delta} \qquad (2.48)$$

$$C_1 = K\left(\xi_1 - \frac{1}{\delta}\right)\left(\frac{h}{2}\right)^{-\delta} \qquad (2.49)$$

将此积分常数 C_0、C_1 和 $y = \frac{h_x}{2}$ 代入式(2.46) 和(2.47) 中得到单位压力分布公式的最终结果:

在后滑区

$$p_x = \frac{K}{\delta}\left[(\xi_0\delta - 1)\left(\frac{H}{h_x}\right)^{\delta} + 1\right] \qquad (2.50)$$

在前滑区

$$p_x = \frac{K}{\delta}\left[(\xi_1\delta + 1)\left(\frac{h_x}{h}\right)^{\delta} - 1\right] \qquad (2.51)$$

若处于无张力轧制,并且轧件除受轧辊作用外,不承受其他任何外力的作用,则 $q_H = 0$, $q_h = 0$,式(2.50)与(2.51)则为如下形式:

在后滑区

$$p_x = \frac{K}{\delta} \left[(\delta - 1) \left(\frac{H}{h_x} \right)^\delta + 1 \right] \tag{2.52}$$

在前滑区

$$p_x = \frac{K}{\delta} \left[(\delta + 1) \left(\frac{h_x}{h} \right)^\delta - 1 \right] \tag{2.53}$$

根据式(2.50)~(2.53)可以看出,影响单位压力的主要因素有外摩擦系数、轧辊直径、压下量、轧件高度和前后张力等,并可得图 2.31 所示接触弧上单位压力分布图。由图可见,在接触弧上单位压力的分布是不均匀的,由轧件入口开始向中性面逐渐增加,并达最大,然后降低,至出口又降至最低。切线摩擦力($t_x = fp_x$)在中性面上改变方向。

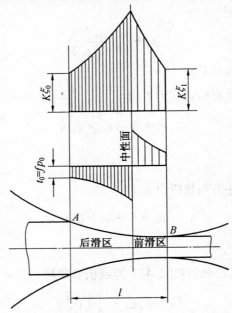

图 2.31　在干摩擦条件下($t_x = fp_x$),接触弧上单位压力分布图

采利柯夫单位压力公式反映了外摩擦系数、轧辊直径、压下量、轧件高度和前后张力等工艺因素对单位压力的影响。但在公式中没有考虑加工硬化的影响和变形区内粘着区的存在,而且为简化计算以直线代替圆弧,这些对冷轧薄板影响不大,所以在冷轧薄板情况下应用采利柯夫公式是比较准确的。

(3)奥罗万单位压力微分方程

奥罗万的假设与卡尔曼的假设最重要的区别在于不承认接触弧上各点的摩擦系数恒定,即不认为整个变形区都产生滑移。当摩擦力小于材料剪切屈服极限 τ_s(即 $t < \tau_s$)时,产生滑移,而当摩擦力 $t = \tau_s$ 时,则不产生滑移而出现粘着的现象,同时认为热轧时存在粘着现象。由于粘着现象的存在,轧件在高度方向变形是不均匀的,因而沿轧件高度方向的

水平应力分布也是不均匀的。

奥罗万提出下面两点假设：

①用剪应力 τ 来代替接触表面的摩擦应力；

②考虑到水平应力 σ_s 沿断面高向上分布不均匀，用水平应力的合力 Q 代替水平应力 σ_s。

根据这两点假设导出了奥罗万单位压力微分方程式

$$\frac{\mathrm{d}Q}{2} = R(p_x \sin \varphi_x \mp t \cos \varphi_x)\, \mathrm{d}\varphi_x \tag{2.54}$$

（4）奥罗万单位压力微分方程的西姆斯解

西姆斯在奥罗万单位压力微分方程式的基础上又做了两点假定：

①把轧制看成是在粗糙的斜锤头间的镦粗，利用奥罗万对水平力 Q 分布规律的结论，即

$$Q = h_x\left(p_x - \frac{\pi}{4}K\right)$$

②沿整个接触弧都有粘着现象，即

$$t = \frac{K}{2}$$

以抛物线来代替接触弧，利用边界条件（无张力），则得到西姆斯单位压力公式：

在后滑区

$$\frac{p_x}{K} = \frac{\pi}{4}\ln\frac{h_x}{H} + \frac{\pi}{4} + \sqrt{\frac{R}{h}}\cot\left(\sqrt{\frac{R}{h}}\alpha\right) - \sqrt{\frac{R}{h}}\cot\left(\sqrt{\frac{R}{h}}\varphi_x\right) \tag{2.55}$$

在前滑区

$$\frac{p_x}{K} = \frac{\pi}{4}\ln\frac{h_x}{h} + \frac{\pi}{4} + \sqrt{\frac{R}{h}}\cot\left(\sqrt{\frac{R}{h}}\varphi_x\right) \tag{2.56}$$

（5）斯通单位压力微分方程

斯通把轧制看成平行板间的镦粗，如图 2.32 所示，得出单位压力微分方程式为

$$\frac{\mathrm{d}\sigma_x}{\mathrm{d}x} = \mp \frac{2t_x}{h_x} \tag{2.57}$$

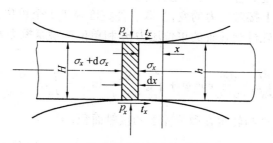

图 2.32　作用在斯通理论微分体上的作用力

如果接触表面摩擦规律按全滑动来考虑,即 $t_x = f p_x$,并采用近似塑性条件 $p_x - \sigma_x = K$,则式(2.57)变成如下形式

$$\frac{\mathrm{d}p_x}{p_x} = \mp \frac{2f}{h_x}\mathrm{d}x \qquad (2.58)$$

(6)斯通单位压力公式

将式(2.58)积分,并利用边界条件:

在后滑区入辊处　$x = \dfrac{l}{2}, h_x = H$,则

$$p_x = K\left(1 - \frac{q_0}{K}\right)$$

在前滑区入辊处　$x = -\dfrac{l}{2}, h_x = h$,则

$$p_x = K\left(1 - \frac{q_1}{K}\right)$$

斯通单位压力公式为:

在后滑区

$$p_x = K\left(1 - \frac{q_0}{K}\right)\mathrm{e}^{m\left(1 - \frac{2x}{l}\right)} \qquad (2.59)$$

在前滑区

$$p_x = K\left(1 - \frac{q_1}{K}\right)\mathrm{e}^{m\left(1 + \frac{2x}{l}\right)} \qquad (2.60)$$

式中　$m = \dfrac{f\,l}{\bar{h}}$;　$\bar{h} = \dfrac{H+h}{2}$。

2.4.2　轧制压力的工程计算

1.总压力计算公式

通常所谓轧制压力是指用测压仪在压下螺丝下实测的总压力,即轧件给轧辊的总压力的垂直分量。只有在简单轧制情况下,轧件对轧辊的合力方向才是垂直的。

在确定轧件对轧辊的合力时,首先应考虑接触区内轧件与轧辊间力的作用情况。现忽略轧件沿宽度方向上接触应力的变化,取轧件宽度等于1个单位,并假定变形区内某一微分体对轧辊作用着轧件给轧辊的单位压力 p_x 和单位接触摩擦力 t_x,如图2.33所示。轧制力表示为

$$p = \int_0^l p_x \frac{\mathrm{d}x}{\cos\varphi}\cos\varphi + \int_r^l t_x \frac{\mathrm{d}x}{\cos\varphi}\sin\varphi - \int_0^r t_x \frac{\mathrm{d}x}{\cos\varphi}\sin\varphi \qquad (2.61)$$

显然,$\dfrac{\mathrm{d}x}{\cos\varphi}$ 为轧件与轧辊在微分体上的接触面积,第一项为单位压力的垂直分量之和,第二项和第三项分别为后滑和前滑区摩擦力在垂直方向上的分力,它们与第一项相比其值甚小,可以忽略不计,则轧制压力可写为

$$p = \int_0^l p_x \mathrm{d}x \qquad (2.62)$$

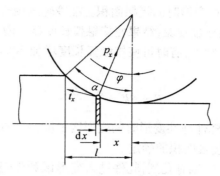

图 2.33 作用在轧辊上的力

由式(2.62)可知,轧制压力为微分体上单位压力 p_x 与该微分体接触表面之水平投影面积乘积的总和。

取平均值形式,则式(2.62)可表示为

$$p = \bar{p}F \qquad (2.63)$$

式中　F——轧件与轧辊的接触面积;

　　　$\bar{p}$——平均单位压力, 可由下式确定

$$\bar{p} = \frac{1}{F}\int_0^l p_x \mathrm{d}x$$

式中　p_x——单位压力。

因此,确定轧制力归结为两个基本参数:轧件与轧辊间的接触面积和平均单位压力。

2. 接触面积计算

在一般轧制情况下,轧件对轧辊的总压力作用在垂直方向上,或近似垂立方向上,而接触面积应与此总压力作用方向垂直,故在一般实际计算中接触面积 F 是实际接触面积的水平投影,习惯上称其为接触面积。

(1)在平辊上轧制矩形断面轧件时的接触面积

板带材轧制及在矩形孔型中轧制矩形断面轧件均属于此类。

① 辊径相同。一个辊上的接触面积可按下式近似地计算

$$F = \bar{b}l \qquad (2.64)$$

式中　l——变形区长度, $l = \sqrt{R\Delta h}$;

　　　$\bar{b}$——变形区轧件的平均宽度, $\bar{b} = \dfrac{B+b}{2}$。

式(2.64)可以写成

$$F = \frac{B+b}{2}\sqrt{R\Delta h} \qquad (2.65)$$

② 辊径不同。若两个轧辊直径不相同(板、带材轧制有此情况),则对每一个轧辊的接触面积按下式计算

$$F = \frac{B+b}{2}\sqrt{\frac{2R_1 R_2}{R_1 + R_2}\Delta h} \qquad (2.66)$$

③ 考虑轧辊及轧件弹性变形时的接触面积。在冷轧较硬合金时,由于轧辊承受轧件的高压作用,产生局部弹性压扁现象,结果使接触弧长度显著增大。在接触弧长很小的薄板与带材轧制中,此影响非常大,有时可使接触弧长度增加 30% ~ 50%。接触面积可按下式计算

$$F = \overline{B}l' = \frac{B + b}{2}l' \tag{2.67}$$

式中　l'—— 考虑轧辊及轧件弹性变形时的变形区长度,可按式(2.13)计算。

(2) 在孔型中轧制时接触面积的确定

在孔型中轧制时,由于轧辊有孔型,轧件进入变形区和轧辊相接触是不同时的,压下是不均匀的。在这种情况下,接触面积可近似地按公式(2.65)计算,公式(2.65)所取压下量和轧辊半径均为平均值 $\Delta\overline{h}$ 和 $\overline{R}$,其中

$$\Delta\overline{h} = \frac{F_H}{B} - \frac{F_h}{b} \tag{2.68}$$

式中　F_H、F_h—— 轧前、轧后轧件断面面积;

　　　B、b—— 轧前、轧后轧件的最大宽度,如图2.34所示。

也可采用以下公式计算。

① 菱形件进菱形孔时,如图 2.34(a) 所示。
$$\Delta\overline{h} = (0.55 \sim 0.6)(H - h)$$

② 方形件进椭圆孔时,如图 2.34(b) 所示。
$$\Delta\overline{h} = H - 0.7h（适用于扁椭圆）$$
$$\Delta\overline{h} = H - 0.85h（适用于圆扁椭圆）$$

③ 椭圆件进方形孔,如图 2.34(c) 所示。
$$\Delta\overline{h} = (0.65 \sim 0.7)H - (0.55 \sim 0.6)h$$

④ 椭圆件进圆形孔,如图 2.34(d) 所示。
$$\Delta\overline{h} = 0.85H - 0.79h$$

计算延伸孔型的接触面积时,可采用下式计算:

由椭圆轧成方形

$$F = 0.75b\sqrt{R(H - h)}$$

由方形轧成椭圆形

$$F = 0.54(B + b)\sqrt{R(H - h)}$$

由菱形轧成菱形或方形

$$F = 0.676\sqrt{R(H - h)}$$

式中　H、h—— 在孔型中央位置的轧制前、后的轧件断面高度;

　　　B、b—— 轧制前、后的轧件断面的最大宽度;

　　　R—— 孔型中央位置的轧辊半径。

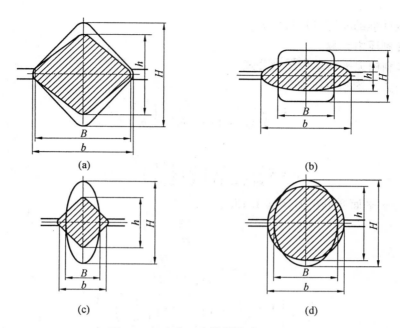

图 2.34 在孔型中轧制的压下量

3. 影响平均单位压力的主要因素

影响单位压力的因素很多,可以分为以下两方面,即影响轧件机械性能的因素和影响轧件应力状态特性的因素。

根据研究,属于影响轧件机械性能(简单拉、压条件下的实际变形抗力 σ_φ)的因素有变形温度、变形程度和变形速度,实际变形抗力为

$$\sigma_\varphi = n_T n_\varepsilon n_u \sigma_s \tag{2.69}$$

式中　　$n_T \, , n_\varepsilon \, , n_u$——温度、变形程度和变形速度对轧件机械性能的影响系数;

　　　　σ_s——普通静态机械实验条件下的金属屈服极限。

影响轧件应力状态特性的因素有:外摩擦力、外端及张力等,因此应力状态系数为

$$n_\sigma = n_\beta n'_\sigma n''_\sigma n'''_\sigma \tag{2.70}$$

式中　　n_β——轧件宽度影响的应力状态系数;

　　　　n'_σ——外摩擦影响系数;

　　　　n''_σ——外端影响系数;

　　　　n'''_σ——张力影响系数。

根据以上所述,轧制平均单位压力的一般形式为

$$\bar{p} = n_\sigma \sigma_\varphi$$

或

$$\bar{p} = n_\beta n'_\sigma n''_\sigma n'''_\sigma n_T n_\varepsilon n_u \sigma_s \tag{2.71}$$

式中除 n'''_σ 外,所有系数都大于 1,在有些张力大而外摩擦小的情况下,n'''_σ 可能达到 $0.7 \sim 0.8$。

综上所述,为确定轧件对轧辊的总压力,必须求出接触面积 F,应力状态系数 n_σ 及反

映轧件机械性能的实际变形抗力 σ_Φ。

4. 冷轧制压力计算

（1）采利柯夫平均单位压力公式

采利柯夫平均单位压力公式为

$$\bar{p} = K\left[\frac{2h}{\Delta h(\delta - 1)}\right]\left(\frac{h_\gamma}{h}\right)\left[\left(\frac{h_\gamma}{h}\right)^\delta - 1\right] \tag{2.72}$$

或

$$\bar{p} = K\frac{2(1-\varepsilon)}{\varepsilon(\delta - 1)}\left(\frac{h_\gamma}{h}\right)\left[\left(\frac{h_\gamma}{h}\right)^\delta - 1\right] \tag{2.73}$$

式中　K——平面变形抗力，$K = 1.15\sigma_s$。

$$\varepsilon = \frac{\Delta h}{H}$$

$$\delta = f\frac{2l}{\Delta h} = f\sqrt{\frac{2D}{\Delta h}}$$

$$\frac{h_\gamma}{h} = \left[\frac{1 + \sqrt{1 + (\delta^2 - 1)\left(\frac{1}{1-\varepsilon}\right)^\delta}}{\delta + 1}\right]^{1/\delta}$$

也可根据此式作出的曲线确定。

由式（2.72）、（2.73）可见，$n = \bar{p}/K$ 与 δ 和 ε 存在一定的函数关系，为简化计算作出如图2.35所示的曲线。由图2.35可以看出，当压下率、摩擦系数和辊径增加时，平均单位压力急剧增大。

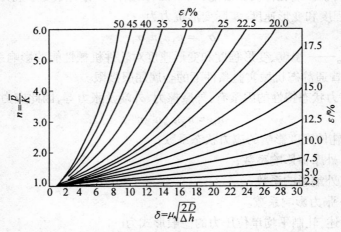

图2.35　平均单位压力与摩擦、尺寸因素影响关系

（2）斯通平均单位压力公式

斯通公式考虑了外摩擦、拉力和轧辊弹性压扁的影响，并假设由于轧辊的弹性压扁，轧件相当于在两个平板间压缩；忽略宽展的影响；接触表面摩擦规律按全滑动来考虑，即 $t_x = fp_x$，沿接触弧上 $\sigma_\Phi = $ 常数。

根据上述条件，导出斯通单位压力公式（2.59）和（2.60），经积分后得出斯通平均单

位压力公式

$$\bar{p} = n'_\sigma K' = \frac{e^x - 1}{x}(K - \bar{q}) \tag{2.74}$$

$$x = \frac{fl'}{\bar{h}}; \bar{h} = \frac{H + h}{2}$$

式中　l'—— 考虑弹性压扁的变形区长度；

　　　K—— 平面变形抗力，$K = 1.15\sigma_s$；

　　　$\bar{q}$—— 前后单位张力的平均值，$\bar{q} = \frac{q_0 + q_1}{2}$。

当无前后张力时，式（2.74）可写成

$$\bar{p} = K\frac{e^x - 1}{x} \tag{2.75}$$

根据式（2.13）轧辊弹性压扁后的变形区长度 l' 为

$$l' = \sqrt{R\Delta h + (C\bar{p}R)^2} + C\bar{p}R$$

$$C = \frac{8(1 - \gamma)}{\pi E}$$

对上式变形，整理得到

$$\left(\frac{fl'}{\bar{h}}\right)^2 = 2CR(e^{fl'/\bar{h}} - 1)\frac{f}{\bar{h}}K' + \left(\frac{fl}{\bar{h}}\right)^2 \tag{2.76}$$

设

$$x = \frac{fl'}{\bar{h}}, \quad y = 2CR, \quad z = \frac{fl}{\bar{h}}$$

则上式可写成

$$x^2 = (e^x - 1)y + z^2$$

按上式作出图 2.36，图中 S 形曲线为 $x = \frac{fl'}{\bar{h}}$。

应用图 2.36 所示曲线时，先根据具体轧制条件计算出 z 和 y 值，并在 z^2 尺和 y 尺上找出两点，连成一条直线，此直线称为指示线，指示线与 S 形曲线的交点即为所求 $x = \frac{fl'}{\bar{h}}$ 之值。再根据 x 值可解出压扁弧长度 l'，然后将 x 值代入斯通平均单位压力公式（2.74）解出平均单位压力值。

5. 热轧制压力计算

（1）西姆斯平均单位压力公式

西姆斯平均单位压力公式对接触表面摩擦规律按全粘着（$t_x = \frac{K}{2}$）的条件确定外摩擦影响系数 n'_σ。对式（2.55）和式（2.56）积分后，得出西姆斯平均单位压力公式

$$\bar{p} = n'_\sigma K = \left(\frac{\pi}{2}\sqrt{\frac{1 - \varepsilon}{\varepsilon}}\arctan\sqrt{\frac{\varepsilon}{1 - \varepsilon}} - \frac{\pi}{4} - \sqrt{\frac{1 - \varepsilon}{\varepsilon}}\sqrt{\frac{R}{h}}\ln\frac{h_\gamma}{h} + \frac{1}{2}\sqrt{\frac{1 - \varepsilon}{\varepsilon}}\sqrt{\frac{R}{h}}\ln\frac{1}{1 - \varepsilon}\right)K \tag{2.77}$$

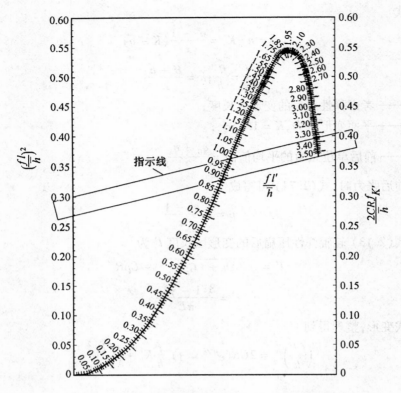

图 2.36　轧辊压扁时平均单位压力图解（斯通图解法）

或写成

$$n'_\sigma = \frac{\bar{p}}{K} = f\left(\frac{R}{h}, \varepsilon\right) \tag{2.78}$$

为了方便计算，把 n'_σ、ε 和 $\frac{R}{h}$ 绘成图 2.37 的曲线，根据 ε 和 $\frac{R}{h}$ 查出 n'_σ。

（2）爱克伦得平均单位压力公式

爱克伦得平均单位压力公式用于热轧时的半经验公式，为

$$\bar{p} = (1 + m)(K + \eta\,\bar{\dot{\varepsilon}}) \tag{2.79}$$

式中　m —— 外摩擦对单位压力影响的系数；

　　　　η —— 粘性系数；

　　　　$\bar{\dot{\varepsilon}}$ —— 平均变形速度。

式（2.79）中（$1 + m$）是考虑外摩擦的影响，m 以下式确定

$$m = \frac{1.6f\sqrt{R\Delta h} - 1.2\Delta h}{H + h}$$

$\eta\,\bar{\dot{\varepsilon}}$ 是考虑变形速度对变形抗力的影响，其平均变形速度为

$$\bar{\dot{\varepsilon}} = \frac{2v\sqrt{\dfrac{\Delta h}{R}}}{H + h}$$

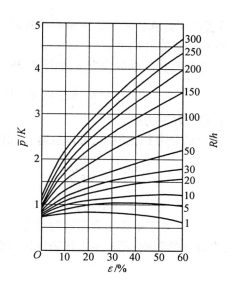

图 2.37　n'_σ、ε 和 $\dfrac{R}{h}$ 的关系

把 m 值和 $\bar\varepsilon$ 值代入式(2.79) 则得出平均单位压力 $\bar p$ 的值。

爱克伦得还给出计算 K（MPa）和 η（MPa·s）的经验式，即

$$K = 9.8(14 - 0.01\ t)\left[1.4 + w(C) + w(Mn)\right]$$
$$\eta = 0.1(14 - 0.01\ t)$$

式中　　t —— 轧制温度，℃；

　　　　$w(C)$ —— 碳质量分数；

　　　　$w(Mn)$ —— 锰质量分数。

当温度 $t \geqslant 800\ ℃$，$w(Mn)\% \leqslant 1.0\%$ 时，公式正确。

f 用下式计算

$$f = a(1.05 - 0.000\ 5\ t)$$

对钢轧辊 $a = 1$，对铸铁轧辊 $a = 0.8$。

近来，有人对爱克伦得公式进行了修正，按下式计算粘性系数

$$\eta = 0.1(14 - 0.01t)C'$$

式中　　C' —— 决定于轧制速度的系数，见表 2.6。

表 2.6　轧制速度的系数

轧制速度 /(m·s⁻¹)	< 6	6 ~ 10	10 ~ 15	15 ~ 20
系数 C'	1	0.8	0.65	0.60

计算 K 时，要考虑含铬量的影响。

$$K = 9.8(14 - 0.01\ t)\left[1.4 + w(C) + w(Mn) + 0.3w(Cr)\right]\ MPa$$

2.4.3　轧制力矩及功率

1. 轧制力矩的确定

确定轧制力矩有两种方法：按轧制力计算和利用能耗曲线计算。前者对板带材等矩

形断面轧件计算较精确,后者用于计算各种非矩形断面的轧制力矩。

(1) 按金属对轧辊的作用力计算轧制力矩

该法是用金属对轧辊的垂直压力 p 乘以力臂 a,如图 2.38 所示,即

$$M_{z1} = M_{z2} = pa = \int_0^l x(p_x \pm t_x \tan \varphi) \, \mathrm{d}x \qquad (2.80)$$

式中　M_{z1}、M_{z2}——上下轧辊的轧制力矩。

因为摩擦力在垂直方向上的分力相比很小,可以忽略,所以

$$a = \frac{\int_0^l x p_x \mathrm{d}x}{p} = \frac{\int_0^l x p_x \mathrm{d}x}{\int_0^l p_x \mathrm{d}x} \qquad (2.81)$$

从上式可看出,力臂 a 实际上等于单位压力图形的重心到轧辊中心连线的距离。

为了消除几何因素对力臂 a 的影响,通常不直接确定出力臂 a,而是通过确定力臂系数的方法来确定之,即

$$\psi = \frac{\varphi_1}{\alpha_j} = \frac{a}{l_j} \quad 或 \quad a = \psi l_j$$

式中　φ_1——合压力作用角,如图 2.37 所示;

　　　α_j——接触角;

　　　l_j——接触弧长度。

因此,转动两个轧辊所需的轧制力矩为

$$M_z = 2pa = 2p\psi l_j \qquad (2.82)$$

式中　ψ——轧制力臂系数,热轧铸锭时 $\psi = 0.55 \sim 0.60$;热轧板带时 $\psi = 0.42 \sim 0.50$;冷轧板带时 $\psi = 0.33 \sim 0.42$。

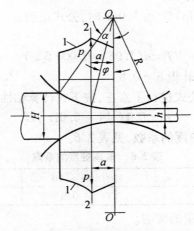

图 2.38　按轧制力计算轧制力矩
1— 单位压力曲线;2— 单位压力图形重心线

(2) 按能量消耗曲线确定轧制力矩

在很多情况下,按轧制时能量消耗来决定轧制力矩是合理的,如果轧制条件相同时,其计算结果较可靠。

轧制所消耗的功 A 与轧制力矩之间的关系为

$$M_z = \frac{A}{\theta} = \frac{A}{\omega t} = \frac{AR}{vt} \tag{2.83}$$

式中 θ —— 轧件通过轧辊期间轧辊的转角，$\theta = \omega t = \dfrac{v}{R} t$；

   ω —— 角速度；

   t —— 时间；

   R —— 轧辊半径；

   v —— 轧辊圆周速度。

 利用能耗曲线确定轧制力矩，其单位能耗曲线对于型钢和钢坯轧制一般表示为每吨产品的能量消耗与总延伸系数间的关系，如图 2.39 所示。而对于板带材一般表示为每吨产品的能量消耗与板带厚度的关系，如图 2.40 所示。第 $n + 1$ 道次的单位能耗为 $(a_{n+1} - a_n) \mathrm{kW \cdot h/t}$，如轧件重量为 G 吨，在该道次之总能耗为

$$A = (a_{n+1} - a_n) G \quad \mathrm{kW \cdot h} \tag{2.84}$$

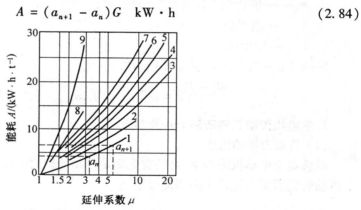

图 2.39   开坯、型钢和钢管轧机的典型能耗曲线

1—1150 板坯机；2—1150 初轧机；3—250 线材连轧机；4—350 棋盘式中型轧机；5—700/500 钢坯连轧机；6—750 轨梁轧机；7—500 大型轧机；8—250 自动轧管机；9—250 穿孔机组

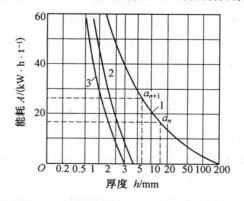

图 2.40   板带钢轧机的典型能耗曲线

1—1700 连轧机；2— 三机架冷连轧低碳钢；3— 五机架冷连轧

因为轧制时的能量消耗一般是以电机负荷大小测量的,故在这种曲线中还包括有轧机传动机构中的附加摩擦消耗,但除去了轧机的空转消耗。所以,按能耗曲线确定的力矩为轧制力矩 M_z 和附加摩擦力矩 M_m 之总和

$$\frac{M_z + M_m}{i} = \frac{1\ 000 \times 3\ 600(a_{n+1} - a_n)\ GR}{tv}\ \text{N} \cdot \text{m} \tag{2.85}$$

将 $G = F_h L_h \rho$ 及 $t = \dfrac{L_h}{v_h} = \dfrac{L_h}{v(1 + S_h)}$ 代入式(2.85)整理得到

$$\frac{M_z + M_m}{i} = 18 \times 10^5 (a_{n+1} - a_n)\rho F_h D(1 + S_h)\ \text{N} \cdot \text{m} \tag{2.86}$$

式中　　G —— 轧件重量,t;

ρ —— 轧件的密度,t/m³;

D —— 轧辊工件直径,m;

F_h —— 该道次后轧件横断面积,m²;

S_h —— 前滑值;

i —— 传动比。

取钢的 $\rho = 7.8$ t/m³,并忽略前滑影响,则

$$\frac{M_z + M_m}{i} = 140.4 \times 10^5 (a_{n+1} - a_n) F_h D\ \text{N} \cdot \text{m} \tag{2.87}$$

2. 主电机传动轧辊所需力矩及功率

(1) 传动力矩的组成

欲确定主电动机的功率,必须首先确定传动轧辊的力矩。轧制过程中,在主电动机轴上传动轧辊所需力矩最多由四部分组成

$$M = \frac{M_z}{i} + M_m + M_k + M_d \tag{2.88}$$

式中　　M_z —— 轧制力矩,用于使轧件塑性变形所需的力矩;

M_m —— 克服轧制时发生在轧辊轴承、传动机构等的附加摩擦力矩;

M_k —— 空转力矩,即克服空转时的摩擦力矩;

M_d —— 动力矩,为克服轧辊不匀速运动时产生的惯性力所必需的力矩;

i —— 轧辊与主电动机间的传动比。

组成传动轧辊的力矩的前三项为静力矩,即

$$M_j = \frac{M_z}{i} + M_m + M_k \tag{2.89}$$

式(2.89)是指轧辊做匀速转动时所需的力矩。这三项对任何轧机都是必不可少的。一般情况下,以轧制力矩为最大,只有在旧式轧机上,由于轴承中的摩擦损失过大,有时附加摩擦力矩才有可能大于轧制力矩。

在静力矩中,轧制力矩是有效部分,至于附加摩擦力矩和空转力矩是由于轧机的零件和机构的不完善引起的有害力矩。

这样换算到主电动机轴上的轧制力矩与静力矩之比的百分数,称为轧机的效率,即

$$\eta = \frac{\dfrac{M_z}{i}}{\dfrac{M_z}{i} + M_m + M_k} \times 100\% \tag{2.90}$$

轧机效率随轧制方式和轧机结构不同（主要是轧辊的轴承构造）在相当大的范围内变化，即 $\eta = 0.5 \sim 0.95$。

动力矩只发生在用不均匀转动进行工作的几种轧机中，如可调速的可逆式轧机，当轧制速度变化时，便产生克服惯性力的动力矩，其数值可由下式确定

$$M_d = \frac{GD^2}{375} \times \frac{dn}{dt} \tag{2.91}$$

式中　　M_d——动力矩，N·m；

　　　　G——转动部分的重量，N；

　　　　D——转动部分的惯性直径，m；

　　　　$\dfrac{dn}{dt}$——角加速。

在转动轧辊所需的力矩中，轧制力矩是最主要的。

（2）附加摩擦力矩的确定

轧制过程中，轧件通过辊间时，在轴承内以及轧机传动机构中有摩擦力产生。所谓附加摩擦力矩是指克服这些摩擦力所需的力矩，而且在此附加摩擦力矩的数值中，并不包括空转时轧机转动所需的力矩。

组成附加摩擦力矩的基本数值有两大项：一项是轧辊轴承中的摩擦力矩，另一项是传动机构中的摩擦力矩。

① 轧辊轴承中的附加摩擦力矩。对上、下两个轧辊（共四个轴承）而言，该力矩值为

$$M_1 = \frac{p}{2} f_1 \frac{d_1}{2} \times 4 = p d_1 f_1$$

式中　　p——轧制力；

　　　　d_1——轧辊辊颈直径；

　　　　f_1——轧辊轴承摩擦系数，它取决于轴承构造和工作条件：

滑动轴承金属衬（热轧时）　　$f_1 = 0.07 \sim 0.10$

滑动轴承金属衬（冷轧时）　　$f_1 = 0.05 \sim 0.07$

滑动轴承塑料衬　　　　　　　$f_1 = 0.01 \sim 0.03$

液体摩擦轴承　　　　　　　　$f_1 = 0.003 \sim 0.004$

滚动轴承　　　　　　　　　　$f_1 = 0.003$

② 传动机构中的摩擦力矩。该力矩是指减速机座、齿轮机座中的摩擦力矩。此传动系统的附加摩擦力矩根据传动效率按下式计算

$$M_{m2} = \left(\frac{1}{\eta_1} - 1 \right) \frac{M_z + M_{m1}}{i} \tag{2.92}$$

式中　　M_{m2}——换算到主电动机轴上的传动机构的摩擦力矩；

　　　　η_1——传动机构的效率，即从主电动机到轧机的传动效率；一级齿轮传动的效率取 0.96 ~ 0.98，皮带传动效率取 0.85 ~ 0.90。

换算到主电动机轴上的附加摩擦力矩为

$$M_m = \frac{M_{m1}}{i} + M_{m2}$$

或

$$M_m = \frac{M_{m1}}{i\eta_1} + \left(\frac{1}{\eta_1} - 1\right)\frac{M_z}{i} \tag{2.93}$$

(3) 空转力矩的确定

空转力矩是指空载转动轧机主机列所需的力矩,通常是根据转动部分轴承中引起的摩擦力来计算。

在轧机主机列中有许多机构,如轧辊、人字齿轮及飞轮等,各有不同的重量、不同的轴颈直径及摩擦系数,因此必须分别计算。显然,空载转矩应等于所有转动机件空转力矩之和,当换算至主电动机轴上时,转动每一个部件所需力矩之和为

$$M_k = \sum M_{kn} \tag{2.94}$$

式中　　M_{kn}——换算到主电动机轴上的转动每一个零件所需的力矩。

如果用零件在轴承中的摩擦圆半径与力来表示 M_{kn},则

$$M_{kn} = \frac{G_n f_n d_n}{2i_n} \tag{2.95}$$

式中　　G_n——该机件在轴承上的重量;

　　　　f_n——在轴承上的摩擦系数;

　　　　d_n——轴颈直径;

　　　　i_n——电动机与该机件间的传动比。

将式(2.95)代入式(2.94)得空转力矩为

$$M_k = \sum \frac{G_n f_n d_n}{2i_n} \tag{2.96}$$

按上式计算很复杂,通常经验算法为

$$M_k = (0.03 \sim 0.06)M_H \tag{2.97}$$

式中　　M_H——电动机的额定转矩。

对新式轧机可取下限,对旧式轧机可取上限。

(4) 静负荷图

为了校核和选择主电动机,除知其负荷值外,尚需知轧机负荷随时间变化的关系图。力矩随时间变化的关系图称为静负荷图,绘制静负荷图之前,首先要决定出轧件在整个轧制过程中在主电机轴上的静负荷值,其次决定各道次的纯轧和间歇时间。

静负荷图中的静力矩由式(2.89)确定。每一道次的轧制时间为

$$t_n = \frac{L_n}{\bar{v}_n}$$

式中　　L_n——轧件轧后长度;

　　　　$\bar{v}_n$——轧件出辊平均速度,忽略前滑时,它等于轧辊圆周速度。

间隙时间按间隙动作所需时间确定或按现场数据选用。

已知上述各值后,根据轧制图表绘制出一个轧制周期内的电机负荷图。图2.41的上半部分,表示一列两架轧机第一架轧3道,第二架轧2道,并且无交叉过钢的轧制图表。图示中的 $t_1 \sim t_5$ 为道次的轧制时间,$t'_1 \sim t'_5$ 为道次间的间隙时间。图2.41的下半部分,表示轧制过程主电机负荷随机时间变化的静力矩图。

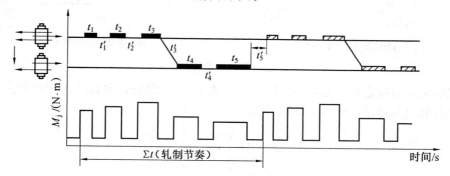

图2.41　单根过钢时的轧制图表与静力矩图(横列式轧机)

在上述的轧机上,如轧制方法稍加改变,使每架轧机可轧制一根轧件,其轧制图表的形式如图2.42所示。由于两架轧机由一个主电机传动,因此,静力矩图就必须在两架轧机同时轧制的时间内进行叠加,但空转力矩不叠加。显然,在该情况下的轧制节奏时间缩短了,而主电机的负荷加重了。

根据轧机的布置、传动方式和轧制方法的不同,其轧制图表的形式是有差异的,但绘制静力矩图的叠加原则不变,如图2.43为不同传动方式的静力矩形式。

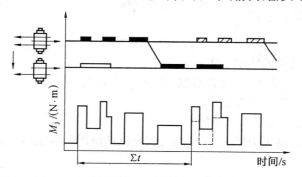

图2.42　交叉过钢时的轧制图表与静力矩图
(横列式轧机)

(5) 主电动机的功率计算

当主电动机的传动负荷图确定后,就可对电动机的功率进行计算。这项工作包括两部分:一是由负荷图计算出等效力矩不能超过电动机的额定力矩,二是负荷图中的最大力矩不能超过电动机的允许过载负荷和持续时间。

如果是新设计的轧机,则对电动机就不是校核,而是要根据等效力矩和所要求的电动机转速来选择电动机。

① 力矩计算及电动机的校核。轧机工作时电动机的负荷是间断式的不均匀负荷,而

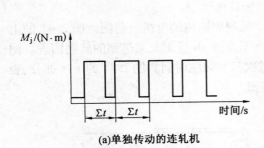

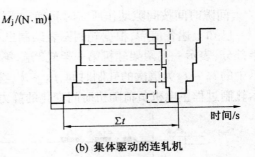

图 2.43　静力矩图的其他形式

电动机的额定力矩是指电动机在此负荷下长期工作，其温升在允许的范围内的力矩。为此必须计算出负荷图中的等效力矩，其值按下式计算

$$M_{jum} = \sqrt{\frac{\sum M_n^2 t_n + \sum M'^2_n t'_n}{\sum t_n + \sum t'_n}} \qquad (2.98)$$

式中　　M_{jum}——等效力矩；

$\quad\sum t_n$——轧制时间内各段纯轧时间的总和；

$\quad\sum t'_n$——轧制周期内各段间隙时间的总和；

$\quad M_n$——各段轧制时间对应的力矩；

$\quad M'_n$——各段间隙时间对应的空转力矩。

校核电动机温升条件为

$$M_{jum} \leqslant M_H$$

校核电动机的过载条件为

$$M_{max} \leqslant K_G \cdot M_H$$

式中　　M_H——电动机的额定力矩；

$\quad K_G$——电动机的允许过载系数，直流电动机 $K_G = 2.0 \sim 2.5$；交流同步电动机 $K_G = 2.5 \sim 3.0$；

$\quad M_{max}$——轧制周期内最大的力矩。

电动机达到允许最大力矩 $K_G \cdot M_H$ 时，其允许持续时间在 15 s 以内，否则电动机温升将超过允许范围。

②超过电动机基本转速时电动机的校核。当实际转速超过电动机的基本转速时，应对超过基本转速部分对应的力矩加以修正，即乘以修正系数。如果此时力矩图形为梯形，如图 2.44 所示，则等效力矩为

$$M_{jum} = \sqrt{\frac{M_1^2 + M_1 \cdot M + M^2}{3}} \qquad (2.99)$$

式中　　M_1——转速未超过基本转速时的力矩；

$\quad M$——转速超过基本转速时乘以修正系数后的力矩为

$$M = M_1 \cdot \frac{n}{n_H}$$

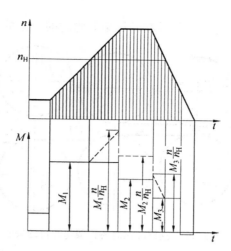

图 2.44 超过基本转速时的力矩修正图

式中　　n —— 超过基本转速时的转速；

　　　　n_H—— 电动机的基本转速。

校核电动机过载条件为

$$\frac{n}{n_H} \cdot M_{max} \leqslant K_G \cdot M_H \tag{2.100}$$

2.5　连续轧制理论

随着轧制理论的发展和现代技术的应用,连轧生产发展迅速,板带、棒线材生产的连续化更加完善,而且出现了型钢和钢管的连轧生产,连轧在轧钢生产中所占比重日益增大。

连续轧制(简称连轧)是指同一轧件在两架以上串列配置的轧机上同时轧制的状态,其特点是由于机架间通常存在张力或推力作用,各种轧制因素相互影响,其结果产生了与单机轧制时不同的特殊轧制现象。

2.5.1　连续轧制常数

连轧机各机架顺序排列,轧件同时通过数架轧机进行轧制,各个机架通过轧件相互联系,从而使轧制的变形条件、运动学条件和力学条件等都具有一系列的特点。

连续轧制时,随着轧件断面的压缩,其轧制速度递增,保持正常轧制的条件是轧件在轧制线上每一机架的秒流量必须保持相等。连续轧制时各机架与轧件的关系如图 2.45 所示,其关系式为

$$F_1 V_1 = F_2 V_2 = \cdots = F_n V_n \tag{2.101}$$

式中　　$1,2,\cdots,n$ —— 逆轧制方向的轧机序号；

　　　　$F_1,F_2,\cdots,F_n$—— 轧件通过各机架时的轧件断面积；

　　　　$V_1,V_2,\cdots,V_n$—— 轧件通过各机架时的轧制速度；

$$F_1V_1, F_2V_2, \cdots, F_nV_n \text{——轧件在各机架轧制时的秒流量。}$$

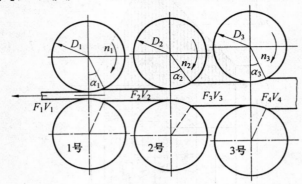

图 2.45　连续轧制时各机架与轧件的关系

将 $V_1 = \dfrac{\pi D_1 n_1}{60}$，　$V_2 = \dfrac{\pi D_2 n_2}{60}, \cdots, V_n = \dfrac{\pi D_n n_n}{60}$ 代入式(2.101)，得

$$F_1 D_1 n_1 = F_2 D_2 n_2 = \cdots\cdots = F_n D_n n_n \tag{2.102}$$

式中　　$D_1, D_2, \cdots, D_n$——各机架的轧辊工作直径；

$n_1, n_2, \cdots, n_n$——各机架的轧辊转速；

$C_l, C_2, \cdots, C_n$——代表各机架轧件的秒流量，即

$$F_1 D_1 n_1 = C_l, F_2 D_2 n_2 = C_2, F_n D_n n_n = C_n \tag{2.103}$$

式(2.102)可以写成

$$C_1 = C_2 = \cdots = C_n \tag{2.104}$$

轧件在各机架轧制时的秒流量相等，即为一个常数，这个常数称为连轧常数。以 C 代表连轧常数时，则

$$C_1 = C_2 = \cdots = C_n = C \tag{2.105}$$

2.5.2　连续轧制中的前滑

如前所述，由于前滑的存在轧辊的线速度与轧件离开轧辊的速度实际上是有差异的，轧件离开轧辊的速度大于轧辊的线速度。前滑的大小以前滑系数和前滑值来表示，其计算公式为

$$\overline{S_1} = \frac{V'_1}{V_1}, \overline{S_2} = \frac{V'_2}{V_2}, \cdots, \overline{S_n} = \frac{V'_n}{V_n} \tag{2.106}$$

$$S_{h1} = \frac{V'_1 - V_1}{V_1} = \frac{V'_1}{V_1} - 1 = \overline{S_1} - 1, S_{h2} = \overline{S_2} - 1, \cdots, S_{hn} = \overline{S_n} - 1 \tag{2.107}$$

式中　　$\overline{S_1}, \overline{S_2}, \cdots, \overline{S_n}$——轧件在各机架的前滑系数；

$V'_1, V'_2, \cdots, V'_n$——轧件实际从各机架离开轧辊的速度；

$V_1, V_2, \cdots, V_n$——各机架的轧辊线速度；

$S_{h1}, S_{h2}, \cdots, S_{hn}$——各机架的前滑值。

考虑到前滑的存在，则轧件在各机架轧制时的秒流量为

$$F_1 V'_1 = F_2 V'_2 = \cdots = F_n V'_n \qquad (2.108)$$

及

$$F_1 V_1 \bar{S}_1 = F_2 V_2 \bar{S}_2 = \cdots = F_n V_n \bar{S}_n \qquad (2.109)$$

此时式（2.102）和式（2.104）也相应成为

$$F_1 D_1 n_1 \bar{S}_1 = F_2 D_2 n_2 \bar{S}_2 = \cdots = F_n D_n n_n \bar{S}_n \qquad (2.110)$$

$$C_1 \bar{S}_1 = C_2 \bar{S}_2 = \cdots = C_n \bar{S}_n = C' \qquad (2.111)$$

式中　　C'——考虑前滑后的连轧常数。

在孔型中轧制时，前滑值常取平均值，其计算公式为

$$\bar{\gamma} = \frac{\bar{\alpha}}{2}\left(1 - \frac{\bar{\alpha}}{2\beta}\right) \qquad (2.112)$$

$$\cos \bar{\alpha} = \frac{\bar{D} - (\bar{H} - \bar{h})}{\bar{D}} \qquad (2.113)$$

$$\bar{S}_h = \frac{\cos \bar{\gamma}[\bar{D}(1 - \cos \bar{\gamma}) + \bar{h}]}{\bar{h}} - 1 \qquad (2.114)$$

式中　　$\bar{\gamma}$ —— 变形区中性角的平均值；

$\bar{\alpha}$ —— 咬入角的平均值；

β —— 摩擦角，一般为 $21° \sim 27°$；

$\bar{D}$ —— 轧辊工作直径的平均值；

$\bar{H}$ —— 轧件轧前高度的平均值；

$\bar{h}$ —— 轧件轧后高度的平均值；

$\bar{S}_h$—— 轧件在任意机架的平均前滑值。

连轧常数一旦被破坏就会造成拉钢或堆钢，从而破坏了变形的平衡状态。拉钢会使轧件横断面收缩，严重时会造成轧件破断事故。堆钢会导致薄带折叠，或引起其他设备事故。

2.5.3　连续轧制中的堆拉系数

在连续轧制时，实际上保持理论上的秒流量相等使连轧常数恒定是相当困难的，甚至是办不到的。为了使轧制过程能够顺利进行，常有意识地采用堆钢或拉钢的操作技术。一般对线材在连续轧机上机组与机组之间来用堆钢轧制，而机组内的机架与机架之间采用拉钢轧制。

1. 堆拉系数

堆拉系数是堆钢或拉钢的一种表示方法。当以 K 代表堆拉系数时

$$\frac{C_1 \bar{S}_1}{C_2 \bar{S}_2} = K_1, \frac{C_2 \bar{S}_2}{C_3 \bar{S}_3} = K_2, \cdots, \frac{C_n \bar{S}_n}{C_{n+1} \bar{S}_{n+1}} = K_n \qquad (2.115)$$

式中　　$K_1, K_2, \cdots, K_3$—— 各机架连轧时的堆拉系数。

当 K 值小于 1 时，表示为堆钢轧制。连续轧制时对于线材机组与机组之间要根据活套大小通过调节直流电动机的转数，来控制适当的堆钢系数。

当 K 值大于 1 时，表示为拉钢轧制。对于线材连续轧制时粗轧和中轧机组的机架与

机架之间的拉钢系数一般控制为 1.02 ~ 1.04；精轧机组随轧机结构形式的不同一般控制在 1.005 ~ 1.02。

将式(2.115)移项得

$$C_1 \bar{S}_1 = K_1 C_2 \bar{S}_2, C_2 \bar{S}_2 = K_2 C_3 \bar{S}_3, \cdots, C_n \bar{S}_n = K_n C_{n+1} \bar{S}_{n+1} \tag{2.116}$$

则考虑堆钢或拉钢后的连轧关系式为

$$C_1 \bar{S}_1 = K_1 C_2 \bar{S}_2 = K_1 K_2 C_3 \bar{S}_3 = \cdots = K_1 K_2, \cdots, K_n C_{n+1} \bar{S}_{n+1} \tag{2.117}$$

2. 堆拉率

堆拉率是堆钢或拉钢的另一表示方法，也是经常采用的方法。以 ε 代表堆拉率时

$$\frac{C_1 \bar{S}_1 - C_2 \bar{S}_2}{C_2 \bar{S}_2} \times 100 = \varepsilon_1, \quad \frac{C_2 \bar{S}_2 - C_3 \bar{S}_3}{C_3 \bar{S}_3} \times 100 = \varepsilon_2, \cdots,$$

$$\frac{C_n \bar{S}_n - C_{n+1} \bar{S}_{n+1}}{C_{n+1} \bar{S}_{n+1}} \times 100 = \varepsilon_n \tag{2.118}$$

当 ε 为正值时表示拉钢轧制，当 ε 为负值时表示堆钢轧制。

将式(2.118)移项得

$$(C_1 \bar{S}_1 - C_2 \bar{S}_2) \times 100 = C_2 \bar{S}_2 \varepsilon_1, \quad (C_2 \bar{S}_2 - C_3 \bar{S}_3) \times 100 = C_3 \bar{S}_3 \varepsilon_2, \cdots,$$

$$(C_n \bar{S}_n - C_{n+1} \bar{S}_{n+1}) \times 100 = C_{n+1} \bar{S}_{n+1} \varepsilon_n \tag{2.119}$$

$$C_1 \bar{S}_1 = C_2 \bar{S}_2 \left(1 + \frac{\varepsilon_1}{100}\right), \quad C_2 \bar{S}_2 = C_3 \bar{S}_3 \left(1 + \frac{\varepsilon_2}{100}\right), \cdots,$$

$$C_n \bar{S}_n = C_{n+1} \bar{S}_{n+1} \left(1 + \frac{\varepsilon_n}{100}\right) \tag{2.120}$$

由式(2.120)得出堆钢或拉钢后的又一个连轧关系式为

$$C_1 \bar{S}_1 = C_2 \bar{S}_2 \left(1 + \frac{\varepsilon_1}{100}\right) = C_3 \bar{S}_3 \left(1 + \frac{\varepsilon_1}{100}\right) \left(1 + \frac{\varepsilon_2}{100}\right) = \cdots$$

$$= C_n \bar{S}_n \left(1 + \frac{\varepsilon_1}{100}\right) \left(1 + \frac{\varepsilon_2}{100}\right) \cdots \left(1 + \frac{\varepsilon_{n-1}}{100}\right) \tag{2.121}$$

由式(2.116)和式(2.120)得出 K 与 ε 的关系式为

$$(K_n - 1) \times 100 = \varepsilon_n \tag{2.122}$$

通过上述分析可知，从理论上讲连续轧制时各机架的秒流量相等，连轧常数是恒定的。在考虑前滑影响后这种关系仍然存在，但当考虑了堆钢和拉钢的操作条件后，实际上各机架的秒流量已不相等，连轧常数已不存在，而是在建立了一种新的平衡关系下进行生产的，实际生产中采用的张力轧制，就是这个道理。

复习题

1. 什么是简单轧制，它必须具备哪些条件，其特征如何？
2. 何谓变形区，变形始于何处，为什么？
3. 变形区长度与哪些因素有关，是如何推导出的？
4. 分析轧辊咬入金属的条件。

5. 为什么说作用在轧件上的推力不是咬入的主要条件,推力是否有利于咬入,为什么?

6. 轧制生产中通过哪些措施可以改善咬入条件?

7. 在 ϕ650 轧机上热轧软钢,轧件的原始厚度为 180 mm,用极限咬入条件时,一次可压缩 100 mm,试求摩擦系数。

8. 什么叫宽展,它有几种类型? 影响宽展的主要因素有哪些?

9. 为什么在任何轧制情况下的绝对宽展量较延伸量小得多?

10. 计算宽展的常用公式有哪些,在何种情况下应用较为合理?

11. 在轧制板材时,随着轧件宽度的增大,宽展量为何趋于不变?

12. 什么叫前滑与后滑,它是如何产生的?

13. 前滑值有几种表示方法,其物理意义如何?

14. 已知轧辊的圆周线速度为 3 m/s,前滑值为 8%,试求轧制速度。

15. 何谓中性角,它是如何确定的? 中性角、咬入角和摩擦角三者的关系如何?

16. 何谓轧制力,其大小和方向如何考虑?

17. 金属与轧辊的接触面积如何确定?

18. 何谓轧制力矩,它与哪些因素有关?

19. 轧制生产中,作用在电机轴上的传动力矩由哪几部分组成?

20. 何为连轧常数? 试推导连轧常数。

第3章　型材生产

金属经过塑性加工成型,具有一定断面形状和尺寸的实心直条称为型材。

自从 1783 年英国人科特(H. Cot)发明了第一台二辊式孔型轧机,并轧制出各种规格的扁钢、方钢、圆钢和半圆钢以来,轧制型材迅速发展,型材以其品种多、规格全、用途广、生产效率高的优势,在金属材料的生产中占有非常重要的地位,目前世界发达国家轧制型材的产量约占轧材总产量的 1/3。

在大中型型材生产领域,我国一些企业拥有国际先进水平的设备和工艺,产品质量也达到了国际先进水平。随着工业的发展,对型材有了更高的要求,如高强度、高耐蚀性、高焊接性、高精度、轻型薄壁等,只有通过技术进步和技术创新,才能不断提高型材质量。

3.1　型材特点

型材的品种规格繁多,广泛应用于机械、建筑、车辆、船舶等国民经济各部门,在轧制生产中占有非常重要的地位。根据材料的使用特征,型材可以用作钢结构用材、交通运输用材和机械工程用材等。在钢结构用材中,H 型钢、角钢和槽钢的用量较大。在交通运输用材中,重轨的用量最大,而且质量要求也最高。型材生产具有如下特点:

1. 品种规格多

目前已达万种以上,而在生产中,除少数专用轧机生产专门产品外,绝大多数型材轧机都在进行多品种多规格的生产。

2. 断面形状差异大

在型材产品中,除方、圆、扁钢断面形状简单,差异不大外,大多数复杂断面型材(如工字钢、H 型钢、Z 字钢、槽钢、钢轨等)不仅断面形状复杂,而且互相之间差异较大,这些产品的孔型设计和轧制生产都有其特殊性;断面形状的复杂性使得在轧制过程中金属各部分的变形、断面温度分布以及轧辊磨损等都不均匀,因此轧件尺寸难以精确计算和控制,轧机调整和导卫装置的安装也较复杂;另外复杂断面型材的单个品种或规格通常批量较小。上述因素使得复杂断面型材连轧技术发展难度大。

3. 轧机结构和轧机布置形式较多

在结构形式上有二辊式轧机、三辊式轧机、四辊万能孔型轧机、多辊孔型轧机、Y 型轧机、45° 轧机和悬臂式轧机等。在轧机布置形式上有横列式轧机、顺列式轧机、棋盘式轧机、半连续式轧机和连续式轧机等。

3.2 型材分类及典型产品

3.2.1 型材分类及用途

型材主要分为以下五类：

1. 按生产方法分类

型材按生产方式分为热轧型材、冷弯型材、冷轧型材、冷拔型材、挤压型材、锻压型材、热弯型材、焊接型材和特殊轧制型材等。因为热轧具有生产规模大、生产效率高、能量消耗少和生产成本低等优点，成为生产型材的主要方法之一。

2. 按断面特点分类

型材按其横断面形状可分为简单断面型材和复杂断面型材。简单断面型材的横断面对称、外形比较均匀、简单，如圆钢、线材、方钢和扁钢等。复杂断面型材又叫异型断面型材，其特征是横断面具有明显凸凹分支，因此又进一步分成凸缘型材、多台阶型材、宽薄型材、局部特殊加工型材、不规则曲线型材、复合型材、周期断面型材和金属丝材等。

3. 按使用部门分类

型材按使用部门分类有铁路用型材（钢轨、鱼尾板、道岔用轨、车轮、轮箍）、汽车用型材（轮辋、轮胎挡圈和锁圈）、造船用型材（L 型钢、球扁钢、Z 字钢、船用窗框钢）、结构和建筑用型材（H 型钢、工字钢、槽钢、角钢、吊车钢轨、窗框和门框用材、钢板桩等）、矿山用钢（U 型钢、槽帮钢、矿用工字钢、刮板钢等）、机械制造用异型材等。

4. 按断面尺寸大小分类

型材按断面尺寸可分为大型、中型和小型型材，其划分常以它们分别适合在大型、中型和小型轧机上轧制来分类。大型、中型和小型的区分实际上并不严格。另外还有用单重（kg/m）来区分，认为单重在 5 kg/m 以下的是小型材，单重在 5 ~ 20 kg/m 的是中型材，单重超过 20 kg/m 的是大型材。

5. 按使用范围分类

有通用型材、专用型材和精密型材。型材的断面形状、尺寸范围及用途见表 3.1。

3.2.2 典型产品

1. H 型钢

（1）H 型钢的种类、特点及应用

H 型钢是断面形状类似于字母 H 的一种经济断面型材，它又被称为万能钢梁、宽边（缘）工字钢或平行边（翼缘）工字钢。

H 型钢的产品规格很多，有如下几种：

① 按产品边宽分为宽边、中边和窄边 H 型钢。宽边 H 型钢的边宽 b 大于或等于腰高 h，中边 H 型钢的边宽 b 大于或等于腰高 h 的 1/2，窄边 H 型钢的边宽 b 等于或小于腰高 h 的 1/2。

表3.1　型材的尺寸范围及用途

品种	尺寸范围/mm	用途
H型钢	高×宽:宽边500×500;中边900×300; 窄边600×200	土木建筑、桥梁、车辆、机械工程、矿山支护
工字钢	高×宽:100×68 ~ 630×180	土木建筑、桥梁、车辆、机械工程、矿山支护
钢轨	单重:重轨30 ~ 78 kg/m;轻轨5 ~ 30 kg/m; 起重机轨120 kg/m,	铁路、起重机
T型钢	高×宽:150×40 ~ 300×150	土木建筑、铁塔、桥梁、车辆、船舰
槽钢	高×宽:50×37 ~ 400×104	土木建筑、矿山支护、桥梁、车辆、机械工程
角钢	高×宽:等边20×20 ~ 200×200; 不等边25×16 ~ 200×125	土木建筑、铁塔、桥梁、车辆、船舰
球扁钢	宽×厚:180×9 ~ 250×12	舰船、船体钢板加固
钢板桩	有效宽度:U型500;Z型400;直线型500	港口、堤坝、工程围堰

②按用途可分为H型钢梁、H型钢柱、H型钢桩、厚边H型钢梁。有时将平行腿槽钢和平行边T字钢也列入H型钢。一般以窄边H型钢作为梁材,宽边H型钢作为柱材。故H型钢又称为梁型H型钢和柱型H型钢。

③按生产方式分为焊接H型钢和轧制H型钢。

④按尺寸规格分为大、中、小号H型钢。通常将腰高在700 mm以上的产品称为大号H型钢,腰高在300 ~ 700 mm的产品称为中号H型钢,腰高小于300 mm的产品称为小号H型钢。

H型钢的断面通常分为腰部(腹板)和边部(翼缘)两部分。国际上一般使用4个尺寸表示H型钢规格,即腰高h、腰厚d、边(腿)宽b和边(腿)厚t。H型钢与普通工字钢断面形状的区别如图3.1所示。与腰部同样高度的普通工字钢相比,H型钢的边部内侧与外侧平行或接近于平行,边的端部呈直角,H型钢的腰部厚度小,边部宽度大,H型钢又叫宽边工字钢。

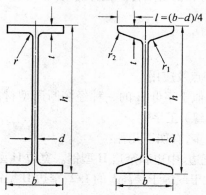

图3.1　H型钢和普通工字钢

H型钢用在不同要求的金属结构中,比普通工字钢具有更大的承载能力,并且由于它的边宽、腰薄、规格多、使用灵活,可节约金属10%～40%。由于其边部内侧与外侧平行,边端呈直角,便于拼装组合成各种构件,从而可节约焊接和铆接工作量达25%左右,因而能大大加快工程的建设速度,缩短工期。

H型钢的应用广泛,用途完全覆盖普通工字钢。主要用于各种工业和民用建筑结构;各种大跨度的工业厂房和现代化高层建筑,尤其是地震活动频繁地区和高温工作条件下的工业厂房;要求承载能力大、截面稳定性好、跨度大的大型桥梁;重型设备;高速公路;舰船骨架;矿山支护;地基处理和堤坝工程;各种机械构件等。

(2)H型钢的轧制方法

使用万能孔型轧制,如图3.2所示,H型钢的腰部在上下水平辊之间进行轧制,边部则在水平辊侧面和立辊之间同时轧制成型。由于仅有万能孔型尚不能对边端施加压下,这样就需要在万能机架后设置轧边端机,又称轧边机,以便加工边端并控制边宽。

在实际轧制生产中,将万能轧机和轧边端机组成一组可逆连轧机,使轧件往复轧制若干次,如图3.2(a),或者是将几架万能轧机和1～2架轧边端机组成一组连轧机组,每道次施加相应的压下量,将坯料轧成所需规格形状和尺寸的产品。轧制时,由于水平辊侧面与轧件之间有滑动,故轧辊磨损比较大,为了保证轧辊重车后的轧辊能恢复原来的形状,除万能成品孔型外,上下水平辊的侧面及其相对应的立辊表面都有3°～10°的倾角。成品万能孔型,又叫万能精轧孔,其水平辊侧面与水平辊轴线垂直或有很小的倾角,一般在0°～0.3°,立辊呈圆柱状,如图3.2(d)所示。适当改变万能孔型中的水平辊和立辊的压下量,便能获得不同规格的H型钢。因此,同一万能孔型所轧出的同一系列H型钢可具有多种腰厚和边厚尺寸,使产品的规格大大增加。

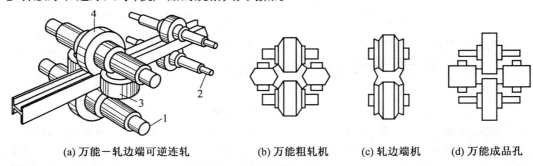

(a) 万能—轧边端可逆连轧　　(b) 万能粗轧机　　(c) 轧边端机　　(d) 万能成品孔

图3.2　万能轧机轧制H型钢

1— 水平辊;2— 轧边端辊;3— 立辊;4— 水平辊

(3)H型钢轧机及其布置

万能轧机是生产H型钢的主体设备,每套机架数可为一架、二架、三架或多架。其布置型式可分为非连续式、半连续式和连续式。

①非连续式布置有三种方式。一架万能轧机和一架轧边机。因为轧机数量少,轧辊磨损较快,产品尺寸精度差。

两架万能轧机和一架轧边机。第一架万能轧机与轧边机组成中轧机组进行往复轧制若干道次后,再与第二架万能轧机精轧一道轧成成品。采用这种布置形式的轧机较多。

三架万能轧机和两架轧边机。产量比前者高一倍,通过调整辊缝可在同一套轧辊上生产不同腿厚、腰厚的非标准 H 型钢。这种布置形式的轧机也较多。

②半连续布置。在万能连轧机组前有一台或两台二辊可逆式开坯机,连轧机由 5 ~ 9 架万能轧机和 2 ~ 3 架轧边机组成,万能轧机数目较多时分成两组。

③全连续式布置。由 8 ~ 12 架连续布置的万能轧机和轧边机组成,适合于生产轻型结构和小尺寸 H 型钢及其他型材。

(4)H 型钢生产工艺流程

图 3.3 是我国某钢铁厂的 H 型钢生产线工艺布置图,该生产线采用了节能型连铸坯 → 热 送 → 热装 → 连轧短流程生产工艺,全程计算机控制和管理,在国内同类型轧机中处于领先水平。其工艺流程为:连铸坯 → 步进梁式加热炉加热 → 高压水除鳞 → 开坯机开坯 → 热锯切头 → 万能精轧机轧制 → 热锯切头及倍尺分段 → 步进式冷床冷却 → 多辊矫直机矫直 → 编组台编组 → 冷锯定尺分段 → 检查台检查 → 码垛机码垛 → 打捆机打捆 → 称 重 → 挂标牌 → 成品发货。

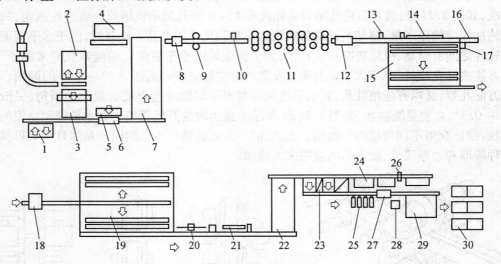

图 3.3 H 型钢生产工艺流程图

1— 钢坯上下料台;2— 热缓冲室;3— 钢坯输送台;4— 返料台;5— 冷上料台;6— 称重;7— 加热炉;8— 除鳞;9— 粗轧机;10— 切头锯;11— 精轧机组;12— 水冷;13— 分段锯;14— 定尺机;15— 冷床;16— 定尺锯;17— 切头锯;18— 矫直机;19— 编组台;20— 冷锯;21— 定尺机;22— 检查台;23— 堆钢机;24— 废品台;25— 打捆;26— 改尺锯;27— 称量;28— 压印机;29— 成品台;30— 成品库

2. 钢轨

(1)钢轨的种类及用途

钢轨是铁路运行轨道的重要组成部分,钢轨的横截面可分为轨头、轨腰和轨底三部分。轨头是与车轮相接触的部分;轨底是接触轨枕的部分,如图 3.4 所示。最早的钢轨断面形状为圆形,很快就演变成现在的形状。

钢轨的规格以每米长的重量来表示。普通钢轨的重量为 5 ~ 78 kg/m,起重机轨重为 120 kg/m。钢轨的规格有 9、12、15、22、24、30、38、43、50、60、75 kg/m。通常将 30 kg/m 以

下的钢轨称为轻轨,在此重量以上的钢轨称
为重轨。

轻轨主要用于森林、矿山、盐场等工矿内
部的短途、轻载、低速专线铁路。重轨主要用
于长途、重载、高速的干线铁路,也有部分钢
轨用于工业结构件。现代化的铁路,载重量
不断增长,时速越来越高,因此对钢轨的强
度、韧性和耐磨性等均提出越来越高的要
求。为保证钢轨有较大的纵向抗弯截面模
数,而不断提高轨底宽度和轨腰高度,从而使
钢轨单重达到 70 kg/m 以上。

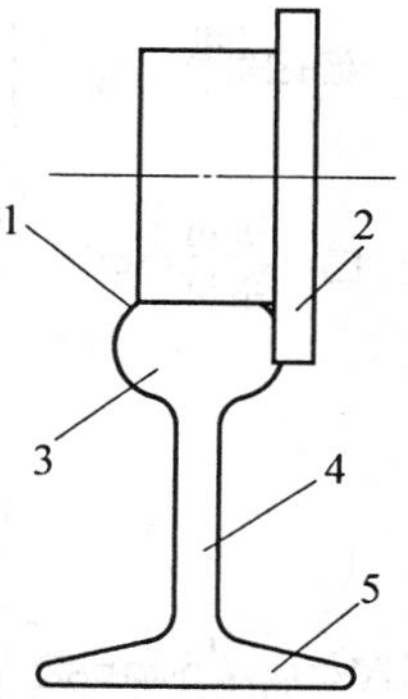

图 3.4 钢轨受偏心载荷
1— 踏面;2— 车轮;3— 轨头;4— 轨腰;5— 轨底

(2)钢轨的生产工艺

钢轨的工作条件十分复杂和恶劣,技术要求是硬而不脆、韧而不断,这决定了钢轨生
产工艺过程的复杂性。重轨是轨梁车间生产工艺最复杂的产品,在车间总产量中所占比
重最大,重轨生产工艺流程如图 3.5 所示。

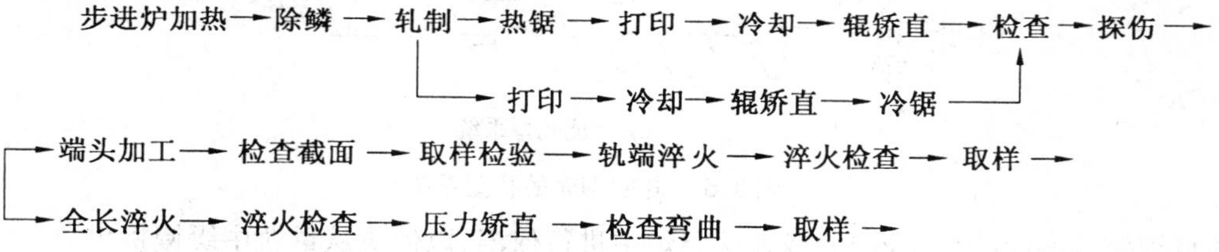

步进炉加热 → 除鳞 → 轧制 → 热锯 → 打印 → 冷却 → 辊矫直 → 检查 → 探伤 →

→ 打印 → 冷却 → 辊矫直 → 冷锯

→ 端头加工 → 检查截面 → 取样检验 → 轨端淬火 → 淬火检查 → 取样 →

→ 全长淬火 → 淬火检查 → 压力矫直 → 检查弯曲 → 取样 →

图 3.5 重轨生产的工艺流程

轧制方法有常规轧法和万能孔型轧法,常规轧法是传统轧法,按孔型配置方式不同分
为直轧法和斜轧法两种,一般在二辊或三辊轧机上采用箱形 – 帽形 – 轨形孔型系统进行
轧制;孔型轨采用斜配置方式时,与直配置相比减少了孔型切槽深度,增大了轧辊强度,有
利于加大变形量,而且还减少了辊径差和轧辊重车量,对增大轨底侧压量、提高孔型使用
寿命均有利。目前采用斜轧法较多。

万能孔型轧法是利用万能钢轨轧机轧制重轨,轧制方法类似于 H 型钢轧制。由于万
能孔型轧制法不存在闭口槽,为上下对称轧制,故轧件尺寸精确,轧件内部残余应力小,轨
底加工好,轧机调整灵活。万能钢轨轧机轧制高速铁路用重轨的效果优于传统轧法。工
业先进国家主要的大、中型型材轧机都是万能轧机,故重轨也是以万能孔型轧制为主。常
规轧法和万能孔型轧法的孔型系统如图 3.6 所示。

万能式钢轨轧机的组成一般由一架可逆开坯机,一架万能式精轧机和若干中间机组
组成,每一中间机组又由一架万能式轧机和一架二辊辅助机座(轧边机)组成。万能式钢
轨轧机(包括重轨轧机)有二列式、三列式或四列式纵列布置,近年也出现了多列连续布
置的形式。

重轨轧后冷却分为自然冷却和缓冷两种。当炼钢厂采用无氢冶炼时,重轨轧后可直
接在冷床上冷却。其他情况下,为去除钢轨中的氢及防止冷却过程氢析出造成白点缺陷,

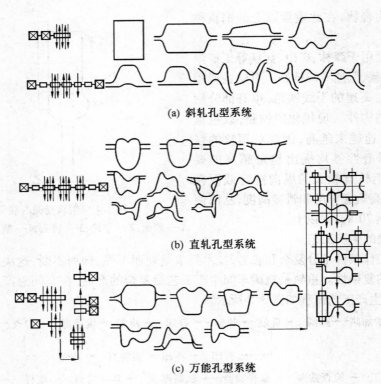

(a) 斜轧孔型系统

(b) 直轧孔型系统

(c) 万能孔型系统

图 3.6　轧制钢轨的孔型系统

须将钢轨放在缓冷坑中冷却,或在保温炉中进行保温,以使氢从重轨中缓慢析出。

目前世界各主要钢轨生产国都在生产热处理钢轨,热处理有多种形式,国内使用较多的是轨端淬火和钢轨全长淬火,利用轧后余热淬火工艺在国外已得到广泛应用。

火车车轮在通过两根重轨接头处会产生较大振动和冲击,要求轨端应有足够的强度、韧性和耐磨性、避免轨端过早报废而影响整根钢轨寿命,因此需要轨端淬火。轨端淬火有两种方法,一种是将重轨两端80 ～ 100 mm 长的一段利用轧后余热向轨端喷水淬火,然后自身回火,另一种是在钢轨冷却后,用高频感应加热方法将轨端快速加热至 880 ～ 930 ℃,然后喷水急冷,冷至 450 ～ 480 ℃ 后利用余热自身回火,所得组织为回火索氏体。这种方法简单易行,可以实现生产自动化。但只对重轨两端局部淬火,钢轨还难以满足弯道、隧道等地段的特殊性能要求,干线铁路上的钢轨已由短轨焊接为长轨,轨端淬火已逐渐被钢轨全长淬火替代。

钢轨全长淬火可分为轧后余热淬火和重新加热淬火两类。后者按其加热方式不同,又有电感应加热和火焰加热两种。经过钢轨全长淬火的重轨,其使用寿命比未经处理的重轨提高 2 倍以上。利用轧后余热在线淬火是近十几年发展起来的一项钢轨热处理新技术、其设备置于轧制线上,利用终轧后的温度对重轨进行淬火。

冷却后钢轨在辊式矫直机上矫直,为防止轨内产生较大残余应力,只允许矫直一次。轨端加工包括铣头、钻眼等工序,连同轨端高频淬火组成专用加工线。有的生产线采用高效能联合加工机床,用冷锯代替铣床,可同时进行锯头、钻孔和倒棱作业。

3.3 型材轧制工艺

3.3.1 型材开坯

由于型钢对材质要求一般并不特殊,在目前技术水平下几乎可以全部使用连铸坯。连铸坯断面形状可以是方形、矩形或异形。用连铸坯轧制普通型钢绝大多数可不必检查和清理,从这个角度说,大中型型钢最容易实现连铸坯热装热送,甚至直接轧制。开坯工艺流程见图 3.7 所示。

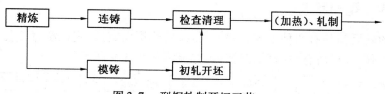

图 3.7　型钢轧制开坯工艺

3.3.2 型材加热、轧制

现代化型材生产加热一般用连续式加热炉,保证原料加热均匀且避免水印对产品的不利影响。通用型材的轧制工艺流程如图 3.8 所示。型材轧制分为粗轧、中轧和精轧。粗轧的任务是将坯料轧成通用的雏形中间坯,在粗轧阶段,轧件温度较高,应该将不均匀变形尽可能放在粗轧孔型轧制阶段。中轧的任务是使轧件迅速延伸,接近成品尺寸。精轧是为保证产品的尺寸精度,延伸量较小。成品孔和成前孔的延伸系数分别为 1.1 ~ 1.2 和 1.2 ~ 1.3。

图 3.8　通用型材加热、轧制的工艺流程举例

现代化的型钢生产对轧制过程通常有以下要求:

(1) 粗轧

一种规格的坯料在粗轧阶段轧成多种尺寸规格的中间坯。型钢的粗轧一般都是在两辊孔型中进行,如果型钢坯料全部使用连铸坯,从炼钢和连铸的生产组织来看,连铸坯的尺寸规格越少越好,最好是只要求一种规格。而型钢成品的尺寸规格却是越多越有利于企业开拓市场。这就要求粗轧具有将一种坯料开成多种规格坯料的能力。粗轧既可以对异型坯进行扩腰扩边轧制,也可以进行缩腰缩边轧制。典型的例子是用板坯轧制 H 型钢。

(2) 中轧和精轧

对于异型材在中轧和精轧阶段尽量多使用万能孔型和多辊孔型。由于多辊孔型和万能孔型有利于轧制薄而高的边,并且容易单独调整轧件断面上各部分的压下量,可以有效地减少轧辊的不均匀磨损,提高尺寸精度。

（3）型钢连轧

由于轧件的断面截面系数大,不能使用活套,机架间的张力控制一般采用驱动主电机的电流记忆法或者采用力矩记忆法进行。

（4）提高性能

对于大多数型钢,在使用上一般都要求低温韧性好和具有良好的可焊接性,为保证这些性能,在材质上要求碳当量低。对这些钢材,实行低温加热和低温轧制可以细化晶粒,提高材料的机械性能。在精轧后进行水冷,对于提高材料性能和减少在冷床上的冷却时间也有明显好处。

3.3.3　型材精整

型材的轧后精整有两种工艺,一种是传统的热锯切定尺,定尺矫直工艺。一种是较新式的长尺冷却、长尺矫直、冷锯切工艺,工艺流程如图 3.9 所示。

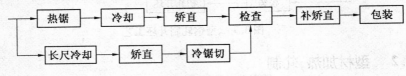

图 3.9　型材的精整工艺流程

型材精整,较突出之处就是矫直。型材的矫直难度大于板材和管材,原因之一是在冷却过程中,由于断面不对称和温度不均匀造成的弯曲大;另外型材的断面系数大,需要的矫直力大。由于轧件的断面比较大,因此矫直机的辊距也必须大,矫直的盲区大,在有些条件下,对钢材的使用造成很大影响,例如重轨的矫直盲区明显降低了重轨的全长平直度。减少矫直盲区,在设备上的措施是使用变截距矫直机,在工艺上的措施就是长尺矫直。

3.4　型材轧机分类及典型布置形式

3.4.1　型材轧机分类

型材轧机一般用轧辊名义直径（或传动轧辊的人字齿轮节圆直径）来命名,例如 650 型材轧机即指轧机轧辊名义直径（或传动轧辊的人字齿轮节圆直径）为 650。若有若干列或若干架轧机,通常以最后一架精轧机的轧辊名义直径作为轧机的标称。型材轧机按其用途和轧辊名义直径不同可分为轨梁轧机、大型材轧机、中型材轧机、小型材轧机、线材轧机或棒线材轧机等。各类轧机的轧辊名义直径范围见表 3.1。

表 3.1　型材轧机按轧辊名义直径分类

轧机类型	轨梁轧机	大型轧机	中型轧机	小型轧机	线材轧机
轧辊直径 /mm	750 ~ 950	650 ~ 750	350 ~ 650	250 ~ 350	150 ~ 350

型材轧机通常由一个或数个机列组成,每个机列都包括工作机构、传动机构和驱动机构三部分,先进的型材轧机还设有自动控制部分。作为驱动机构的主电机可采用不变

速交流电机、可调速的直流调速电机或交流调速电机。型材轧机的传动装置一般由电动机联轴节、飞轮、减速机、齿轮座、主联轴节和连接轴等组成,如图 3.10 所示。工作机座由轧辊、轧辊轴承、轧辊调整装置、轧辊平衡装置、机架、导位装置和机座等组成。轧辊用来直接完成金属的塑性成型,型材轧机的轧辊辊身上刻有轧槽,上、下辊的轧槽组成孔型,坯料经过一系列孔型轧制而轧成型材。

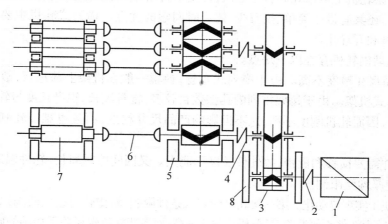

图 3.10 三辊式轧钢机主机列简图

1— 主电动机;2— 电动机联轴节;3— 减速箱;4— 主联轴节;
5— 齿轮座;6— 万向节轴;7— 工作机座;8— 飞轮

3.4.2 型材轧机的典型布置形式

型材轧机的布置形式主要取决于生产规模大小、轧制品种和范围以及选用的原料情况和投资成本等。其典型的布置形式有:横列式(包括一列、两列和多列)、顺列式、棋盘式、半连续式和连续式等,如图 3.11 所示。

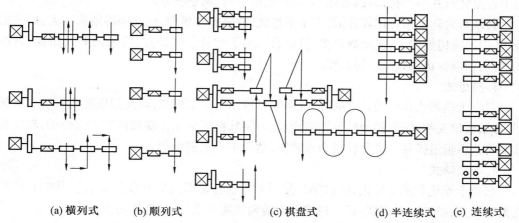

(a) 横列式　　(b) 顺列式　　　　(c) 棋盘式　　　(d) 半连续式　(e) 连续式

图 3.11 型材轧机的典型布置形式

1. 横列式

横列式型钢轧机以一列式和两列式最多，一列式布置的机架一般是三辊轧机，两列式布置的机架一般第一列为两辊可逆开坯机，第二列的轧机为三辊轧机。

通常用一台交流电机同时传动数架三辊式轧机，在一列轧机上进行多道次穿梭轧制。由于每架轧机上可以轧制若干道次，使变形灵活，适应性强，品种范围较广，控制操作容易。另外，还具有设备简单、投资少、建厂时间短的优点。横列式轧机主要用于生产各种型材、线材和开坯生产。

横列式型钢轧机存在以下缺点。

① 产品尺寸精度不高。由于横列式布置，换辊一般在机架上部进行，故多采用开口式或半闭口式机架。由于每架排列的孔型数目较多，辊身较长，辊身长度与轧辊直径的比值 $L/D \approx 3$，因而轧机刚度不高，这不但影响产品尺寸精度，而且也难以轧制宽度较大的产品。

② 轧件需要横移和翻钢，故轧件长度不能大。又因间隙时间长，轧件温降大，因而轧件长度和壁厚均受限制。

③ 不便于实现自动化。第一架轧机受咬入条件限制，希望轧制速度低，末架轧机为保证终轧温度和减少轧件头尾温差，又希望轧制速度高，而各架轧机辊径差受接轴的倾角限制不能过大。为了克服这一缺点采取了多列布置的方式，这样可随轧件长度的增加适当提高轧制速度。对于生产断面细小、成品较长、温降较快的小型钢材或线材是很必要的。

2. 顺列式

各架轧机顺序布置在 1～3 个平行纵列中，各架轧机单独传动，每架只轧一道，但机架间不形成连轧。

顺列式布置的优点为各机架的速度可单独设置或调整，使轧机能力得以充分发挥；由于每架只轧一道，故轧辊 $L/D \approx 1.5～2.5$，且机架多为闭口式，刚度大，产品尺寸精度高；由于各架轧机互不干扰，故机械化、自动化程度较高，调整较方便。

其缺点为轧机布置比较分散，由于不连轧，故随轧件延伸，机架间的距离加大，厂房很长，轧件温降仍然较大；机架数目多，投资大。为了弥补上述缺点，可采用顺列布置、可逆轧制，从而减少机架数和厂房长度。

3. 棋盘式

它介于横列式和顺列式之间，前几架轧件较短时用顺列式，后几架精轧机布置成两横列，各架轧机互相错开，两列轧辊转向相反，各架轧机可单独传动或两架成组传动，轧件在机架间靠斜辊道横移。这种轧机布置紧凑，适于中小型钢生产。

4. 半连续式

它介于连轧和其他形式轧机之间，常用于轧制合金钢或旧有设备改造。其中一种粗轧为连续式，精轧为横列式；另一种粗轧为横列式或其他形式，精轧为连续式。

大型型钢半连续式布置的轧机多见于万能连轧机，在万能连轧机组前有一台或两台二辊可逆开坯机，万能连轧机由 5～9 架万能轧机和 2～3 架轧边端机组成，万能轧机数目较多时，则分成两组。

5. 连续式

连续式布置的轧机每架顺次轧制一道,一根轧件可在数架轧机上同时轧制,各机架间的轧件秒流量保持相等。连续式轧机的优点是易于实现轧制过程的自功化;轧制速度快,产量高;轧机紧密排列,间隙时间短,轧件温降小,可尽量增大坯料重量,提高轧机产量和金属收得率。连续式布置的轧机是各类轧机发展的方向。其缺点是机械和电器控制设备较复杂,投资大,产品的品种受限制。

3.5　型材生产新技术

3.5.1　连铸异型坯

过去,由于技术水平的限制,连铸只能生产断面形状简单的坯料。生产大型工字钢、槽钢、钢板桩和H型钢等产品所需的异型坯只能通过轧制的方法得到。近年来,近终形连铸技术有了迅速发展,连铸异型坯已经可以满足大生产的要求。使用连铸异型坯可以大大缓解型钢轧制中开坯机的压力,明显减少开坯机的异型孔型数量,减少轧制道次,例如使用连铸板坯轧制H型钢,在开坯机往往需要轧制 19 ~ 23 道次,而使用异型坯则只需 7 ~ 9 道次。开坯道次减少,可以降低坯料的加热温度;减少轧辊消耗;缩短轧制周期;减少切头尾,具有明显的经济效益。

3.5.2　在线控轧控冷和余热淬火

在线控制轧制、控制冷却和余热淬火的目的是在不明显增加生产成本的前提下,提高钢材的使用性能,减少氧化,防止和减轻型钢的翘曲和变形,降低残余应力。以H型钢的控制冷却和重轨的余热淬火为例。

1. H型钢的控制冷却

H型钢在轧制过程中,边部和腰部的温度有明显差别,自然冷却后,轧件的残余应力很大,影响产品的使用性能。为此,在产品机架后安装控制冷却系统,在冷床上根据H型钢的规格尺寸利用喷水进行立冷和平冷,边部和腰部的冷却强度根据需要调整。通过控制冷却,不仅提高了冷却速度,而且保证了产品的性能质量。

2. 重轨余热淬火

轧后余热淬火的设备置于轧制线上,并利用终轧后的温度对重轨进行淬火,该工艺生产效率高,成本低、占地面积小。这种方法要求生产节奏稳定,并能够根据来料的温度波动自动调节淬火时间和用水量,以保证得到稳定的组织和性能,因此常采用计算机自动控制。淬火后轧件利用自身余热回火,要求在冷床上均匀冷却,然后矫直、钻眼、检查、入库。国产的轧后重轨余热淬火生产线于 1998 年投产,当时产品质量达到了国际先进水平。

重新加热淬火可以在单独的淬火生产线上进行,生产组织比较灵活,但需要有中间仓库、再加热设备和淬火之前和之后的处理设备,能耗较高,占地面积和投资均较大。

3.5.3　热弯型钢

热弯型钢是用钢坯先热轧成厚度不等、有适当凸凹的扁钢或异型断面的型钢,在轧后余热条件下,连续弯曲成为开式、半封闭式或封闭式的异型断面型钢。这种工艺优点是既可以生产出热轧方法无法生产的型钢,也能生产出冷弯方法不能生产的型钢,而且利用余热成型,能耗小,材料塑性好,其断面上的机械性能均匀,避免了冷弯加工硬化和弯曲处的微裂纹等。

国外近几年开始了一些断面形状简单的热弯型钢的研究和试生产。在美国对一些低塑性的铁板进行了热弯成型的研究。

由于热弯型钢比冷弯型钢可节材 10% 左右,故每年节材可达几十万吨,再加上节能的经济效益明显,因此值得大力进行研究和开发。热轧热弯不等壁厚矩形管与相同外形尺寸的冷弯焊接钢管相比较,其断面上的金属分布更为合理,而且产品力学性能指标有所提高,因此可以达到节约金属的目的。

3.5.4　H 型钢生产新技术

H 型钢新品种主要包括耐候 H 型钢、表面带涂层的耐腐蚀 H 型钢、外表面带凸棱的 H 型钢、小残余应力 H 型钢、外部尺寸一定的 H 型钢、以低屈服比和屈服点变化小为特征的高性能 H 型钢、腰厚与边厚之比小于 1/3 的薄腰 H 型钢、高焊接性能的 H 型钢、高尺寸精度和形状精度的 H 型钢等。

在生产技术上实行高度自动化,以达到无人化控制,并对整个生产线的多规格 H 型钢使用一种坯料。对外部尺寸一定的 H 型钢,采用宽度可调的水平辊,用扩腰轧法和缩腰轧法进行生产。

3.5.5　长尺冷却和长尺矫直

长尺冷却和长尺矫直是在精轧机出口处不锯切轧件,在长尺冷床上冷却后再进行矫直、锯切。这种方法可以提高轧件的平直度,减少矫直盲区,提高产品定尺率。长尺冷却和长尺矫直对车间长度、冷床和冷锯有专门要求。我国已有多套长尺冷却和长尺矫直生产线投入使用。

复 习 题

1. 简述型钢的种类和特点。
2. 简述 H 型钢、钢轨的轧制方法。
3. 型钢轧机是怎样命名的?
4. 型材生产工艺有何特点?
5. 型材生产有哪些新技术?

第4章 棒线材生产

棒线材的断面形状简单，用量巨大，适于进行大规模的专业化生产。我国棒线材的总产量占钢材总量的 40% 以上。

4.1 棒线材品种及用途

4.1.1 棒线材品种及分类

棒材是简单断面型材，一般以直条状态交货。棒材的品种按断面形状分为圆形、方形、六角形以及建筑用螺纹钢筋等几种。棒材品种主要包括圆钢和螺纹钢筋。近年来，随着生产技术的发展，小型棒材亦可成卷供应。棒材断面直径一般为 10 ~ 32 mm，最小规格可至 ϕ6 mm。随着大跨度桥梁和高层建筑对大规格钢筋的需要，钢筋的上限尺寸扩大至 ϕ52 mm，合金钢棒材直径上限达到 ϕ75 mm，甚至 ϕ80 mm。

线材是热轧生产中断面最小，长度最长而且成盘卷状交货的产品。线材的品种按断面形状分为圆形、六角形、方形、螺纹圆形、扁形、梯形及 Z 字形等，主要是圆形和螺纹圆形。常见的盘条多为圆断面，异形断面盘条生产量较少。圆形线材的规格为 ϕ5 ~ 38 mm。经常生产的是 ϕ5 ~ 13 mm。有的高速线材轧机为扩大成盘交货的大尺寸盘条，研制开发了相应的粗线成卷、冷却收集设备，成品直接从中轧或粗轧机组上轧出，盘条规格已扩大到 ϕ22 mm、ϕ30 ~ 40 mm 甚至 ϕ44 ~ 60 mm。

用于生产线材的钢种非常广泛，有碳素结构钢、优质碳素结构钢，弹簧钢、碳素工具钢、合金结构钢、轴承钢、合金工具钢、不锈钢，电热合金钢等，其中主要是普碳钢和低合金钢。凡是需要加工成丝的钢种大都经过热轧线材轧机生产成盘条再拉拔成丝。

国外对棒线材的分类有所不同，通常认为棒材断面直径 9 ~ 300 mm，线材断面直径为 5 ~ 40 mm，呈盘卷状态交货的产品最大面直径为 40 mm。

4.1.2 棒线材的用途

棒线材的断面形状最主要的还是圆形。棒线材的用途非常广泛，可直接用作建筑材料，以及用来加工机械零件、汽车零件，或用来拉丝成为金属制品，冷镦制成螺钉、螺母等。除建筑螺纹钢筋和线材等可直接被应用的成品之外，一般棒线材都要经过深加工才能制成成品。

棒线材深加工的方式有锻造、拉拔、挤压、切削等。为了便于进行深加工，加工之前有时需要进行退火、酸洗等处理。加工后为保证使用时的机械性能，还要进行淬火、正火或渗碳等热处理。有些产品还要进行镀层、喷漆、涂层等表面处理。

根据不同的用途，对棒线材的质量要求也多种多样，如机械性能，加工性能、易切削性能、耐磨性能等各有所偏重。

4.2　棒线材生产工艺

4.2.1　棒线材开坯

棒线材的坯料目前都以连铸坯为主,对于某些特殊钢种也有使用初轧坯的情况。为了兼顾坯料的连铸和轧制生产,一般棒线材的断面形状为方形,边长为 120 ~ 150 mm。连铸时希望坯料断面大,轧制工序为了适应小线径、大盘重,保证终轧温度,则希望坯料断面尽可能小。坯料长度一般较长,最大长度为 22 m。

采用常规冷装炉加热工艺时,对一般钢材采用目视检查,手工清理的方法。对质量要求严格的钢材,采用电磁感应探伤和超声波探伤检查和清理。必要时进行全面的表面修磨。棒材产品轧后表面缺陷还可以清理,线材成卷供应,轧后难以探伤、检查和清理,故对坯料表面质量要求严于棒材。

采用连铸坯热装炉或直接轧制工艺时,必须保证无缺陷高温铸坯的生产,对有缺陷的铸坯,可进行在线热检测和热清理,或通过检测将有缺陷的铸坯取出,使其成为落地冷坯,人工清理后,进入常规工艺轧制生产。

4.2.2　棒线材加热和轧制

加热和轧制工艺流程如下:

冷坯加热 ──→ 粗轧 ──→ 中轧 ──→（预精轧）──→ 精轧 ──→ 冷却 ──→ 精整

　　　　　　　　　　　　　　　　　↑
　　　　　　　　　　　连铸坯热装加热

1. 加热

一般采用步进式加热炉加热。现代化的轧制生产中,棒线材的轧制速度很高,轧制中的温降较小甚至出现温升,通常棒线材的加热温度较低。加热的要求是氧化脱碳少,钢坯不发生扭曲,不产生过热、过烧等。对易脱碳的钢,要严格控制高温段的停留时间,采取低温,快热,快轧等措施。为减少轧制温降,加热炉应尽量靠近轧机。

现代化的高速线材轧机坯重大,坯料长,这就要求加热温度均匀,温度波动范围小。对高速线材轧机,最理想的加热温度是钢坯各点到达第一架轧机时其轧制温度始终一样,要做到这一点通常将钢坯两端的温度提高一些,通常钢坯两端比中部加热温度高 30 ~ 50 ℃。

2. 轧制

为提高生产效率和经济效益,连轧是最适合棒线材的轧制方式。连轧时,一根坯料同时在多机架中轧制,要遵守各机架间金属秒流量相等的原则。轧制过程中前后孔型应该交替地压下轧件的高向和宽向,坯料由大断面变形为小断面的棒线材。

线材车间产品断面比较单一,轧机专业化程度较高。由于从坯料到成品,总延伸较大,每架轧机只轧一道,因此现代化线材轧机一般为 21 ~ 28 架,多数为 25 架,分为粗、中、精轧机组,有时精轧还分为两组。为平衡各机架的生产能力和保证产品精度,粗轧多采用较大延伸,较低转速和多线轧制,而精轧则采用较小延伸,较高轧速和多路单线轧制,即设置数列精轧机组,每组同时只轧一根线材。

4.2.3　棒线材冷却和精整

棒材一般的冷却和精整工艺流程如下:

精轧 → 飞剪 → 控制冷却 → 冷床 → 定尺切断 → 检查 → 包装

棒材轧制时,轧件出精轧机的温度较高,对优质钢材要控制冷却,冷却介质有风、水雾等。对一般的建筑用钢材,冷床也需要具有较大的冷却能力。

线材一般的冷却和精整工艺流程如下:

精轧 → 吐丝机 → 散卷控制冷却 → 集卷 → 检查 → 包装

在现代化的线材生产中,线材精轧后的温度很高,为保证产品质量,要进行散卷控制冷却。根据产品用途有珠光体型控制冷却和马氏体型控制冷却。

4.3　棒线材轧机的布置形式及轧机类型

4.3.1　棒线材轧机类型

1. 小型棒材连轧机类型

小型轧机在追求产量高、适用性强、生产成本低、产品质量好等目标过程中,粗、中轧机的组成在不断变化,结构和机型种类较多。粗、中轧机向适应大坯料及提高轧制精度的方向发展。为了实现高精度轧制,在轧机刚度、调整精度和控制精度上有很大改进,使粗、中轧工艺实现了稳定轧制,并实现微张力控制轧制。

随着连铸坯的应用,坯料断面越来越大,为了改变连铸坯的铸态组织,最初道次需要有足够的变形量,因此现在粗轧机辊径较大,有的选用到 $\phi 550 \sim 600$ mm,粗、中轧的机型种类较多有二辊式闭口机架轧机、45°无扭粗轧机、紧凑轧机、悬臂轧机、三辊行星轧机、三辊 Y 型轧机等。其中二辊式闭口机架轧机、悬臂式轧机应用较广泛。

现代小型车间对精轧机的要求主要是速度和精度,目前精轧机最高速度达 18 m/s。精轧机型主要有以下几种刚度较好的机型:预应力轧机、短应力线轧机和三辊 Y 型轧机。

2. 线材连轧机类型

线材的生产以连续式为主,线材车间的轧机数量一般都比较多,分成粗轧、中轧和精轧机组。全连续棒材车间工艺平面布置,如图 4.1 所示。

线材轧机的粗轧和中轧机组与小型棒材轧机区别不大,现代化的线材轧机大都采用平、立交替布置的全线无扭轧制,线材轧机与棒材轧机的主要区别在于高速无扭精轧机组。

高速线材轧机粗轧机类型较多,有摆锻式轧机、三辊行星轧机(简称 PSW 轧机)、三辊式 Y 型轧机、45°轧机、平 – 立交替布置的二辊轧机、紧凑式二辊轧机和水平二辊式粗轧机等机型。

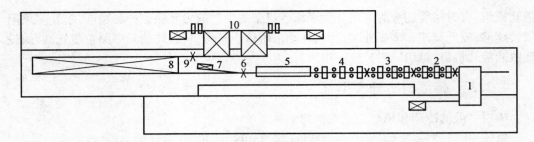

图 4.1 某厂全连续棒材车间工艺平面布置图

1— 梁底组合式步进加热炉(150 t/h);2— 粗轧机组(6 架);3— 中轧机组(6 架);

4— 精轧机组(6 架);5— 穿水冷却装置;6— 倍尺飞剪;7— 短尺(3.5 ~ 12 m) 收集系统;

8— 冷床;9— 冷定尺飞剪;10— 自动收集打捆装置

高速线材轧机中轧机(包括预精轧机组) 机型也比较多,主要有三辊式 Y 型轧机、45° 无扭轧机、水平二辊式轧机、双支点平 – 立交替布置的无扭轧机、悬臂平 – 立辊交替布置的无扭轧机五种。

现代线材生产精轧机组主要采用 45° 高速无扭精轧机组和 Y 型精轧机。

3.45° 连续式无扭轧机和 Y 型三辊连续式无扭精轧机

(1)45° 连续式无扭轧机

45° 无扭转精轧机组根据轧机结构与传动形式分为悬臂式与框架式两种。

悬臂式 45° 无扭转高速机组的特点是机架布置紧凑,轧辊以悬臂方式敞露在整体之外,轧辊轴线与地面成一定的角度,相邻机架互成 90°。各对轧辊通过内齿或外齿轮传动,同时采用小直径辊环,提高了道次延伸率和产品尺寸精度。单线轧制年产量为 30 ~ 35 万吨。

框架式 45° 无扭转高速机组机架为闭口框架式,该机组由 8 个机架组成,成组传动,相邻各架轧辊互成 90°;轧辊直径一般为 260 mm,辊身长为 290 mm。

(2)Y 型三辊连续式无扭精轧机

Y 型精轧机组由 4 ~ 14 架轧机组成,每架由 3 个互成120°角的盘状轧辊组成,相邻机架相互倒置 180°。轧制时轧件无需扭转,轧制速度可达 60 m/s。Y 型轧机由于轧辊传动结构复杂,不用于一般钢材轧制,多用于难变形合金和有色金属的轧制。Y 型三辊式线材精轧机组的孔型系统如图 4.2 所示,一般是三角形 – 弧边三角形 – 弧边三角形 – 圆形。对某些合金钢亦可采用弧边三角形 – 圆形孔型系统,轧件在孔型内承受三面加工,其应力状态对轧制低塑性钢材有利。进入 Y 型轧机的坯料一般是圆形、六角形坯。轧件的变形比较均匀,孔型的断面面积较为准确,因此各机架间的张力控制也较准确。轧制中轧件角部位置经常变化,故各部分的温度比较均匀,易去除氧化铁皮,产品表面质量好,而且轧制精度也高。

4.3.2 棒线材轧机的布置形式

棒线材轧机经历了从横列式、半连续式、连续式到高速轧机的过程,每一个新的机型,每一个新的布置都使线材的轧制速度、轧制质量和盘重有所提高。

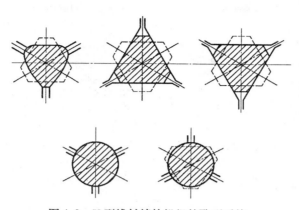

图 4.2　Y 型线材精轧机组的孔型系统

1. 横列式轧机

最早的棒线材轧机都是横列式轧机,横列式轧机有单列式和多列式之分,如图 4.3 所示。单列横列式轧机是最传统的轧制方法,在大规模生产中已被淘汰,仅存于拾遗补缺的生产中。单列式轧机由一台电机驱动,轧制速度不能随轧件直径的减小而增加,这种轧机轧制速度低,线材盘重小,尺寸精度差,产量低。

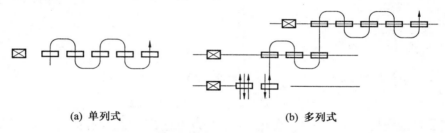

(a) 单列式　　　　　　　　　　　　　(b) 多列式

图 4.3　横列式棒线材轧机的布置示意图

为了克服单列式轧机速度不能调整的缺点,出现了多列式轧机,各列的若干架轧机分别由一台电机驱动,使精轧机列的轧制速度有所提高,盘重和产量相应增大,列数越多,情况越好。一般线材轧机多超过 3 列。即使是多列,终轧速度也不会超过 10 m/s,盘重不大于 100 kg。

2. 半连续式轧机

半连续轧机是由横列式机组和连续式机组组成的,早期的形式如图 4.4 所示。其初轧机组为连续式轧机,中、精轧机组为横列式轧机,是横列式轧机的一种改良形式。其连续式的粗轧机组是集体传动,设计指导思想是粗轧对成品的尺寸精度影响很小,可以采用较大的张力进行拉钢轧制,以维持各机架间的秒流量,这种方式轧出的中间坯的头尾尺寸有明显差异。

复二重式轧机是半连续式线材轧机的改进形式,其工艺性质仍属于半连续式轧机,其粗轧机组可以是横列式、连续式或跟踪式轧机,中、精轧机组为复二重式轧机,如图 4.5 所示。复二重式轧机是两两一组,一组内的两台轧机连轧,为避免机架间堆钢并保证小断面轧件的稳定轧制,在两机架间应人为地造成拉钢,实现微张力轧制,而相邻两组间保持微堆钢。

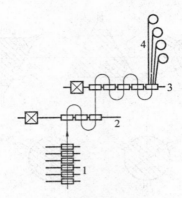

图 4.4　半连续式轧机

1— 粗轧机组;2— 中轧机组;3— 精轧机组;4— 卷线机

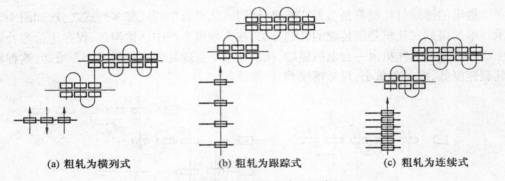

(a) 粗轧为横列式　　　　(b) 粗轧为跟踪式　　　　(c) 粗轧为连续式

图 4.5　复二重式线材轧机布置示意图

复二重式线材轧机的特点是在轧制过程中既有连轧关系,又有活套存在,各机架的速度靠分减速箱调整,取消了横列式轧机的反围盘,活套长度较小,因而温降也小,终轧速度可达 12.5 ~ 20 m/s,多线轧制提高了产量,一套轧机年产量可达 15 ~ 25 万吨,盘重为 80 ~ 200 kg。

为提高轧制效率和保证稳定,复二重式线材轧机适于使用延伸系数较大的孔型系统,例如椭圆 – 方孔或六角 – 方孔型系统。

相对于横列式线材轧机,复二重式轧机是一个进步,它基本上解决了轧件温降问题,而且轧制工艺稳定,便于调整。但是与高速无扭线材轧机相比,其工艺稳定性和产品精度都较差,而且劳动强度大,盘重小,已经退出了大生产。

3. 连续式轧机

与横列式轧机相比,连续式轧机的优点是:轧制速度高,轧件沿长度方向上的温差小,产品尺寸精度高,产量高,线材盘重大。连续式轧机一般分为粗、中、精轧机组,线材轧机常常有预精轧机组,预精轧机组其实也是一组中轧机。

平辊连续式轧机主要是采用水平辊机座,由电机集体传动,线材进行多线连轧。其基本形式如图 4.6(a) 所示。在中轧机组和精轧机组间设置两台单独传动的预精轧机。由于这类轧机在轧制过程中轧件有扭转翻钢,故轧制速度不能高,一般为 20 ~ 30 m/s,年产量为 20 ~ 30 万吨。

平、立辊交替连轧机采用直流电机单独传动并进行多路轧制,如图 4.6(b) 所示。线材的平、立辊交替精轧机组,轧制速度可提高到 30 ~ 35 m/s,盘重可达 800 kg。到 20 世纪末,传统连轧机在棒材生产中还常见,但线材生产从 20 世纪 60 年代起逐渐被 45° 高速无扭精轧机组和 Y 型精轧机所取代。

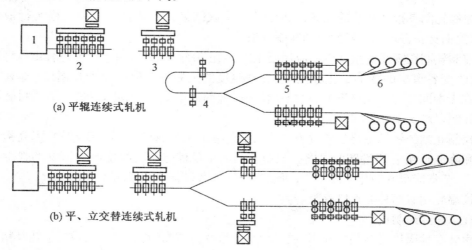

图 4.6 连续式线材轧机布置示意图
1— 加热炉;2— 粗轧机组;3— 中轧机组;4— 预精轧机组;5— 精轧机组;6— 卷线机

4. 现代化棒线材轧机

近年来,国外新建的棒材轧机大都采用平、立交替布置的全线无扭轧机。现代化棒线材轧机在粗轧机组采用易于操作和换辊的机架,中轧机组采用短应力线的高刚度轧机,电气传动采用直流单独传动或交流变频传动。采用微张力和无张力控制,配合于合理的孔型设计,使轧制速度提高,产品的精度提高,表面质量改善。在设备上,进行机架整体更换和孔型导卫的预调整并配备快速换辊装置,使换辊时间缩短到 5 ~ 10 min,轧机的作业率大为提高。

型棒材短流程节能型轧机是当今型、棒材一体化轧机发展的重要趋势。它采用直接热装的短流程节能型轧机的设备布置,在生产中设备先进,自动化程度高,一台轧机可以生产质量高的多种产品,金属的收得率高,生产率高,生产周期短,操作人员少。

线材生产发展的总趋势是在提高轧速,增加盘重,提高尺寸精度及扩大规格范围的同时,向实现改善产品的最终力学性能,简化生产工艺,提高轧机作业率的方向发展。

现代化的线材轧机大都采用平、立交替布置的全线无扭轧制,而且精轧机组实现了高速无扭轧制。20 世纪 80 年代以来由于各项制造技术的进步,自动化控制技术的发展,以及检测元件质量的提高,坯料断面尺寸扩大到边长 150 ~ 200 mm,线材的精轧出口速度已经达到 120 m/s。轧制速度的提高,大幅提高了产量和产品质量,增大盘重,降低成本。

4.4　棒线材的控制轧制及控制冷却和余热淬火

4.4.1　控制轧制

控制轧制是指从轧前的加热到最终轧制道次结束为止的整个轧制过程实行最佳控制,以使钢材获得预期良好性能的轧制方法。

控制轧制在棒线材生产中的应用始于20世纪70年代后期,由于变形过程由孔型所确定,要改变各道次的变形量比较困难,轧制温度的控制主要取决于加热温度(即开轧温度),在无中间冷却的条件下,无法控制轧制过程的温度变化,因此,在过去的线材轧制中控制轧制很难实现。

控制轧制的效果主要是通过控制轧制工艺参数来改善钢材的组织结构,提高钢材的强度和降低延性 – 脆性转变温度。控制轧制的主要优点是大幅度改善钢材的强度和低温韧性;节省能源并简化生产工艺;可以充分发挥微量合金元素的作用。

控温轧制有两种变形制度。

1. 二段变形制度

粗轧在奥氏体再结晶区轧制,通过反复变形及再结晶细化奥氏体晶粒,中轧及精轧在 950 ℃ 以下轧制,是在 γ 相的未再结晶区变形,其累计变形量为 60% ~ 70%;在 Ar_3 附近终轧,可以得到具有大量变形带的奥氏体未再结晶晶粒,相变以后得到细小的铁索体晶粒。

2. 三段变形制度

粗轧在奥氏体再结晶区轧制,中轧在 950 ℃ 以下的 γ 未再结晶区轧制,变形量为 70%。精轧在 Ar_3 与 Ar_1 之间的双相区轧制。这样得到细小的铁素体晶粒及具有变形带的未再结晶奥氏体晶粒,相变后得到细小的铁素体晶粒并有亚结构及位错。为了实现各段变形,必须严格控制各段温度,在加热时温度不要过高,避免奥氏体晶粒长大,并避免在部分再结晶区中轧制形成混晶组织,破坏钢的韧性。

为满足用户对线材的高精度、高质量要求,高速线材轧机得到发展。机组稳定性增加,轧制能力增大;有的在高速线材精轧机组前增设预冷段(可降低轧件温度 100 ℃) 及在精轧机组各机架间设水冷导卫装置,以降低轧件出精轧机组的温度等,在第一套 V 型机组问世后,摩根公司在高速线材轧机上引入控温轧制技术 MCTR(Morgan Conyrolled Temperature Rolling),即控制轧制。

采用降低开轧温度、精轧前设预冷段和精轧机组各机架间冷却,能实现对轧制温度的有效控制。一般在采用降低开轧温度轧制时,对于高碳钢(或低合金钢)、低碳钢,粗轧开轧温度分别为 900 ℃、850 ℃,精轧机组入口处轧件温度分别为 925 ℃、870 ℃,出口处轧件温度分别为 900 ℃、850 ℃。

4.4.2　控制冷却和余热淬火

为提高钢材的使用性能,控制冷却和余热淬火成为轧钢生产中必不可少的一部分。

对合金钢采用精轧前后控制冷却,可使轴承钢的球化退火时间减少,网状组织减少。奥氏体不锈钢可进行在线固溶处理,对齿轮钢可细化晶粒。

随着高速轧机的发展,线材轧制速度不断提高,线材控制冷却技术也得到了迅速的发展。从轧后穿水冷却发展到成圈的散圈冷却,把轧制过程中的塑性变形加工和热处理工艺结合起来,控制冷却已从人工调节和控制发展到能根据钢种和终轧温度实现计算机控制。

线材控制冷却的主要优点是提高了线材的综合机械性能,并大大改善其在长度方向上的均匀性;改善金相组织,使晶粒细化;减少氧化损失,缩短酸洗时间;降低线材轧后温度,改善劳动条件;提高了产品质量,有利于线材二次加工。

经余热淬火的钢筋其屈服强度可提高150～230 MPa。采用这种工艺还有很大的灵活性,同一成分的钢通过改变冷却强度,可获得不同级别的钢筋(3～4级)。余热淬火用于碳当量较小的钢种,在淬火后,钢筋在具有良好屈服强度的同时还具有良好的焊接性能、延伸性能和弯曲性能。与添加合金元素的强化措施相比较,余热淬火的生产成本低,并且可以提高产品的合格率。

1. 线材的控制冷却

在线材生产过程中,轧制出的线材产品必须从轧后的高温红热状态冷却到常温状态。线材轧后冷却的温度和冷却速度决定了线材内在组织、力学性能及表面氧化铁皮数量,因而对产品质量有着极其重要的影响,所以线材轧后如何冷却,是整个线材生产过程中产品质量控制的关键环节之一。

现代化的高速线材轧机,其终轧速度高达100 m/s以上,轧制过程是升温轧制,如图4.7所示。终轧温度高于1 000 ℃,盘重达到2～3吨。在这种情况下,如果采用自然冷却,不仅使线材的冷却时间加长,厂房、设备增大,而且会加剧盘卷内外温差,导致冷却极不均匀,并使得成品组织晶粒粗大而不均匀,表面氧化铁皮过厚,线材全长上的性能波动较大。对于含碳量高的线材,冷却缓慢还容易引起二次脱碳。

对于连续式线材轧机,尤其是高速线材轧机,为了克服上述缺陷,提高产品质量,实现热轧后的控制冷却是必不可少的。所谓控制冷却,就是利用热轧后的轧件余热,以一定的控制手段控制其冷却速度,从而获得所需要的组织和性能的冷却方法。线材控制冷却的主要优点是提高线材的综合机械性能,并大大改善其在长度方向上的均匀性;改善金相组织,使晶粒细化;减少氧化损失,缩短酸洗时间;降低线材轧后温度,提高产品质量,有利于线材二次加工。

(1)线材控制冷却的原理

根据轧后控制冷却所得到的钢的组织不同,线材控制冷却可以分为珠光体型控制冷却和马氏体型控制冷却。珠光体型控制冷却是在连续冷却过程中使钢材获得索氏体组织,而马氏体型控制冷却则通过轧后淬火－回火处理,得到中心为索氏体,表面为回火马氏体的组织。

①珠光体型控制冷却。为了获得有利于拉拔的索氏体组织,线材轧后应由奥氏体化温度急冷至索氏体相变温度下进行等温转变,其组织可得到索氏体。图4.8为碳质量系数为0.5%钢的等温转变曲线。由图可见,为得到索氏体组织,理想上应使相变在630℃

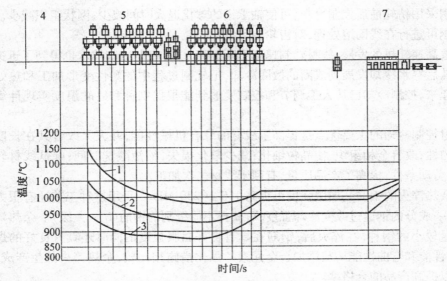

图 4.7 不同开轧温度时各机架上的轧件温度变化曲线

1— 开轧温度 1 150 ℃;2— 开轧温度 1 050 ℃;3— 开轧温度 1 150 ℃;

4— 加热炉;5— 粗轧机组;6— 中轧机组;7— 精轧机组

左右发生(曲线 a)。而实际生产中完全等温转变是难以达到的。铅浴淬火(曲线 b)近似上述曲线,但由于线材内外温度不可能与铅浴淬火槽的温度立即达到一致,故其室温组织内就有先共析铁素体和一部分粗大的珠光体。线材控制冷却(曲线 c)则是根据上述原理将终轧温度高达 1 000 ~ 1 100 ℃ 的线材出轧辊后立即通过水冷区急冷至相变温度。此时加工硬化的效果被部分保留,相变的形核率增大,得到较细的铁素体和珠光体,此后减慢冷却速度,使其类似等温转变,从而得到索氏体 + 较少铁素体 + 片状珠光体的室温组织。图中曲线 d 是自然冷却时线材的温度曲线,高温区停留时间长,组织内部存在相当数量的先共析铁素体和粗大的片状珠光体,成品表面氧化铁皮厚,性能差且不均匀。控制冷却的斯太尔摩法、施劳曼法等都是根据上述原理设计的。但各种控制冷却法只是接近铅浴处理的水平。

②马氏体型控制冷却。如图 4.9 所示,线材轧后以很短的时间强烈冷却,使线材表面温度急剧降至马氏体开始转变温度以下,使钢的表面层产生马氏体,在线材出冷却段以后,利用中心部分残留的热量以及由相变释放出来的热量使线材表面层的温度上升,达到一个平衡温度。使表面马氏体回火,最终得到中心为索氏体,表面为回火马氏体的组织。

(2)线材控制冷却工艺

线材轧后冷却的目的主要是得到产品所要求的组织和性能,使其性能均匀和减少二次氧化铁皮的生成量。因此得到所需要的组织并且整根轧件性能均匀。同时一般线材轧后控制冷却过程可分为三个阶段,第一阶段的目的是为相变作组织准备及减少二次氧化铁皮生成量。一般采用快速冷却到相变前温度,此温度称为吐丝温度;第二阶段为相变过程,主要控制冷却速度;第三阶段为相变完了,有时考虑到固溶元素的析出,采用慢冷,一般采用空冷。

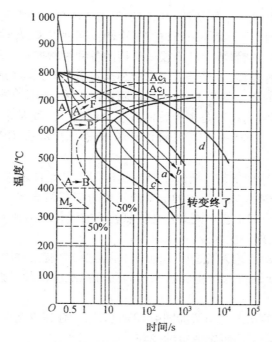

图 4.8 碳质量分数为 0.5% 钢的等温转变曲线

$$w(C) = 0.5\% \quad w(Si) = 0.53\% \quad w(Mn) = 0.23\%$$

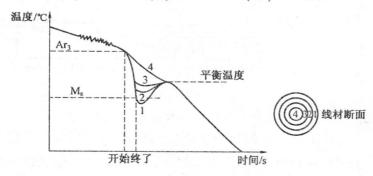

图 4.9 穿水冷却线材断面温度的变化简图

按照控制冷却的原理与工艺要求,线材控制冷却的基本方法是:首先让轧制后的线材在导管(或水箱)内用高压水快速冷却,再由吐丝机把线材吐成环状,以散卷形式分布到运输辊道(链)上。使其按要求的冷却速度均匀风冷,最后以较快的冷却速度冷却到可集卷的温度进行集卷、运输和打捆等。

因此线材控制冷却工艺必须能够严格控制轧件冷却过程中各阶段的冷却速度和相变温度,使得既能保证产品性能要求又能尽量减少氧化损耗。

各钢种的成分不同,它们的转变温度、转变时间和组织特征各不相同,即使同一钢种,只要最终用途不同,所要求的组织和性能也不尽相同。因此要根据不同的钢种、成分和最终用途,控制冷却工艺参数。

线材控制冷却工艺的选取,应以获得二次加工所需的良好的组织性能、减少二次铁皮,以便于二次加工,并减少金属消耗和二次加工前的酸耗和酸洗时间。

自20世纪60年代世界上第一条线材控制冷却线问世以来,各种新的线材控制冷却方法和工艺不断出现。目前,世界上已经投入使用的各种线材控制冷却工艺装置,按工艺布置和设备特点分为两种类型:一类是采用水冷加运输机散卷风冷(或空冷)。这种类型中较典型的工艺有美国的斯太尔摩工艺、英国的阿希洛工艺、德国的施罗曼冷却工艺及意大利的达涅利冷却工艺等,另一类是水冷后不散卷风(空)冷,而是采用其他介质冷却或采用其他布圈方式冷却,如ED法、EDC法沸水冷却、流态床冷却法、DP法竖井冷却及间歇多段穿水冷却等。

① 斯太尔摩控制冷却工艺。斯太尔摩控制冷却工艺是由加拿大斯太尔柯钢铁公司和美国摩根公司于1964年联合提出的。目前已成为应用最普遍、发展最成熟、使用最为稳妥可靠的一种控制冷却工艺。该工艺是将热轧后的线材经两种不同冷却介质进行不同冷却速度的两次冷却,即一次水冷,一次风冷。

斯太尔摩控制冷却工艺为了适应不同钢种的需要,具有三种冷却形式。这三种类型的水冷段相同,依据运输机的结构和状态不同而分标准型冷却、缓慢型冷却和延迟型冷却。

标准型斯太尔摩冷却工艺布置如图4.10所示,其运输速度为0.25 ~ 1.4 m/s,冷却速度为4 ~ 10 ℃/s,适用于高碳钢线材的冷却。

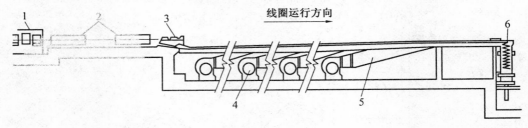

图 4.10　标准斯太尔摩运输机示意图
1— 精轧机组;2— 冷却水箱;3— 吐丝机;4— 风机;5— 送风室;6— 集卷筒

终轧温度为1 040 ~ 1 080 ℃的线材从精轧机组出来后,立即进入由多段水箱组成的水冷段进行强制水冷至750 ~ 850 ℃,水冷时间控制在0.6 s,水冷后温度较高,目的是防止线材表面出现淬火组织。在水冷区控制冷却的目的在于延迟晶粒长大,限制氧化铁皮形成,并冷却到接近但又明显高于相变温度。

线材水冷后经夹送辊送入吐丝机成卷,并呈散卷状布放在连续运行的斯太尔摩运输机上,运输机下方设有风机可进行鼓风冷却。经风冷后线材温度约为350 ~ 400 ℃,然后进入集卷筒集卷收集。

缓慢型冷却是为了满足标准型冷却无法满足的低碳钢和合金钢之类的低冷却速度要求而设计的。它与标准型冷却的不同之处是在运输机前部加了可移动的带有加热烧嘴的保温炉罩。由于采用了烧嘴加热和慢速输送,缓慢冷却斯太尔摩运输机可使散卷线材以很缓慢的冷却速度冷却。它的运输速度为0.05 ~ 1.4 m/s,冷却速度为0.25 ~ 10 ℃/s,适用于处理低碳钢、低合金钢和合金钢之类的线材。

　　延迟型冷却是在标准型冷却的基础上,结合缓慢型冷却的工艺特点加以改进而成。它在运输机的两侧装上隔热的保温层侧墙,并在两侧保温墙上方装有可灵活开闭的保温罩盖。当保温罩盖打开时,可进行标准型冷却;若关闭保温罩盖,降低运输机速度,又能达到缓慢型冷却效果。它的运输速度为0.05 ~ 1.4 m/s,冷却速度为1 ~ 10 ℃/s,适用于碳钢、低合金钢和某些合金钢线材。

　　② 施罗曼控制冷却工艺。施罗曼控制冷却工艺与斯太尔摩控制冷却工艺相比,强化了水冷能力,使轧件一次水冷就尽量接近理想的转变温度,但由于二次冷却是自然冷却,冷却能力弱,对线材相变过程中的冷却速度没有控制能力,所以线材质量不如斯太尔摩法冷却的线材。

　　施罗曼法是轧件离开精轧机后,直接进入水冷装置。水冷区的长度一方面要保证水冷至相变温度时所需时间,同时又要防止马氏体的生成。当轧件离开水冷区时,其表面温度应不低于500℃。冷却温度的调节是通过改变通水的水量、水压以及改变投入的冷却水管数量来实现的。

　　经水冷导管冷却的线材,经吐丝机成圈散铺在运输机上进行相变冷却。其冷却速度是通过改变线圈的重叠密度和放置方法来实现的。重叠密度可用改变运输链的速度进行调节。线圈的放置方法有两种:平放线圈,调节线圈间距时,冷却速度为2 ~ 4℃/s;直立线圈,当线圈间距为30 mm时冷却速度为5 ~ 6℃/s,当线圈间距为60 mm时冷却速度为8 ~ 9℃/s。

　　施罗曼控冷工艺风冷段有五种形式。

　　第一种形式是经过水冷后的垂直线团和水平线团进行空气自然冷却。它适合各种碳素钢,用调节水冷及改变线圈放置方法和圈距控制冷却速度。

　　第二种形式是低速空气冷却,线圈仅是呈水平状放置。

　　第三种形式为适合某些特殊需要缓冷的钢种。

　　第四种形式用于要求低温收集的钢种,在运输机的后部加了冷却罩,可根据冷却需要采用吐丝后面加保温罩,罩内可装烧嘴进行加热保温。

　　喷水、空气、蒸汽或喷空气蒸汽混合气的方法进行冷却。

　　第五种形式主要用于处理奥氏体和铁索体不锈钢。奥氏体钢(不经水冷)、铁素体钢(经水冷)经过一段空气冷却后,在一个辊道式连续退火炉内加热并保温,然后在第二运输带进入水池急冷。

2. 螺纹钢筋轧后余热淬火处理

　　(1) 轧后余热淬火处理工艺的原理

　　在钢筋(棒材)终轧组织仍处于奥氏体状态时,利用其本身的余热在轧钢作业线上直接进行热处理,将热轧变形与热处理有机结合在一起,通过对工艺参数的控制,有效地挖掘出钢材性能的潜力,获得热强化的效果。

　　(2) 钢筋轧后余热淬火处理的工艺特点

　　在轧制作业线上,通过控制冷却工艺,强化钢筋,代替重新加热进行淬火、回火的调质钢筋。

　　选用碳素钢和低合金钢,采用轧后控制冷却工艺,可生产不同强度等级的钢筋,从而可能改变用热轧按钢种分等级的传统生产方法,节约合金元素,降低成本以及方便管理。

设备简单,不用改动轧制设备,只需在精轧机后安装一套水冷设备。为了控制终轧温度或进行控制轧制,可在中轧机或精轧机前安装中间冷却或精轧预冷装置。

在奥氏体未再结晶区终轧后快冷的余热强化钢筋在使用性能上存在一个缺点,即应力腐蚀开裂倾向较大。

(3)余热淬火的工艺过程

钢筋的余热淬火工艺是首先在表面生成一定量的马氏体(要求不大于总面积的33%,一般控制在10% ~ 20%),然后利用心部余热和相变热使轧材表面形成的马氏体进行自回火。余热淬火工艺根据冷却的速度和断面组织的转变过程,可以分为三个阶段:

第一阶段为表面淬火阶段(急冷段),钢筋离开精轧机后以终轧温度尽快地进入高效冷却装置,进行快速冷却。其冷却速度必须大于使表面层达到一定深度淬火马氏体的临界速度。钢筋表面温度低于马氏体开始转变点(M_s),发生奥氏体向马氏体相转变。该阶段结束时,心部温度还很高,仍处于奥氏体状态。表层则为马氏体和残余奥氏体组织,表面马氏体层的深度取决于强烈冷却的持续时间。

第二阶段为空冷自回火阶段,钢筋通过快速冷却装置后,在空气中冷却。此时钢筋截面上的温度梯度很大,心部热量向外层扩散,传至表面的淬火层,对已形成的马氏体进行自回火。根据自回火温度不同,其表面组织可以转变为回火马氏体或回火索氏体,表层的残余奥氏体转变为马氏体,同时邻近表层的奥氏体根据钢的成分和冷却条件不同而转变为贝氏体、屈氏体或索氏体组织,而心部仍处在奥氏体状态。该阶段的持续时间随着钢筋直径和第一阶段冷却条件而改变。

第三阶段为心部组织转变阶段,心部奥氏体发生近似等温转变,转变产物根据冷却条件可分为铁素体和珠光体或铁素体、索氏体和贝氏体。心部组织产生的类型取决于钢的成分、钢筋直径、终轧温度和第一阶段的冷却效果和持续时间等。

4.5 棒线材轧制的发展方向

4.5.1 连轧坯热装热送及连铸连轧技术

连轧坯热装热送是当前轧机节能降耗、减少生产成本、简化生产工艺最直接有效的措施之一。在650 ~ 800 ℃热装热送,可提高加热炉能力20% ~ 30%,比冷装减少坯料氧化损失0.2% ~ 0.3%,节约加热能耗30% ~ 45%,同时可减少或取消中间存储面积,减少设备和操作人员,缩短生产周期,加快资金周转,有巨大的经济效益。目前,普通碳素钢、低合金钢和部分合金钢小型轧机都以连铸坯为原料,在连铸无法提供无缺陷坯料的情况下,需要在冷态下对坯料进行表面缺陷和内部质量检查。

连铸连轧是型材发展的方向,随着精炼技术、连铸无缺陷坯技术、坯料热状态表面和内部质量检查技术的发展,连铸连轧技术将会得到快速发展。

4.5.2　提高轧制速度

线材要求盘重大，但是其断面积又很小，因此一卷线材的长度很长。如此之长的小断面轧制产品为保证头、尾温差，只有采用高速轧制，先进线材轧机的成品机架的轧制速度一般都超过了 100 m/s，高者则超过 120 m/s。如此高的轧制速度，对轧制设备提出了一些特殊要求。小辊径而又要求高轧速，因此线材轧机的转速很高，高者可达 9 000 r/min 以上。

先进棒材轧机的终轧速度为 17 ～ 18 m/s，线材的终轧速度为 100 ～ 120 m/s，随着飞剪剪切技术、吐丝技术和控制冷却技术的完善，棒线材的终轧速度还有继续提高的趋势。

4.5.3　低温轧制

在棒线材连轧机上，从开轧到终轧，轧件温降很小，甚至会升温。在生产实践中经常出现因终轧温度过高而导致产品质量下降或螺纹钢成品孔型不能顺利咬入等问题，故棒线材连轧有必要采用低温轧制。低温轧制不仅可以降低能耗，而且还可以提高产品质量，可创造很大的经济效益。

棒线材的低温轧制方法通常有两种，一种是利用连轧机轧件温降很小或升温的特点，降低开轧温度，从 1 050 ～ 1 100 ℃ 降至 850 ～ 950 ℃，终轧温度与开轧温度相差不大，这种方法可以节约大量能源，可节能 20% 左右。另一种是不仅降低开轧温度，并且将终轧温度降至再结晶温度（700 ～ 800 ℃）以下，除节能外，还明显提高产品的机械性能，效果优于任何传统的热处理方法。由于轧机和驱动主电机是按传统设计参数设计的，因此设备能力不足，使低温轧制实施受到限制。

4.5.4　无头轧制

多年来，在棒线材轧制方面，人们一直都在致力于如何提高轧机生产率、金属收得率以及生产的自动化，诸如提高终轧速度或采用多线切分轧制技术等，这些方法已经在棒线材生产中得到了充分的应用。提高轧机产量和金属收得率的另一个途径是增大轧件的重量，一种方法是采用更大断面尺寸的坯料，但这会增加轧线机架数目，另外这样做还受到车间场地、加热炉能力等限制。另一种方法是采用更长的坯料，但这会增加坯料运输、储存设备的投资，以及增加加热炉的投资等。

在传统的轧制生产线上，坯料是一根一根地由加热炉出来至轧机，棒线材连轧需多次切头。无头轧制是将一根一根的坯料在进入粗轧机组前的出炉辊道上焊接起来。这样可以减少切损，提高成材率 1% ～ 2%；实现 100% 定尺；提高生产率和尺寸精度；对导卫和孔型无冲击，不缠辊。

由于连铸和连轧技术的成熟，使棒线材无头轧制技术得到发展。日本钢管公司为东京制铁（株）高松工厂设计制造的世界上第一条棒线材无头轧制生产线于 1998 年投入生产，其设备布局如图 4.11 所示。

该生产线采取连铸坯热送直接轧制的生产方式，坯料为 φ200 mm 圆坯。因为炼钢生产线和轧制线的位置原因，从连铸机出来的坯料需经两个回转台转 180° 后进入轧制线。

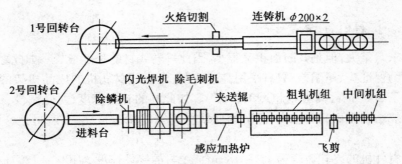

图 4.11　无头轧制生产线简图

轧制线的进料台有高压水除鳞装置,清除焊接部位和焊机夹钳的氧化铁皮。焊机随钢坯一起运动,将前面一根已进入粗轧机组轧制的坯料尾部和后面一根刚从进料台出来的坯料头部焊接起来。焊接毛刺由布置在焊机后面的清毛刺装置来清除,该装置也是移动式,随钢坯一起运动。在除鳞机和感应加热炉之间是活动的坯料支撑辊道。感应加热炉在坯料通过的同时,将坯料快速加热到开轧温度。坯料通过夹送辊进入 1 号粗轧机。除日本外,意大利的棒线材无头轧制技术也已经达到了实用水平。

4.5.5　切分轧制

目前切分轧制的主要方法是轮切法和辊切法。轮切法是用特殊的孔型将轧件轧成预备切分的形状,在轧机的出口安装不传动的切分轮,利用侧向力将轧件切开,这种方法在连轧机上普遍采用。辊切法是利用特殊设计的孔型,在变形的同时将轧件切开。

切分轧制的优点如下:

① 大幅度提高产量,如轧制 $\phi8$ mm 和 $\phi10$ mm 的单产比单根轧制提高 88% ~ 91%。

② 扩大产品规格范围。如原有最小生产规格为 $\phi14$ mm,采用切分后可生产 $\phi10$ mm。

③ 在相同条件下,采用切分轧制可将钢坯的加热温度降低 40 ℃ 左右,燃料消耗可降低 15% 左右,轧辊消耗可降低 15% 左右。

4.5.6　棒材轧后热芯回火工艺

棒材轧后热芯回火工艺的原理是:轧件离开终轧机后进入冷却水箱,利用轧件的余热通过快速冷却进行淬火,使钢筋表面层形成具有一定厚度的淬火马氏体,而芯部仍为奥氏体。当钢筋离开水箱后,芯部的余热向表面层扩散,使表层的马氏体自回火。当钢筋在冷床上缓慢地自然冷却时,芯部的奥氏体发生相变,形成铁索体和珠光体。

经余热淬火处理的钢筋其屈服强度可提高 150 ~ 230 MPa。采用这种工艺,可以用同一成分的钢通道改变冷却强度,获得不同级别的钢筋。并且,这种工艺适用于各种直径的钢筋。碳当量较小的余热淬火钢筋,在具有良好的屈服强度的同时,还具有良好的焊接性能。

复 习 题

1. 棒线材的生产特点是什么？
2. 棒线材如何分类？
3. 棒线材的轧机布置形式有哪些？
4. 棒线材的轧机有哪些类型？
5. 以斯太尔摩控制冷却线说明线材轧后控制冷却的原理和特点。
6. 现代棒线材轧制使用的新技术有哪些？

第5章 板带钢的生产

5.1 概　述

板带钢的生产历史已有 200 多年,它是一个国家发展不可缺少的基础材料。随着我国国民经济的不断发展,各行各业对板带钢的需求量不断增加。由于板带钢具有良好的使用性能,如它可随意剪裁与组合(如切割、焊接、铆接等),同时也便于弯曲和冲压成型,具备很大的分割、包容和盖护能力,因此被广泛地应用于各种轮船舰艇、桥梁建筑、车辆制造、机械制造、电器生产、食品包装、石油化工、国防和原子能等行业。正是由于各行各业对板带钢需求量的递增,板带钢已成为我国最主要的钢材产品之一,约占钢材总量的45%,而在工业比较发达的几个主要产钢国,板带钢在轧制钢材中所占比重高达 60% ~ 70%,板带钢的生产技术水平及在轧材中所占的比例,可作为衡量一个国家轧钢生产发展水平的标志,也可作为衡量一个国家国民经济水平高低的指标之一。

5.1.1　板带钢的种类和用途

板带钢根据规格、用途和钢种的不同,可分为不同的种类。

(1)按规格可分为厚板、薄板、极薄带等,有时又把厚板细分为特厚板、厚板和中板。世界上并没有统一的划分标准,我国的分类标准是把厚度为 60 mm 以上的板称为特厚板,厚度为 20 ~ 60 mm 的板称为厚板,厚度为 4 ~ 20 mm 的板称为中板,厚度为 0.2 ~ 4 mm 的板为薄板,0.2 mm 以下的板则称为极薄带钢或箔材。

(2)按用途可分为汽车钢板、压力容器钢板、造船钢板、锅炉钢板、桥梁钢板、电工钢板、深冲钢板、航空结构钢板、屋面钢板及特殊用途钢板等,不同用途的板带钢常用的产品规格也是不同的。

(3)按钢种可分为普通碳素钢板、优质碳素钢板、低合金结构钢板、碳素工具钢板、合金工具钢板、不锈钢板、耐热及耐酸钢板、高温合金钢板等。

一个钢种的钢板可以有不同的规格、不同的用途;同一用途的钢板也可采用不同的钢种来生产。因此一个钢板品种的标识通常有钢板的钢种、规格、用途等。

5.1.2　板带钢生产的技术要求

根据板带钢用途的不同,对其提出的技术要求也各不相同,单基于其相似的外形特点和使用条件,其技术要求也有共同的方面,归纳起来包括化学成分、几何尺寸、板形、表面、性能等几个方面。

(1)板带钢的化学成分

板带钢的化学成分要符合选定品种的钢的化学成分(通常是指熔炼成分),这是保证产品性能的基本条件。

（2）板带钢的外形尺寸精度要求

板带钢尺寸精度包括厚度精度、宽度精度、长度精度，一般规定宽度和长度只有正公差。对板带钢尺寸精度影响最大的主要是厚度精度，因为它不仅影响到使用性能及后步工序，而且在生产中控制难度最大。此外厚度偏差对节约金属影响很大。板带钢由于宽厚比（B/h）很大，厚度相对较小，厚度的微小变化势必引起其使用性能和金属消耗的巨大波动。故在板带钢生产中一般都应该保证轧制精度，力争按负偏差轧制。

厚度、长度和宽度精度，除有通用尺寸精度标准外，对一些特殊钢板还有专用标准。如船板的尺寸精度，因为要求耐海水腐蚀，厚度负偏差比通用标准偏差范围要小。钢板的厚度，在距离钢板边部不小于 40 mm 处测量。

（3）板带钢板形要求

板带钢四边平直，无浪形瓢曲，才好使用。例如，对厚度 $h > 4 \sim 10$ mm 的钢板，其每米长度上的不平度不得大于 10 mm；厚度 $h > 10 \sim 25$ mm 的钢板，其每米长度上的不平度不得大于 8 mm；厚度 $h > 25$ mm 的钢板，其每米长度上的不平度不得大于 7 mm，钢板的镰刀弯每米不得大于 3 mm。由于钢板常作为包覆材料或进行冲压等进一步深加工的原材料使用，因此对其板形要求是比较严的。但是由于板带钢既宽且薄，对不均匀变形的敏感性又特别大，所以要保持良好的板形就很不容易。板带越薄，其不均匀变形的敏感性越大，保持良好板形的困难也就越大。显然，板形的不良来源于变形的不均，而变形的不均又往往导致厚度的不均，因此板形的质量与其厚度精确度也有着直接的关系。

（4）板带钢表面质量要求

板带钢的表面质量主要是指表面缺陷的类型与数量，表面平整和光洁程度。板带钢是单位体积的表面积最大的一种钢材，又多用作外围构件，钢板的表面质量直接影响到钢板的使用、性能和寿命，故必须保证表面的质量。钢板表面缺陷的类型很多，其中常见的有表面裂纹、结疤、拉裂、裂缝、折叠、重皮和氧化铁皮等。对于这些缺陷，GB/709—2006 明确规定了热轧钢板表面缺陷的深度、影响面积、限度，修整的要求及钢板厚度的限度。对于某些特殊用途的钢板，另有专用标准加以规定。

（5）板带钢的性能要求

板带钢的性能主要包括力学性能、工艺性能和某些钢板的特殊物理或化学性能。一般结构钢板只要求具备较好的工艺性能，例如，冷弯和焊接性能等，而对力学性能的要求不很严格。对于重要用途的结构钢板，则要求有较好的综合性能，既要有良好的工艺性能、强度和塑性以外，还要求保证一定的化学成分，保证良好的焊接性能、常温或低温的冲击韧性，或一定的冲压性能，一定的晶粒组织及各向组织的均匀性等。

除了上述各种结构钢板以外，还有各种特殊用途的钢板，如高温合金板、不锈钢板、复合板等，它们要求特殊的高温性能、低温性能、耐酸耐碱耐腐蚀性能，或要求一定的物理性能等。

5.1.3　板带钢的生产特点

板带钢的外形特点是宽而薄，宽厚比很大，这一特点决定了生产板带材的轧机特点。

板带材宽度大,轧制压力大,生产板带轧机的轧辊要很长。要减少轧制压力就必须减小辊径,为了保证轧辊的刚度要求则需要使用有较多支撑辊的多辊轧机,同时轧机整体的刚度也要高。轧制压力过高及其在轧制过程中的波动是影响板带材厚度公差的关键因素,所以板带轧机应有板厚自动控制装置,用于检测与控制轧制压力的波动,以控制板厚变化。在生产过程中轧辊受变形热等因素的影响以及轧辊因与轧件接触摩擦导致不均匀磨损,轧辊直径会发生不同变化,要保证板材的厚度和板形,就要对轧辊的辊型进行调整,因此板带轧机应具有辊型的调整手段和装置。

板带材的外形特点决定了板带材轧制工艺的特点。由于板带材的表面积很大,对板带材的表面质量要求高,保证表面质量是板带材生产工艺中的一个重要工作。例如,加热时生成氧化铁皮的清除、轧辊表面的加工、运送过程中对表面的防护等;造成轧制压力波动,使板厚不均影响产品质量;在热轧时减少温度的波动,减少温度在板面上不均匀分布。这些都是板带材生产工艺的重要环节。

5.2 中厚板的生产

中厚板的规格范围:厚度为 4.0 ~ 200 mm;宽度为 600 ~ 3 800 mm;长度为 1 200 ~ 12 000 mm。厚度小于 30 mm 的钢板,其间隔为 0.5 mm。宽度间隔为 50 mm 或 10 mm 的倍数,长度间隔为 100 mm 或 50 mm 的倍数。

5.2.1 中厚板生产的发展

中厚板的生产源于 18 世纪初的西欧,起初只是在二辊周期式轧机上生产小块中板。随着轧机由最初的二辊可逆式轧机,辊身长 2 m 发展成四辊轧机,辊身长 5 m。中厚板的品种和规格也在不断发展扩大。其间还出现了连续式中厚板轧机和万能式中厚板轧机,大大满足了市场对钢板的需求。

二次大战期间,由于对军舰,坦克等武器的需求,美、苏、英、德、日、法、意、加八国先后投产了一批厚板轧机。20 世纪 50 年代到 80 年代,由于船舶制造、桥梁建筑、石油化工等工业的迅速发展,同时钢板焊接结构件的广泛应用,需要大量宽而厚的优质板材,使中厚板生产得到快速发展,轧制设备、轧制工艺、检测手段都取得了长足的进步。

当代中厚板的生产更发生着翻天覆地的变化,大多数产品的原材料都采用连铸坯;采用计算机控制的加热炉,不仅强化了加热,还降低了能耗;先进的除鳞装置,提高了钢板的表面质量;高强度机架和板形控制技术的应用,提高了钢板的精度和成材率;轧制速度的提高和辅助设备的改进,提高了生产效率;尤其是在线超声波无损探伤的应用,使钢板内部缺陷能够及时发现并准确定位,大大提高了产品的质量。

我国的中厚板轧制始于 1936 年,经多年的改造和新建,采用了许多新技术,轧机刚度大大提高,部分轧机还配备了液压 AGC 并实现了区域计算机控制,轧制压力、板厚、板宽、板长、板形的测定,表面质量检查及测平直度等仪表都在逐步完善中。

5.2.2　中厚板轧机种类

用于中厚板生产的轧机主要有以下四种:二辊可逆式轧机、三辊劳特式轧机、四辊可逆式轧机和万能式轧机

（1）二辊式可逆轧机

二辊式可逆轧机是一种老式轧机,诞生于 1850 年前后,多采用直流电机驱动,轧辊直径一般为 800 ~ 1 300 mm,辊身长度 3 000 ~ 5 500 mm,可进行可逆、调速轧制,如图 5.1 所示。利用上辊进行压下量调整,采用低速咬入高速轧制,具有咬入角大、压下量大,产量高等优点。由于其结构类似初轧机,因此对原料种类和尺寸的适应性较大;但这种轧机辊系的刚性较差,而且不便于通过换辊来补偿辊型的剧烈磨损,故钢板的厚度公差大。因此一般只适用于生产厚规格的钢板,而更多的是用作双机布置中的粗轧机。

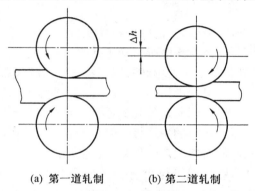

(a) 第一道轧制　　(b) 第二道轧制

图 5.1　二辊式可逆轧机轧制过程示意图

二辊轧机的标称有两种,一是用辊身的长度,如 2000 钢板轧机,表示轧机的辊身长度为 2 000 mm 的钢板轧机;另一种则是用轧辊直径×辊身长度来表示,如 800 × 2000 轧机,表示轧辊直径为 800 mm,辊身长度为 2 000 mm 的钢板轧机。

（2）三辊劳特式轧机

三辊劳特式轧机由二辊轧机发展而来,由上下两个大直径辊和中间一个小直径辊组成,如图 5.2 所示。上下辊由交流电机经减速机、齿轮座带动,为主动辊,中辊可升降,为从动辊,靠上下辊摩擦带动。轧制过程是利用中辊的升降和升降台实现往复轧制过程,利用上辊调整压下量,实现各道次的轧制。

这种轧机的优点是采用交流电机传动,大大降低了建厂投资;辊系的刚度较大,且可通过中辊的更换,补偿大辊的磨损,提高了产品的精度,同时也延长了大辊的使用寿命。此外可以显著降低轧制压力和能耗,并使钢板更容易延伸。但这种轧机咬入能力较弱,机械设备较复杂,不适于轧制厚而宽的产品,新型轧机的出现逐渐替代了这种轧机。

三辊劳特式轧机的标称采用大辊辊径／中辊辊径／大辊辊径 × 辊身长度的方法表达,如 750/500/750 × 2300 钢板轧机,表示轧机的大辊直径为 750 mm,中辊直径 500 mm,辊身长度 2 300 mm 的钢板轧机。

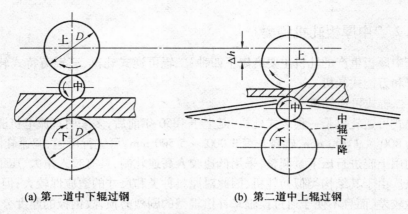

(a) 第一道中下辊过钢　　　　　(b) 第二道中上辊过钢

图 5.2　三辊劳特式轧机轧制过程示意图

（3）四辊可逆轧机

四辊可逆轧机是目前应用最广泛的中厚板轧机,由一对小直径工作辊和一对大直径支承辊组成,如图 5.3 所示。由直流电机驱动工作辊,一般是单独传动,轧制过程与二辊可逆式轧机相同。这种轧机集中了二辊和三辊劳特式轧机的优点,既降低了轧制压力,又大大增强了轧机的刚度,使产品精度提高。又因工作辊直径小,使得在相同轧制压力下能有更大的压下量,提高了产量。因此这种轧机适合于轧制各种尺寸规格的中厚板,尤其是轧制宽度、精度和板形要求较严格的中厚板。但这种轧机采用大功率直流电机,轧机设备复杂,造价高,因此投资大,故有些工厂只作精轧机使用。

四辊可逆式轧机的标称采用工作辊直径 / 支承辊直径 × 轧辊辊身长度表示,如800/1300 × 2800 钢板轧机,表示工作辊直径为 800 mm,支承辊直径为 1 300 mm,辊身长度为 2 800 mm 的四辊可逆式轧机。

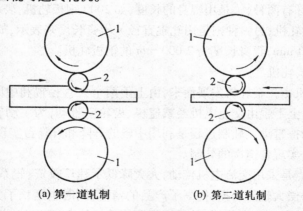

(a) 第一道轧制　　　　　(b) 第二道轧制

图 5.3　四辊可逆式轧机轧制过程示意图
1— 支撑辊;2— 工作辊

（4）万能轧机

万能轧机是一种在四辊或二辊可逆式轧机的一侧或两侧配有立辊的轧机,如图 5.4所示。其目的是要生产齐边钢板,不用剪边,以降低金属消耗,提高成材率。但理论和实践都表明:立辊轧边只是对于轧件宽厚比小于 60% ~ 70%,热轧带钢粗轧阶段的轧制时才可能产生作用;而对于可逆式中厚板,尤其是厚板轧件,不仅起不到轧边的作用,反而使操作复杂,而且易造成事故,因此自上世纪70年代以来,以板坯为原料的新建轧机已不再使用立辊机架,只是以钢锭为原料及要求提高不锈钢板边质量时才采用。

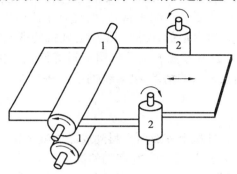

图 5.4 万能轧机轧制过程示意图
1— 水平辊;2— 立辊

5.2.3 中厚板轧机的布置

中厚板车间的布置有三种形式,即单机架布置、双机架布置和半连续或连续式布置。

(1) 单机架布置

单机架布置生产就是在一架轧机上由原料一直轧到成品。单机架布置的轧机可选用前述四种中的任何一种中厚板轧机。但由于在该轧机上要直接生产出成品,因此用二辊可逆轧机已不适宜,在实际生产中已被淘汰。而三辊劳特式轧机亦已逐渐被四辊可逆式轧机所取代。

单机架布置中,由于粗轧与精轧都在一架轧机上完成,所以产品质量比较差(包括表面质量和尺寸精度),轧辊寿命短,产品规格范围受到限制,产量也比较低。但单机架布置投资低,适用于对产量要求不高,对产品尺寸精度要求相对比较宽,而增加轧机后投资相差又比较大的宽厚钢板生产。

(2) 双机架布置

双机布置是把粗轧和精轧分别在两个机架上完成,它不仅产量高,而且产品表面质量、尺寸精度和板形都比较好,还延长了轧辊使用寿命。双机布置中精轧机一律采用四辊轧机以保证产品质量,而粗轧机可分别采用如下几种布置形式。

① 二辊-四辊可逆轧机布置。二辊轧机具有投资少、辊径大、利于咬入的优点,虽然它刚性差,但作为粗轧机影响还不大,尤其在用钢锭直接轧制时。因为钢锭厚度大,压下量的增加往往受咬入角限制,而轧制力又不高,适合用二辊可逆轧机。若采用四辊可逆轧机作粗轧机不仅产量更高,而且粗精轧道次分配合理,送入精轧机的轧件断面尺寸比较均匀,为在精轧机上生产高精度钢板提供了好条件。在需要时粗轧机还可以独立生产,较灵活。

② 四辊-四辊式布置. 这种布置粗轧精轧机均为四辊轧机。由于各架轧机的作用不同,相应轧辊直径也不同。第一架四辊轧机主要用于压缩板坯,使之延伸。第二架四辊轧

机除了使轧件延伸外,还要控制板形,提高尺寸精度。由于第一架四辊粗轧机轧制出来的钢板坯尺寸精度较高,为精轧机提供了尺寸精确的来料,也为精轧机高精度轧制提供了条件。但粗轧机为保证咬入和传递力矩,需加大工作辊直径,使轧机比较笨重,投资增大。目前由于对厚板尺寸精度和质量要求越来越高;而且对于使用连铸坯为原料的中厚板轧机,采用四辊-四辊式布置也是合适的,因而两架四辊轧机的型式日益受到重视。

③三辊-四辊式布置。这种布置方式是采用三辊劳特式轧机作为粗轧机,对原有单机架三辊劳特式轧机车间改造后的结果,进一步的改造将用二辊轧机或四辊轧机取代三辊劳特式轧机。

（3）多机架式布置

这种布置方式是在多台轧机上完成由原料到成品的整个轧制过程,主要是半连续式、3/4连续式和连续式的布置方式,是生产宽带钢的高效率轧机。现在成卷生产的带钢厚度已达25 mm,这就相当于大多规格的中厚板都可在连轧机上生产,但其宽度一般不大,而且用生产薄规格的昂贵的连轧机来生产中厚板在经济上也是不合理的。这也是中厚板连轧机很少发展的主要原因。

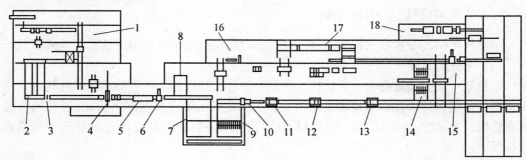

图5.5　宝钢宽厚板轧机一期工程主厂房平面布置图

1—板坯二次切割线;2—连续式加热炉;3—高压水除鳞箱;4—精轧机;5—加速冷却装置;6—热矫直机;7—宽冷床;8—特厚板冷床;9—检查修磨台架;10—超声波探伤装置;11—切头剪;12—双边剪和剖分剪 13—定尺剪;14—横移修磨台架;15—冷矫直机;16—压力矫直机;17—热处理线;18—涂漆线

5.2.4　中厚板生产工艺

以板坯为原料的一般中厚板的生产工艺过程如图5.6所示。

使用钢锭为原料一般是生产较厚的钢板,连铸坯由于厚度的限制,在生产较厚的钢板时,压缩比不够,故采用钢锭做原料,在广泛使用连铸坯的情况下,一般一次加热即可轧制成材,不需要再经过开坯轧制。

（1）原料

原料的选择包括原料的种类、尺寸、重量的选择、选择合理与否直接影响产品的质量、产量以及原材料的消耗等经济技术指标。另外,原料的供应条件也对原料的选择产生影响。

①原料的种类。轧制中厚板使用的原料主要有扁钢锭、初轧板坯和连铸板坯三种,而连铸板坯是广泛采用的中厚板原料。由于连铸板坯组织比铸锭质量好,厚度尺寸也较

小,因此可提高轧机产量,产品质量也好,成材率也高。受到压缩比的限制,轧制特厚板一般采用铸锭。由于初轧坯的生产具有过程复杂,能耗高,金属消耗大等缺点,同时随着连铸坯的发展,使初轧坯的使用越来越少了。

② 原料的尺寸。原料的尺寸包括厚度、宽度和长度,原料的厚度尺寸越小,轧制道次越少,越有利于提高轧机的产量。但由于对产品性能的要求必须要保证一定的压缩比。图5.7为不同的板厚(压缩比)于铁素体晶粒度的关系,由图可见,总压缩比高,不仅可以提高性能,而且可以改善表面质量。一般使用扁钢锭轧制中厚板压缩比应在12% ~ 15%以上;采用连铸坯生产一般用途的钢板,其压缩比可选6% ~ 8%,重要用途的钢板选8% ~10% 以上为宜;而初轧坯由于经过开坯轧制,一般不做要求。为了提高轧机的产量,板坯单重和宽度正在日益加大,现在轧坯的厚度一般为80 ~ 550 mm,宽度为100 ~ 2 360 mm。连铸坯厚度一般为180 ~ 300 mm,宽度为800 ~ 2 200 mm,长度则取决于加热炉宽度和需要的重量。目前板坯宽度已达2 500 mm,重达45 吨。

(2)加热

原料加热的目的是使原料在轧制时有好的塑性和低的变形抗力。对于某些高合金钢钢锭,加热还可以使钢中化学成分均匀化。

中厚板生产过程中使用的加热炉按其结构分为连续式加热炉、室状加热炉和均热炉。均热炉用于大型钢锭的加热;室状加热炉加热能力小,但生产灵活,主要用于加热特重、特轻、特厚或特短的板坯、高合金钢板坯等批量小、加热周期特殊的情况。连续式均热炉适用于少品种大批量生产,它不能对少数板坯作特殊的加热。

连续式加热炉主要有推钢式连续加热炉和步进梁式加热炉。采用预热、加热、均热各段上下都加热的加热方法,使加热炉内全部成为燃烧区,加热能力大大提高。

(3)轧制

中厚板轧制的任务是轧出性能和尺寸都符合要求的成品钢板。轧制过程大致可分为除鳞、粗轧和精轧三个阶段。

① 除鳞。钢板表面质量是钢板的重要技术指标之一,加热原料过程中,高温使板坯表面会产生氧化铁皮,若不及时清理,轧制过程中将被压入表面产生"麻点"、"凹坑" 等缺陷,因此必须进行轧前除鳞。

除鳞的方法有多种,曾采用过的方法如抛洒食盐法,高温下爆破除鳞、粗轧机前设置立辊破鳞、高压蒸汽吹扫除鳞等,这些方法的除鳞效果不佳,现已很少采用。目前广泛采用的除鳞方法是高压水除鳞箱和轧机前后高压水喷头机械除鳞。喷水压力对碳素钢为12 ~ 16 MPa,对合金钢为17 ~ 20 MPa 时,能有效地清除一次氧化铁皮和二次氧化铁皮,而无需设置专门的机械除鳞机。该方法投资少,效果好,可完全满足除鳞要求,新建轧机广泛采用该除鳞方法。

② 粗轧。粗轧阶段的任务是将板坯或扁锭轧制到所需的宽度,控制平面形状和进行大压缩延伸。粗轧阶段首先是调整板坯或扁锭尺寸,保证轧制最终产品尺寸的宽度满足要求。实际生产中轧制产品的规格变化较多,而各种规格的产品很难做到使用一一对应的坯料,坯料的断面尺寸的变化很少,调整宽度则成为粗轧阶段的一项重要任务。根据坯料尺寸和延伸方向的不同,调整宽度的轧制方法可分为:全纵轧法、全横轧法、横轧-纵轧

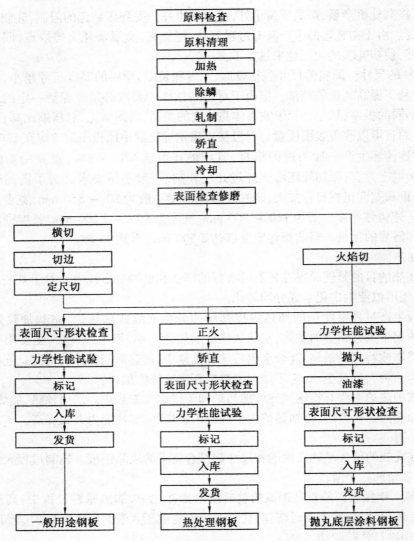

图 5.6　一般中厚板的生产工艺过程

法、角轧-纵轧法。图 5.8 为纵轧、横轧、角轧三种轧制方法示意图。

　　轧制过程中金属的纵向和横向上流动是不均匀的,造成在轧制一道或数道后,钢板的平面形状不是一个精确的矩形,甚至与矩形偏离较大,如在轧向上形成鱼尾形或舌头形,横向上形成桶形等。进入精轧后无法修正,使轧后最终产品的平面形状复杂,必须切掉头尾、边部得到所需的矩形,增加了金属消耗。因此实际轧制过程中,为了调整原料的形状,开始往往还要纵轧 1～2 道,这可称之为形状调整道次,其目的是将钢锭的锥度展平,对板坯是先使端部呈扇形展宽以减少横轧的桶形,并端正板形,从而提高成材率。

　　③ 精轧。精轧阶段的主要任务是延伸和质量控制,包括厚度、板形、性能及表面质量的控制。但粗轧和精轧的划分并没有明显的界限,通常在双机架轧机上把第一架称为粗轧机,第二架称为精轧机,此时两个机架道次的分配应该使其负荷相近,比较均匀。若在

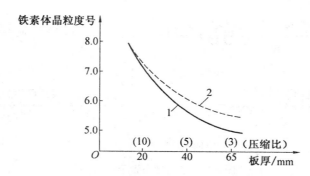

图 5.7　铁素体晶粒度于板厚的关系（原料厚度为 200 mm 的铸坯）
1—1/2 板厚，中部；2—1/2 板厚，边部

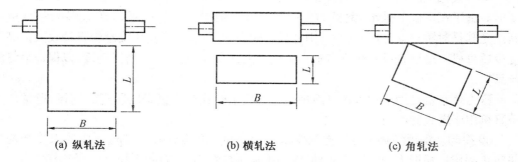

图 5.8　三种粗轧方法示意图

单机架轧机上则前期道次为粗轧阶段，后期道次为精轧阶段，中间无一定界限。

在精轧阶段为了减少板宽方向各点纵向延伸不均，以获得良好的板形，一些中厚板轧机的精轧机上装备有工作辊或支承辊液压弯辊系统，通过控制轧辊凸度，提高板宽方向上的均匀性。

（4）精整

中厚板生产的精整工序包括矫直、冷却、划线、剪切或火焰切割、修磨、取样试验、标记及包装等。精整工序是关乎到产品质量的一个非常重要的工序，不同品种的产品其精整工艺过程也不相同。现代化厚板轧机所有的精整工序多布置在金属流程线上，由滚道及移动机进行钢板的纵横运送，机械化自动化水平日益提高。

①矫直。为了消除钢板的外形缺陷，如瓢曲、波浪等，使钢板达到平直，钢板在轧制后要进行热矫直，根据钢板厚度和终轧温度不同矫直温度设置在 650 ~ 1 000 ℃ 之间。

矫直机的形式有热矫直机和冷矫直机，其结构可分为辊式矫直机和压力矫直机。辊式矫直机按有无支承辊可分为二重式矫直机和四重式矫直机。热矫直机一般布置在精轧机后、冷床前，用于矫直刚从轧机轧制出来或经过控制冷却的热钢板。热矫直机为辊式，有二重式和四重式两种。最初的热矫直机是二重式的，为了适应高质量、高速化的要求，四重式矫直机逐渐代替了二重式，两种形式的矫直机矫直辊布置如图 5.9 所示。

热矫直是钢板在高温状态下矫直，矫直辊与高温钢板接触受热产生变形，影响矫直辊的刚度和强度。因此，在进行热矫直的过程中需要对矫直辊进行冷却，冷却的方法为外部

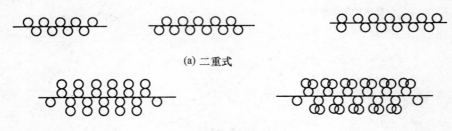

(a) 二重式

(b) 四重式

图 5.9 矫直辊布置示意图

喷水冷却,内部通循环水冷却。

冷矫直机主要用于矫直钢板在热矫直机上不能完全矫直的变形和热矫直以后出现的变形。由于在室温下操作,钢板的屈服强度高,因此矫直力大,要求矫直辊的强度也要高。尤其是对矫直厚度尺寸较大、钢种强度较高的钢板,通常使用支承辊直径较大的高强度冷矫直机。冷矫直机一般不布置在生产线上,所以可适当放慢矫直速度,以保证最终的产品质量。

压力矫直机是用来矫直超过冷矫能力或使用辊式矫直机难以矫直的钢板,通常压力矫直机用于矫直特厚板。

② 冷却。钢板经热矫直后送至冷床进行冷却。在运输和冷却过程中要求冷却均匀并防止刮伤。根据不同的钢板品种,冷却可采用自然空冷、控制冷却、堆冷和缓冷。

自然冷却是指经热矫直的钢板,在冷床上自然冷却。要求冷却后钢板要平直,冷却速度要平稳,并要有足够的冷却时间。一般冷却后钢板温度在 150 ℃ 以下。

冷床的主要形式有拨爪式冷床、运载链式冷床、盘辊式冷床和步进式冷床。拨爪式冷床结构简单,造价低,但冷却效率低,同时钢板移送过程中易划伤。因此,这种冷床正被逐步改造。运载链式冷床使钢板与链条间没有相对滑动,避免了钢板的划伤,但高温的钢板很容易使链条磨损而造成事故。盘辊式冷床是由若干根电动机单独拖动的轴组成,每根轴又固定有一定数目的大轮盘,轴与轴上的轮盘交错分布。大轮盘下面有支承托辊以保证冷床的平面性。在这种冷床上钢板与轮盘式短线接触,辐射散热面积大,钢板和冷床均有较快的冷却速度,同时钢板与轮盘之间基本没有相对滑动,钢板表面不易划伤,且冷却均匀,内应力小。但冷床设备重量大,制造施工复杂,投资较大。步进式冷床由固定托架和活动托架组成,活动托架由电机或液压缸带动,使其上下、前后运动,输送钢板。钢板运送时,与托架间无相对滑动,避免了钢板的划伤,托架平直度好,使冷却后的钢板平整,且具有较好的冷却效果,虽然设备稍重,但比盘辊式冷床要轻而且更易制造,所以近代新建的厚板轧机多采用步进式冷床。

③ 检查、划线和剪切。钢板经矫直冷却至 200 ~ 150 ℃ 以下,便可以进行检查、划线和剪切。除表面检查以外,现在还采用钢板的在线超声波探伤检查内部缺陷。剪切之前在钢板表面划线,然后按线剪切,将各种缺陷切除掉并保证钢板的尺寸精度,提高成材率。一般钢板两侧划线宽度一致。划线采用简易划线机、自行式自动量尺划线机和利用测量辊的固定式量尺划线机,后两种可与计算机控制系统相连接,大大减轻了劳动强度和

难度,提高了生产效率。

钢板的剪切包括切边、切头尾、切定尺、切试样。按剪切机的结构可分为圆盘剪、铡刀剪、摆切剪和滚切剪。圆盘剪是使用圆盘状的上下剪刃旋转来剪切钢板,如图 5.10 所示。

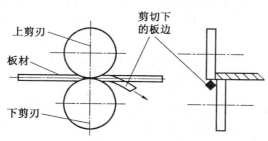

图 5.10　圆盘剪剪切过程示意图

圆盘剪的剪切速度可达 100 ~ 120 m/min,最大剪切厚度已达 32 mm。其特点是能够连续剪切,生产效率高,但其剪切钢板厚度不能太大。铡刀剪是我国中厚板厂广泛采用的剪切机,为减小剪切力,上剪刃设计成倾斜的,与水平放置的下剪刃呈 2° ~ 6°,如图 5.11 所示,且上下剪刃间要有一定的侧向间隙,一般可取板厚的 6% ~ 12%,间隙过小,易使剪刃发生碰撞,损坏剪刃,间隙过大,则切口不平齐,使剪切能耗增大。摆切剪是通过上剪刃的摆动完成剪切过程的;而滚切剪是摆动剪的改进形式,其剪刃重叠量约为 3 mm,沿剪刃全长固定不变。

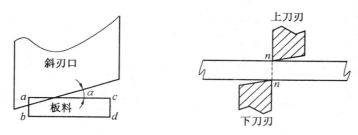

图 5.11　铡刀剪剪切过程示意图

钢板厚度大于 50 mm 时一般采用火焰切割,其主要形式有移动式火焰切割机和固定式火焰切割机,其基本装置是氧气切割器及安装切割器的小车。另外也可以采用等离子弧切割中厚板,其优点是切割速度快,切割引起的变形小,质量好。

④ 收集和堆放。钢板的收集和堆放要求同一吊钢板必须为同一批号钢板,且定尺钢板和非定尺钢板分别收集和堆放,码放整齐。

钢板的收集装置有滑坡式垛板机、托架式拉钢垛板机和真空吸盘垛板机。滑坡式垛板机的优点是不会划伤钢板表面,但因钢板下滑力大,撞伤边部,特别是厚板更为严重;托架式垛板机集拉钢式垛板机和滑坡式垛板机的优点,既不划伤钢板表面,也不会撞坏钢板边部,且制造容易,维修简单、操作方便、易于推广;真空吸盘式垛板机是利用真空吸盘收集钢板,其优点与托架式拉钢垛板机相同,但其投资大,操作复杂。

⑤ 标记和包装。钢板的标记便于在存放、运输过程中查找,防止混号,保证按炉送

钢。标记内容有钢号、炉罐号、批号、生产厂家、日期、检验标准号、钢板规格尺寸、商标等。可采用钢印打印或油漆喷印,也可以在钢板侧边贴涤纶标签,以便用户验收。钢板的包装通常采用经发蓝处理的冷轧钢带进行打捆包装。包装形式是在钢板长度上至少捆扎四横道并加保护角。对不锈钢板和钢板表面,还可以在包装前粘贴塑料保护膜或其他保护材料。

5.3　热轧带钢的生产

热轧带钢是指厚度为 1 ~ 20 mm,宽度为 600 ~ 2 000 mm,成卷供货的钢带。广泛用于汽车、电机、化工、造船等工业部门,同时也作为冷轧、焊管、冷弯型钢生产的坯料。带钢热连轧机是生产热轧带钢的主要设备,具有生产效率高、产量高、质量好等优点。

现代热连轧机发展趋势和特点:

① 轧制速度高,已达 15 ~ 20 m/s;单卷重量达 45 吨;主电机容量大,机组总功率增至 150 000 kW;轧机数量多、轧辊尺寸大,产品厚度为 0.8 ~ 20 mm,宽为 2 300 mm,年产量可达 300 ~ 500 万吨;

② 采用计算机综合控制提高产品质量和产量,采用各种 AGC 系统和液压弯辊装置,并提高轧机刚性以提高厚度精度和控制板形;采用升速轧制和层流冷却工艺以控制终轧和卷取温度,使产品的组织和性能大大提高;

③ 新工艺新技术的研究和应用,降低了成本和能量的消耗,扩大了产品品种。发达国家中,由热连轧机生产的板带钢已达板带钢总产量的 80% 以上,占钢材总产量的 50% 以上,它不仅能够高产,而且可以达到优质和低成本的要求,因而在轧钢生产中占据了主流和统治地位。

热轧带钢生产工艺过程主要包括原料准备、加热、轧制(粗轧、精轧)、冷却、卷取、精整等工序。

5.3.1　原料准备

热连轧带钢生产使用的原料为连铸坯和初轧板坯。由于连铸坯是由钢水经连续铸钢机直接铸成的钢坯,大大简化了从钢水到钢坯的生产过程,省去了初轧生产过程,因此它有金属回收率高、产品成本低、基建投资和生产费用少、劳动定员少、劳动条件较好等一系列优点。加之比初轧坯物理化学性能均匀,且便于增大坯重,故对热带连轧更为合适,所占比重日趋增大,个别厂连铸坯达 100%。热轧带钢板坯厚度为 150 ~ 250 mm,多数为 200 ~ 250 mm,最厚达 350 mm,板坯宽度为 800 ~ 2 200 mm。由于热带连轧机采用全纵轧制法,故成品带宽与板坯宽度相近。长度则主要取决于均热炉的宽度和所需坯重。板坯重量增大可以提高产量和成材率,但也受到设备托架、轧件终轧温度与前后允许温度差及卷取机能容许板卷的最大外径的限制。目前板卷单位重量不断提高,已达到 15 ~ 25 kg/mm,并准备提高到 33 ~ 36 kg/mm。

5.3.2　加　热

热连轧带钢坯料的加热要求温度均匀,尤其是在推钢式连续加热炉中加热要防止水冷黑印,此外应避免加热过程中划伤板坯。板坯的加热温度通常为 1 250 ~ 1 280 ℃。

板坯加热炉形式基本上与中厚板加热炉类似,但由于板坯较长,故炉子宽度一般比中厚板的加热炉要大得多,其炉膛内宽达 9.6 ~ 15.6 m。为了适应热连轧机产量增大的需要,加热炉一方面采用多段式供热方式,以便延长炉子高温区,实现强化操作快速加热,提高炉底单位面积产量;另一方面尽可能加大炉宽和炉长,扩大炉子容量。

热轧带钢机一般设置 3 ~ 5 座加热炉,有的还留有第六座炉子的位置。加热炉的形式主要有推钢式加热炉和步进式加热炉。

推钢式加热炉的优点是建造费用较低,燃料及动力消耗较小,机械设备简单,便于维护。缺点是加热过程中板坯与滑道接触造成黑印,同时也易划伤板坯底面,板坯厚度相差不能太大;停炉检修时炉内板坯排空困难,炉子长度受板坯最小厚度的限制等。

步进式加热炉加热板坯时,板坯间保持一定的间隙,因此加热质量好;加热过程中板坯的运动是靠步进机构完成,基本上消除了推钢式加热炉存在的缺点,同时扩大了炉子的生产能力,使之成为现代化热连轧机加热炉的主流形式。

现代化加热炉均为多段式,各段温度能单独调节,并将加热段沿炉宽方向分成两个控制区,使板坯后段温度稍高于前段,以补偿轧制时的温降。近年来,加热炉采用计算机控制每块板坯的加热过程,使板坯加热质量、燃料消耗、加热能力等趋于理想状态。

5.3.3　轧　制

热连轧带钢轧制分为除鳞、粗轧、精轧等几个阶段。

(1) 除鳞

除鳞一般采用立辊轧机和高压水除鳞箱的方式,立辊在板坯宽度方向给予 50 ~ 100 mm 压下量,可使板坯表面一部分氧化铁皮破碎,后经高压水除鳞箱除鳞。

(2) 粗轧

粗轧阶段采用全纵轧方式,一般采用 1 ~ 2 架二辊轧机,轧制 5 道次以上。由于破鳞后的板坯厚度大、温度高、塑性好,变形抗力低,应采用大压下量轧制。考虑到粗轧和精轧之间轧制节奏和负荷上的平衡,粗轧机组完成的变形一般占板带钢总变形量的 70% ~ 80%。粗轧机组道次的最大压下量主要受轧辊强度的限制。随着板坯厚度的减薄和温度的下降,变形抗力增大,而板形及厚度要求也逐渐提高,故需采用强大的四辊轧机进行轧制,才能保证足够的压下量和良好的板形。并在每架四辊轧机前设置小立辊轧边,以保证钢板的侧边平整和宽度精确。

热带连轧机组的主要布置形式有全连续式、半连续式和 3/4 连续式三种方式。三种方式的主要差别在于轧机的组成和布置。尽管被称为连续式轧机,但粗轧机组不是同时在几个机架上对板坯进行连续轧制,因为粗轧阶段轧件较短,厚度较大,温降较慢,难以实现连轧。因此各粗轧机架间的距离须根据轧件走出前一架以后再进入后一机架的原则来确定。

全连续式热带钢连轧机粗轧机组由 5 ~ 6 个机架组成,如图 5.12 所示。每架轧制一道,全部为不可逆式,主电机使用交流电机。全连续式热连轧机最突出的优点是生产能力大,年产量可达 600 万吨,适合于大批量少品种的生产,操作简单、维护方便,但生产线长、占地面积大、设备多、投资大。此外粗轧机组和精轧机组的生产能力不平衡,粗轧机组的利用率低,难以充分发挥其设备能力。

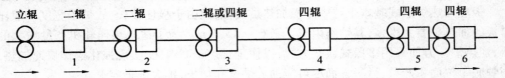

图 5.12　全连续式热带钢连轧机粗轧机组布置示意图

半连续式热带钢连轧机的粗轧机组多由一架或两架轧机组成,其组成与布置如图5.13 所示。在立辊机破鳞后,坯料在第一架二辊可逆轧机上往复轧制多道,然后在第二架四辊可逆轧机上进行多道轧制。与全连续式相比,半连续式的粗轧机组设备少、生产线短、占地面积小、投资少。粗轧机组与精轧机组能力的匹配也能较灵活地控制,可充分发挥粗轧机组的能力。由于粗轧机组要进行往复轧制,产量相对要低一些,适合于小批量、多品种的带钢生产。

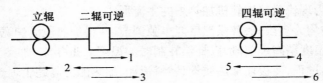

图 5.13　半连续式热带钢连轧机粗轧机组布置示意图

3/4 连续式热带钢连轧机的粗轧机组由 3～4 架轧机组成,其组成和布置如图 5.14 所示。一般将可逆式轧机放在第一架,可采用二辊可逆式轧机,也可采用四辊可逆式轧机。第三、第四架采用不可逆式轧机,后两架形成连轧。3/4 连续式热带钢连轧机的可逆式轧机也可放在第二架,优点是铁皮已在前面大部分除去,使辊面和板面质量好,但第二架四辊可逆式轧机的换辊次数比第一架二辊可逆式轧机要多一倍,所以一般还是倾向于前一种布置形式。总之,3/4 连续式热带钢连轧机较全连续式热带钢连轧机所需设备少,厂房短,总的建设投资要少5%～6%,生产灵活性大。但可逆式机架的操作维修要复杂些,耗电量也大些。对于年产 300 万吨左右规模的带钢厂,采用这种布置形式较为适宜。

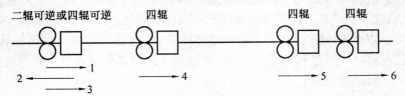

图 5.14　3/4 连续式热带钢连轧机粗轧机组布置示意图

在粗轧机组最后设有测厚仪、测宽仪及测温仪等装置,利用此处较好的测量环境和条件,得出较为精确的数据,以便作为计算机对精轧机组进行前馈控制和粗轧机组与加热炉进行反馈控制的依据。

（3）精轧

由粗轧轧机轧出的钢带坯，经中间辊道输送到精轧机组进行精轧。精轧机组的主要任务是将粗轧带坯轧制成尺寸、板形符合要求的成品带钢，并保证带钢的终轧温度和表面质量。进入精轧机前首先要进行测温、测厚，并设置一台飞剪用于切头尾。切头尾的目的是为了除去温度过低的头部以避免损伤辊面，并使头部规整便于精轧机咬入，防止头尾卡在机架间的导卫装置或辊道缝隙和卷取机缝隙中，切尾也为了卷取或后部精整方便。精轧机组前还设置了高压水除鳞箱，有的在机架间还设有高压水喷嘴，用来清除二次氧化铁皮。精轧机组一般由 5 ~ 7 架四辊轧机或 HC 轧机组成，有的还留有第八、第九架的位置，增加精轧机架数可使粗轧来料加厚，提高产量和轧制速度，并可轧制更薄的产品。因为粗轧带坯增厚和轧制速度的提高，必然减少温降，使精轧温度得以提高，减少带钢头尾温差，从而为轧制更薄的带钢创造条件。图 5.15 为连续式热带连轧机精轧机组布置示意图。

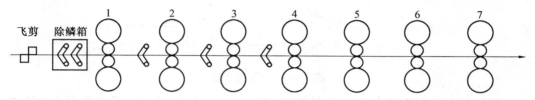

图 5.15 连续式热带连轧机精轧机组布置示意图

精轧机组中的四辊可逆式轧机，其工作辊直径为 650 ~ 800 mm，也有的在前几架上采用直径为 850 mm 的工作辊；支承辊直径按工作辊选取，两直径比为 2 ~ 2.2，一般选支承辊直径为 1 250 ~ 1 570 mm，最大可达 1 700 mm。我国热带连轧机的精轧机组主要技术性能见表 5.1。

表 5.1 我国热带连轧机的精轧机组主要技术性能

主要技术性能	轧机规格		
	2800/1700	武钢 1700	宝钢 1580
切头飞剪类型	曲柄式	滚筒式	滚筒式
最大剪切断面（厚×宽）/mm	28 × 1 550	40 × 1 570	60 × 1 430
剪切速度 m/s	0.4 ~ 1.2	1.5 ~ 3.0	2 ~ 2.5
精轧工作机座数量／个	6	7	7
机座间距 /m	5.8	5.5	5.5
轧辊直径（工作辊／支承辊）/mm	650/1250	800(760)/1570	F_1 ~ F_3:825 ~ 735/ 1600 ~ 1450 F_4 ~ F_7:650 ~ 575/ 1480 ~ 1330
最大出口速度 /m·s^{-1}	10	23.3	22.3
主电机功率 /kW	20800	50100	F_1 ~ F_2:AC 7000 F_3 ~ F_5:AC 6500 F_6:AC 6000 F_7:AC 5500
活套支持器类型	电动	电动	电动

　　精轧机轧制过程,由于轧件较薄且长,头尾温差对轧制精度影响很大。为了减小头尾温差,提高轧制速度是一种有效的措施。但穿带、甩尾及卷取机咬入使轧制速度提高受到限制。精轧初始,钢带采用较低的速度进入精轧机组,钢带头部进入卷取机后精轧卷取机等同步加速,在高速下进行轧制,在钢带尾部抛出前降低轧制速度后抛出,这种升速轧制可使头尾温差大大缩小,以提高轧制精度。

　　近年来,随着电气控制技术的进步,精轧机组的轧制速度不断提高,最高可达30 m/s。一般的精轧速度变化如图 5.16 所示。

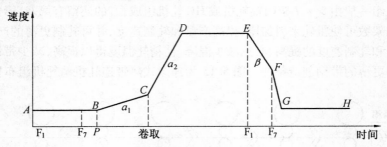

图 5.16　精轧速度图

　　图中 AB 段为带钢进入 $F_1 \sim F_7$ 机架,直至其头部到达计时器设定值 P 点为止,保持恒定的穿带速度;BC 段为带钢前端从 P 点到进入卷取机为止,进行较低的加速;CD 段为前端进入卷取机咬入到达到预定的速度上限为止,进行较高的加速,此加速主要取决于终轧温度和提高产量的要求;DE 段为达到最高速度至带钢尾部离开减速开始机架 F_1 为止,维持恒定的最高速度;EF 段为带钢尾部离开最初机架开始,至带钢尾部离开最末机架止,进行减速,这期间要控制好减速过程,应在带钢尾部尚未出精轧机组之前,提前减速至规定的速度;FG 段为带钢离开末架轧机,应立即将轧机转速回复到后续带钢的穿带速度。

　　现代热带钢连轧机的精轧机一般采用二级加速和一级减速的速度制度,即带钢在精轧机以 10 ~ 12 m/s 的恒速进行穿带,并在卷取机上稳定卷取后开始一级加速,待精轧速度增至某一数值,使设备接近满负荷运转前,开始二级加速,当轧机转速达到稳定轧制阶段最高转速时加速结束。当带钢尾部离开末架轧机时减速至咬入速度,等待下一根带钢轧制。第一级加速度较高,其目的是迅速提高轧制速度,使设备尽快地接近满负荷运转,以求得最高的产量;第二级加速度为温度加速度,利用加速轧制时的变形热,给予带钢以温度补偿,减少带钢全长的温度差,此加速度数值较前者低。

　　精轧机机架间设有活套支撑器,其作用是:

　　① 缓冲金属流量的变化,给控制调整留出时间,并防止堆钢时产生叠钢,造成事故;

　　② 可以调节轧制速度保证连轧常数,当各种参数产生波动时发出信号和命令,以便快速进行调整;

　　③ 带钢能在一定的范围内保持恒定的小张力,防止因张力过大引起带钢拉缩,造成宽度不均,控制带钢厚度。

　　目前广泛采用的是恒张力电动活套支撑器,其反应灵敏,便于自动控制;液压的活套支撑器反应迅速,工作平稳,但维修困难;气 – 液联合驱动的活套支撑器,可用在精轧机组最后两架轧机之间调节带钢张力。

为适应高速度轧制,必须有相应的速度快、准确性高的压下系统和必要的自动控制系统,这样才能保证轧制过程中及时而迅速准确地调整各项参数,得到高质量的带钢。

液压压下装置目前已被广泛采用,它的调节速度快,灵敏度高,惯性小,效果好,其响应速度比电动压下装置快七倍以上。但其维护比较困难,在热轧条件下维修更不容易,并且控制范围还受到液压缸的活塞杆限制,因此有的轧机把它与电动压下装置结合起来使用,以电动压装置下作为粗调,以液压压下装置作为精调。

为了灵活控制辊型和板形,现代热带连轧机上都设有液压弯辊装置,以便根据情况实行正弯辊或负弯辊。

带钢由精轧机轧出后,还需进行测温、测宽、测厚。测厚仪与精轧机机架的测压仪、活套支撑器、速度调节器组成厚度自动控制系统,用以控制带钢的厚度精度。

5.3.4 冷却和卷取

精轧机以高速轧出的带钢温度为 900 ~ 950 ℃,为了保证热轧带钢组织和性能要求必须在较低的温度下卷取,一般为 600 ~ 650 ℃。精轧机组到卷取机的长度为 120 ~ 190 m 的输出辊道,这就意味着要在 5 ~ 15 s 之内使高温的带钢降温 300 ℃。轧后强化冷却的设备有高压喷水冷却、层流冷却和水幕冷却等不同的形式,广泛采用的是层流冷却和水幕冷却,前者采用循环使用的流量达 200 m³/min 的低压大水量的高效冷却系统,这种冷却方法比高压喷水冷却法的冷却效果好,层流冷却装置分段布置在精轧机后的输送轨道上,根据带钢的厚度、终轧温度可自动调节水量和开闭各段冷却水。但与水幕冷却相比,层流冷却占地面积大,控制系统复杂、对水质要求高。水幕冷却是采用横向为条缝状出水口的喷水装置,此装置喷出的冷却水呈幕状,故得此名。其特点是带钢横向冷却均匀,而且冷却速度快,冷却能力高,因此已出现水幕冷却法代替层流冷却法的趋势。实际应用中,冷却方式既可采用单一的冷却方式,也可采用两种或多种冷却方式配合,以控制各段有不同的冷却速度。如水幕冷却和层流冷却配合;高压水冷却和层流冷却配合等。

经冷却后的带钢由辊道送至地下卷取机卷成板卷,一般卷取机设置 2 ~ 3 台交替使用。由于热轧带钢的厚度范围较大,而不同厚度的带钢,冷却所需的输出辊道长度也不同。因此,有的轧机除了在距末架精轧机 190 m 处设置三台卷取机外,还在 60 m 近处设置 2 ~ 3 台近距离卷取机,用来卷取厚度 2.5 ~ 3 mm 以下的薄带钢。

卷取机形式按助卷辊数量来分,有二辊式、三辊式和四辊式等多种。

卷取机的卷取过程如图 5.17 所示,由辊道送来的带钢首先进入张力辊,由于上下张力辊存在 10° ~ 20° 偏位角,因此带钢被弯向下方导入卷筒和助卷辊之间,其头部绕在卷筒上,当绕几圈之后卷筒胀起,同时助卷辊向外松开,使卷筒和精轧机之间建立一定的张力,以使板卷卷紧。

卷取完成后,卷筒收缩板卷由卸卷车卸下,由输送机运走打包、打印、标记和称重,作为冷轧的原料或热轧成品,继续进行精整加工。

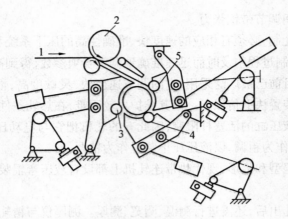

图 5.17　卷取机的卷取过程示意图
1— 带钢;2— 张力辊;3,4,5— 助卷辊

5.3.5　精　整

精整加工线有纵剪机组、横剪机组、平整机组、热处理炉等设备。

（1）横剪机组

横剪机组一般由上料准备、拆头、开卷、直头、切头、切边、废边清理、活套储存、切定尺、成品矫正、分选、打印、涂油、垛板及称重等设备组成,如图 5.18 所示。

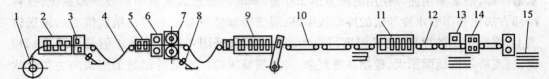

图 5.18　横剪机组
1— 开卷机;2— 直头机;3— 切头机;4— 活套;5— 侧导辊;6— 夹送辊;7— 圆盘剪;
8— 碎边剪;9— 带钢矫正机的摆式飞剪;10— 剪后运输带及试样收集;11— 成品矫正机;
12— 检查运输带及次品垛板机;13— 滚印机;14— 涂油机;15— 成品垛板台

钢板的剪切厚度应与轧机产品规格相适应,定尺长度一般为 2 ~ 8 m,最长不超过 12 m,正常剪切时的剪切速度为 0.5 ~ 2 m/s。

（2）纵剪机组

纵剪机组除剪边以外,还能分剪成不同宽度的带钢卷,以满足生产焊管、冷弯型钢等的要求。纵剪机组的设备组成如图 5.19 所示。纵剪机组的圆盘剪上可安装多对刀片,同时将一卷宽带钢剪切成若干卷窄带钢。圆盘剪后设置张紧装置和成品卷取机,卷取时带有一定张力。纵剪机组正常的剪切速度为 1 ~ 3 m/s。

（3）平整机组

平整的目的是改善钢板的板形和深冲性能,消除局部厚度偏差。平整时采用一定的压下率,一般不大于 3% ~ 5%。平整机组的组成如图 5.20 所示。

平整机有二辊式、四辊式和六辊式结构,一般采用四辊式。平整机的工作速度为 8 ~

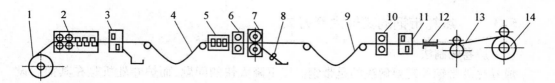

图 5.19　纵剪机组

1— 开卷机;2— 直头机;3— 切头机;4,9— 活套;5— 侧导辊;6,10— 夹送辊;7— 圆盘剪;
8— 碎边剪;11— 分切剪;12— 张紧装置;13— 导辊;14— 张力卷取机

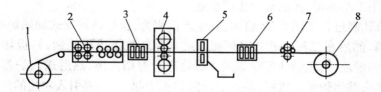

图 5.20　平整机组

1— 开卷机;2— 直头机;3,6— 测导辊;4— 四辊式平整机;5— 下切剪;7— 导辊;8— 张力卷取机

10 m/s。

5.3.6　典型热轧带钢车间平面图

图 5.21 为某 1700 热带连轧机工艺过程及平面布置图。该车间生产所用原料为连铸坯机初轧坯,尺寸为(150 ~ 250)mm × (500 ~ 1 600)mm × (4 000 ~ 10 000)mm,热轧板卷成品规格为(1.2 ~ 12.7)mm × (500 ~ 1 550)mm,内径为 760 mm,外径为 1 ~ 2 m,最大卷重为 30 t。机组采用大立辊及高压水除鳞,轧机为 3/4 连续式,设有粗轧机 4 架、精轧机 7 架及卷取机 3 台。

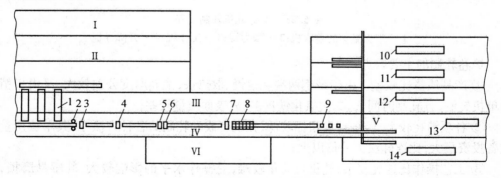

图 5.21　1700 热带连轧机车间平面布置图

Ⅰ— 板坯修磨间;Ⅱ— 板坯存放场;Ⅲ— 主电室;Ⅳ— 轧钢车间;Ⅴ— 精整车间;Ⅵ— 轧辊磨床
1— 加热炉;2— 大立辊机架;3,4,5,6— 粗轧机组轧机;7— 飞剪;8— 精轧机组;
9— 卷取机;10,11,12— 横剪机组;13— 平整机组;14— 纵剪机组

5.3.7 热轧带钢的其他生产方式

（1）炉卷轧制法

成卷热轧带钢关键要解决的是带钢温度下降太快的问题，而炉卷轧机是在其前后设有保温炉，卷筒置于保温炉内的四辊可逆热轧机，如图 5.22 所示。采用炉卷轧机一边保温，一边轧制的方法称为炉卷轧制法，是一种单机架、多道次的轧制方法。由于带钢的头尾温差和总的温度降大大减小，这种轧机可轧出厚度较薄（1.2 mm）的热轧宽带钢，适合于生产塑性较差，加工温度范围窄的钢种（如耐热钢、不锈钢等）。另外，由于可采用钢锭作原料，经常用于小批量、多品种的生产企业。

炉卷轧机轧制过程如图 5.22 所示，其生产流程为，板坯在连续式加热炉中加热后，通过高压水除鳞，然后在二辊可逆式及四辊万能式粗轧机上进行轧制，将板坯轧成厚度为 15 ~ 20 mm 的带坯，由辊道快速输送到飞剪处进行剪切头尾，然后送入炉卷轧机轧制。当第一道带坯头部出炉卷轧机后，左边的升降导板抬起，将头部引入左边的炉内卷取机进行卷取；当第一道尾部出轧辊时，左边的张力辊下降，机组反转，开始第二道轧制，此时右边的升降导板抬起，将带钢导入右边的炉内卷取机进行卷取。如此往复 3 ~ 7 道即轧成所需的板卷。经输出辊道上冷却到所需温度，便进入地下卷取机进行卷取。

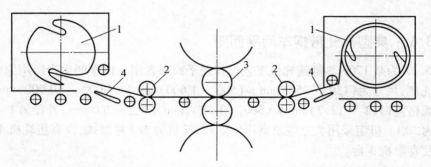

图 5.22　炉卷轧机轧制过程

1— 带保温炉的卷取机;2— 张力辊;3— 工作辊;4— 升降导板

炉卷轧制的主要缺点：

① 产品质量比较差。由于带钢两端轧速慢、散热快，使其厚度公差较大，又由于精轧为单机轧制，且轧制时间长，二次氧化铁皮多，故表面质量较差；

② 各项消耗较大，经济技术指标较低，在现有成卷轧制的各种方法中，其单位产量的设备投资最大，比连轧法大一倍以上；

③ 工艺操作比连轧复杂，轧机自动化较难，受操作水平的影响较大，轧辊易磨损，换辊频繁。

这些缺点限制了其发展，一般产量不高的特殊钢采用炉卷轧机生产。

（2）行星轧机轧制法

行星轧机机组如图 5.23 所示，机组通常由立辊轧边机、送料辊、行星轧机和平整机组成。行星轧机是由上、下两个支承辊及围绕其周围布置 12 ~ 24 根工作辊（又称行星辊）

组成,支承辊为主动辊,沿轧制方向转动,行星辊围绕支承辊做行星式公转,也靠摩擦力自转。轧机工作时严格要求上下支承辊所带动的工作辊相互同步运转,运动位置上下对称,轴线保持在同一平面内,保证每对工作辊同时与金属接触或离开。

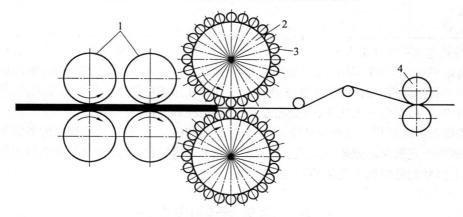

图 5.23 行星轧机轧制过程

1— 送料辊;2— 支承辊;3— 工作辊;4— 平整机

行星轧机轧制法的主要优点:

① 轧制压力小,而总变形量大,总的大变形量是由每个工作辊对轧件进行加工变形的积累,总压下率可达 90% ~ 98%;

② 由于总变形量大,在轧制过程中轧件可升高温度 50 ~ 100 ℃,可弥补轧制薄带钢时产生的温降;

③ 简化了生产过程,设备投资少,生产成本降低。

但行星轧机的设备结构复杂,生产事故较多,轧机作业率不高,发展受到了限制。

(3)叠轧薄板生产

叠轧薄板就是把数张钢板叠放在一起送进轧机进行轧制,生产薄板的方法。其优点是设备简单,投资少,生产灵活性大,能生产厚度规格为 0.28 ~ 1.2 mm 的薄板。目前只有冷轧能够轧制如此薄的带钢,因此,仍有一些车间还沿用这种生产方式。叠轧薄板的缺点是产量低、质量与成材率也很低,且劳动强度大,产品成本高。故逐渐被冷轧薄板替代。

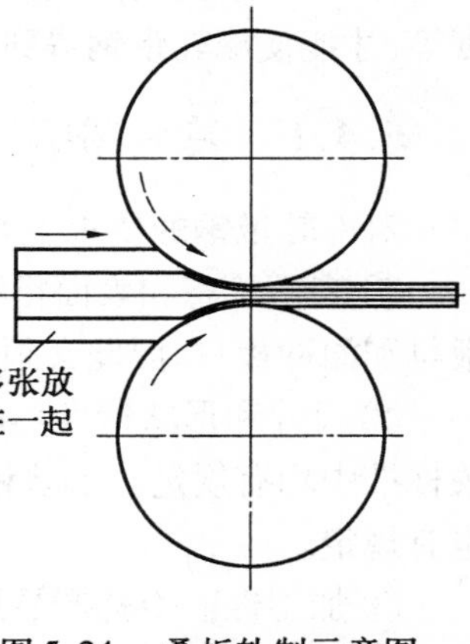

叠轧薄板所用的轧制设备为单辊驱动的二辊不可逆式轧机,如图 5.24 所示。其下辊为主动辊,由交流电机驱动,上辊靠摩擦带动,因此使设备得到简化。

多张放在一起

图 5.24 叠板轧制示意图

由于二辊不可逆叠板轧机轧制时有一定的弹跳值,一般为 2.0 ~ 2.5 mm,所以轧制厚度小于 2.0 mm 的产品就必须多片叠起来轧制,通常采用 2 ~ 8 片叠轧,多的可达 12 片。叠轧片数方案见表 5.2。

表 5.2　叠轧片数方案

成品厚度／mm	叠轧片数	成品厚度／mm	叠轧片数	成品厚度／mm	叠轧片数
3.0 ~ 3.5	1	1.0 ~ 1.25	2 ~ 4	0.35 ~ 0.50	6
2.0	1 ~ 2	0.75	3 ~ 4	< 0.35	8 ~ 12
1.5	2 ~ 3	0.50 ~ 0.60	4 ~ 6		

　　叠轧过程中为了防止轧件冷却过快,轧辊不用水冷,而是采用热辊轧制。辊身中部温度高达 400 ~ 500℃,因此辊径的润滑必须采用熔点及闪点较高的润滑油,常用的是经过特制的石油沥青。此外,由于轧件开轧温度低且轧件的单位体积的散热面积大,使温度下降很快,产品难以一火轧成,故叠轧过程中还需要回炉再进行加热。

　　薄板在叠轧过程中易产生粘结,造成大量废品和次品,一些工厂采用白泥等涂料防止粘结,取得一定效果。叠轧剥离工序尚未实现完全的机械化,必须依靠沉重的体力劳动解决,以上这些问题限制了叠轧的发展。

5.4　冷轧带钢的生产

　　冷轧带钢是带材的一个重要品种,广泛应用于汽车、建筑、家电、食品等行业。

　　与热轧带钢相比,冷轧带钢具有以下优点:

　　① 由于冷轧过程不存在热轧板带钢生产中的温降和温度的不均匀,因而可以生产极薄的带钢,最小厚度可达 0.001 mm;

　　② 冷轧过程中轧件表面不产生氧化铁皮,且经轧前酸洗,故产品表面质量好,并可以根据要求赋予带钢各种特殊表面,如毛面、绒面或磨光表面等;

　　③ 冷轧带钢通过一定的冷轧变形程度,与比较简单的热处理恰当地配合,可以满足较宽的力学性能要求。但冷轧带钢所用的坯料是由热轧供给的,故其发展又受到热轧的影响,只有不断提高热轧板卷的质量水平,包括表面质量、组织性能、厚度公差及板形平直度等,才能使冷轧带钢得到更好的发展。

5.4.1　冷轧带钢的要求和用途

　　对冷轧带钢的要求主要有以下几个方面:

　　① 表面状态和表面粗糙度。冷轧带钢具有良好的加工性和美观的表面,多用于外用板材和深冲板材,因此必须避免表面缺陷。

　　② 尺寸和形状精度。冷轧带钢的尺寸精度包括厚度、宽度和长度精度,其偏差在相关标准中均有规定。形状精度一般用平坦度、横向弯曲、直角度表示,其允许值在标准中也有规定。

　　③ 加工性。冷轧产品用途广泛,加工方法很多,从简单的弯曲到深冲压加工,按加工性可分为成型性(扩展性和深冲性)和形状性两种。成型性是指加工成一定形状的能力。形状性是指在加工成一定形状后卸掉载荷所得到的尺寸和形状,同时把保持住加工形状的特性称为形状稳定性。

　　④ 时效性。所谓时效现象就是指金属或合金随时间推移而发生变化的现象。冷轧

钢板存在淬火时效和应变时效,淬火时效是在某个温度范围急冷下来时发生的;应变时效则是在退火后经平整再冷加工时发生的,特别是通过平整消失了的屈服平台,经过一段时间后又可恢复。

⑤ 特殊性。主要指搪瓷性能、耐蚀性、电磁性、冲裁性等。

冷轧带钢的产品品种很多,生产工艺流程也各有不同。具有代表性的冷轧带钢产品是金属镀层薄板(包括镀锡板和镀锌板等)、深冲钢板(以汽车用板最多)、电工硅钢板、不锈钢板、涂层(或复合)钢板等。冷轧带钢成品供应状态有板或卷或纵剪带等形式,这些要取决于用户要求。

冷轧带钢的品种主要有碳素结构钢、合金和低合金钢板、不锈钢板、电工钢和其他专用钢板等。冷轧带钢的使用见表 5.3。

表 5.3 冷轧板带钢的使用

用途	应用	特点
汽车	汽车、门、盖、机罩、拖车顶板、顶盖、油盘防撞器、油罩	从微变形加工到大变形加工,涉及范围较广
电器	电冰箱、洗衣机、清扫车、照明器材、变压器电机磁芯	比较多使用平面板
办公用品和家具	桌椅、柜子	多使用平面板,要求板形好,尺寸偏差小
建筑	轻型型材、煤气炉、煤油炉、翼片	需进行弯曲等简单加工 较多使用平面板,炉子的反射板还必须镀铬
表面处理钢板	镀锡板、镀锌板、彩色涂层板	用作表面处理的厚板、使用较薄的钢板,彩色涂层板多采用镀锌板作基板,也有的用钢板直接着色涂料处理
其他	玩具、锅、罐	罐、锅用搪瓷板

5.4.2 冷轧带钢的生产工艺特点

1. 加工硬化

由于冷轧是在金属的再结晶温度以下进行的,故在冷轧过程中轧件必然产生加工硬化,并且随着加工的进行,加工硬化现象加剧。加工硬化导致的后果:

① 变形抗力增大,使轧制压力加大;

② 塑性降低易发生脆性断裂,加工硬化超过一定程度后,轧件将因过分硬脆而不能继续冷轧,此时轧件尚未达到成品的厚度,因此钢板经冷轧一定道次(即完成一定的冷轧总压下量)后,往往要经软化热处理(再结晶退火、固溶处理等中间热处理),使轧件恢复塑性,降低变形抗力,以便继续轧薄。每次软化退火之前的冷轧过程称为一个"轧程"。在一定的轧制条件下,钢质越硬,成品越薄,所需的轧程越多。

成品冷轧带钢在出厂前也要进行一次热处理,而成品热处理的目的主要是提高产品的综合性能。

2. 工艺冷却

冷轧过程中会产生大量的塑性变形热和摩擦热,实验研究与理论分析表明,冷轧板带钢变形功84% ~ 88% 转变为热能,导致轧件与轧辊的温度升高。轧辊温度升高会引起工作辊淬火层硬度下降,并有可能促使淬火层内发生组织分解(残余奥氏体的分解),使轧辊的表面出现附加的组织应力。另外,从其对冷轧过程的影响来看,辊温分布规律的突变均可导致辊型的破坏,直接影响轧辊寿命、板形和横向厚度精度,故必须采用有效的工艺冷却措施。轧制速度越高,压下量越大,冷却问题越显重要。现代化轧制所采用的高速、大压力下的强化轧制方法,势必大大增加发热率,因而必须强化轧制过程中的冷却,以保证轧制过程顺利进行。

冷轧工艺冷却的作用是:

① 控制冷轧过程的发热率及轧辊的温升,延长轧辊的使用寿命;

② 调节轧辊的温度分布,以提高产品的横向厚度精度和板形;

③ 降低轧辊磨损,提高产品表面质量;

④ 冷却变形区,为强化轧制过程提供条件;

⑤ 冲刷辊面,对精密合金的生产尤为重要。

水是比较理想的冷却剂,其比热容大,吸热率高,成本低且资源丰富。油的冷却能力比水差得多。表 5.4 为水和油的性能比较。

表 5.4　水与油的吸热性能比较

项目 种类	比热容 /J·(kg·K)$^{-1}$	热导率 /W·(m·K)$^{-1}$	沸点 /℃	挥发潜热 /J·kg^{-1}
油	2.093	0.146 538	315	209 340
水	4.197	0.548 47	100	2 252 498

由表可知,水的比热容比油大一倍,热导率为油的 3.75 倍,挥发潜热比油大 10 倍以上。由于水具有如此优越的吸热性能,故大多数轧机都用水或以水为主要组成的冷却剂,只有某些结构特殊的连轧机(如二十辊式箔材轧机)由于工艺润滑与轧辊轴承润滑共用一种润滑剂,才采用全部油冷却,且需采用较大的油量的供给以保证冷却效果。

提高冷却能力的另一重要途径是增加冷却液在冷却前后的温度差。此外,采用高压空气将冷却液雾化,或采用特制的高压喷嘴喷射,也可大大提高其吸热效果并节省冷却液的用量。但在采用雾化冷却技术时应注意解决机组的有效通风问题,以免恶化操作环境。

3. 工艺润滑

冷轧过程中的摩擦直接影响轧辊的寿命,辊型和轧制精度,因此必须降低轧制过程中的摩擦力。

冷轧工艺润滑的作用是:

① 降低摩擦系数,在减小金属变形抗力、降低轧制压力和能耗的同时还能提高轧件的延伸效果,减少轧制道次或轧程数;

② 降低轧辊磨损,延长轧辊使用寿命;

③ 防止金属粘辊,提高产品表面质量;

④ 增加金属延伸,生产出厚度更小的品种;

⑤ 调节轧辊的温度分布,提高产品的横向厚度精度和板形;

⑥ 对难变形的钢种,可降低加工硬化的影响程度。润滑剂也起一定的冷却作用,当轧制强度高的金属或轧件厚度较薄时,冷轧工艺润滑更为重要。

冷轧工艺常用的润滑剂有:棉籽油、蓖麻油、棕榈油、矿物油和乳化液。棕榈油含有较高的脂肪酸,且性能稳定,润滑效果好,易于从带钢表面除掉,是冷轧中较为理想的润滑剂,但价格较高,且来源短缺;矿物油的化学性质较稳定,且来源丰富,成本低。但其所成的油膜比较脆弱,不能耐冷轧中较高的单位压力。若加入适量的天然油脂与抗压剂,油膜强度可提高,润滑效果也会提高。实践表明采用天然油脂(动物油和植物油)作为冷轧工艺润滑剂,其润滑效果优于矿物油,这是因为天然油脂与矿物油在分子的结构与特性上的差别所致。图5.25为采用不同的润滑剂时轧制效果比较。

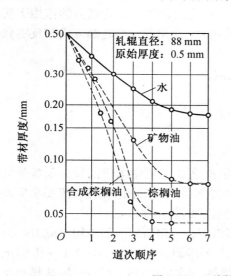 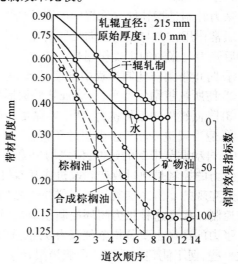

图 5.25　不同润滑剂的轧制效果比较

由图可知,采用轧辊直径88 mm,原料厚度0.5 mm,由水作润滑剂成品厚度只能轧至0.18 mm,而采用棕榈油作润滑剂则可轧至0.05 mm。为了便于比较各种工艺润滑剂的轧制效果,在图中设棕榈油的润滑效果为100,水的润滑效果为0。矿物油的润滑效果介于其间。而图中的合成棕榈油是以一些动植物油为原料经聚合制成的组合冷轧润滑剂,其润滑效果甚至优于天然棕榈油。

乳化液是另一种使用较广的润滑剂,它是由15% ~ 25%可溶性油和水及乳化剂配制而成的混合乳状润滑剂。冷轧中采用乳化液既起到润滑的作用,同时也具有冷却的作用,且使用后经回收和净化,可循环使用,因此得到广泛应用。

板带钢轧制润滑剂的分类和用途见表5.5。

表5.5　板带钢轧制润滑剂的分类和用途

类型 使用特征	乳化液			轧制油
	矿物油基础油	脂肪油基础油	混合型基础油	矿物油或混合油
特征	油脂含量低 清净性好 乳化液较硬	润滑性最好 清净性较差 适宜高速轧制	润滑性好 热分离性强 乳化液较软	低黏度 + 添加剂 循环使用;低速轧制 表面质量好
用途	连轧机 可逆轧机 森基米尔轧机	连轧机 可逆轧机	连轧机 可逆轧机	连轧机 可逆轧机 森基米尔轧机
工况	浓度2% ~ 8% 温度35 ~ 50 ℃	浓度2% ~ 5% 温度50 ~ 60 ℃	浓度2% ~ 5% 温度50 ~ 60 ℃	添加剂1% ~ 10%
轧制钢种	普通钢、特殊钢	普通钢、特殊钢	普通钢、特殊钢	特殊钢、极薄带

4. 张力轧制

张力轧制是指轧件在轧辊中的碾压变形,是在一定的前张力或后张力的作用下实现的。通常作用方向与轧制方向相同的张力称为前张力,作用方向与轧制方向相反的张力称为后张力。张力的主要作用是:

① 防止带钢在轧制过程中跑偏,保证对中轧制;

② 使所轧带钢保持平直,保证轧后板形良好;

③ 降低轧件的板形抗力,便于轧制更薄的产品;

④ 适当调整冷轧机主电机的负荷;

⑤ 自动调节带钢的延伸,使之均匀化。

张力的控制是通过改变卷取机或开卷机的转速、各架轧机主电机的转速及各架轧机的压力实现的。借助准确的测张仪并使之与自动控制系统结成闭环,可以按要求实现恒张力控制。配备这种张力闭环控制系统是现代冷轧机的基本要求。

张力的选择主要是指单位张力σ_z的选择,即作用在带钢断面上的平均张应力。σ_z应选大一些,但不能超过带钢的屈服极限σ_s。根据轧制经验,一般使$\sigma_z = (0.1 \sim 0.6)\sigma_s$。依据不同的轧机,不同的轧制道次,不同的品种规格,不同的原料条件,σ_z的选择也是不同的。后张力与前张力相比对减小单位轧制压力效果明显,足够大的后张力能使单位轧制压力降低35%,而前张力只能降低20% 左右。可逆式冷轧机多采用后张力大于前张力的方法轧制。

5.4.3　冷轧带钢生产工艺过程和设备

冷轧带钢产品的种类很多,生产工艺流程也各有特点。具有代表性的冷轧带钢产品一般由四大类,即深冲钢板(以汽车板为典型)、金属镀层钢板(包括镀锡板和镀锌板等)、电工硅钢板和不锈钢板等。镀层板和深冲板两大类钢板,再加上一些作一般结构用途的普通薄钢板,在产量上占了全部薄板的大部分。余下的是各种特殊用钢和高强钢等品种,这些品种虽然需要量不大,却多是国民经济发展与国防现代化所需的关键产品。

图5.26为冷轧带钢生产工艺流程图。在冷轧薄板生产中,表面处理(即酸洗、清洗、涂油、镀层、平整、抛光等)与热处理工序占有显著地位。

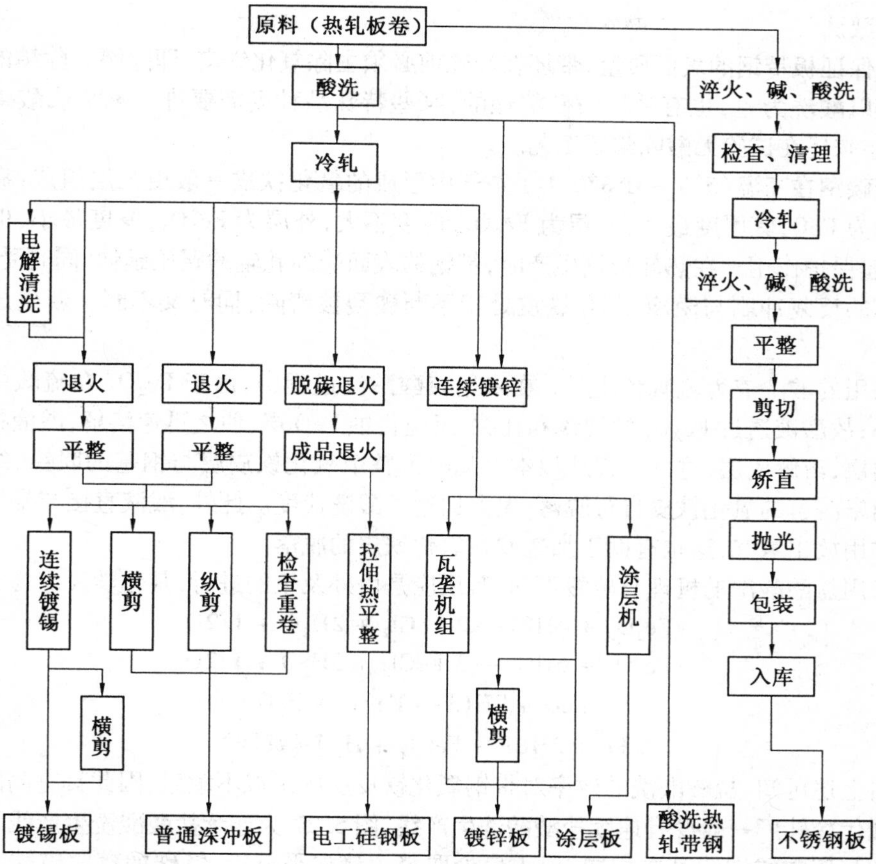

图 5.26 冷轧产品生产工艺流程

1. 原料

冷轧带钢的原料为热轧板卷,对热轧板卷有如下要求:

① 厚度尺寸波动小,板形良好,横向厚差小;

② 钢板表面质量好,不允许有表面缺陷,表面氧化铁皮少;

③ 板卷整齐,不得有塔形和折叠等卷取缺陷。

一般冷轧的压下率在40% ~ 90%,因此轧制一定厚度的冷轧带钢对热轧板卷的厚度也有要求。表5.6为部分冷轧产品厚度与热轧板卷厚度的关系。

表 5.6　部分冷轧产品厚度与热轧板卷厚度的关系

冷轧产品厚度 /mm	热轧板卷厚度 /mm	压下率 /%
0.2	2.0	90
0.4	2.3	82.6
0.8	2.8	71.4
1.2	3.2	62.5
2.0	4.5	55.6

2. 酸洗

为保证板带钢的表面质量,带坯在冷轧前必须去除氧化铁皮,即除鳞。除鳞的方法目前还是以酸洗为主,也有采用喷砂清理的,某些特殊品种则需要进行碱洗或酸碱混合处理,近年来还在试验无酸除鳞新工艺。

低碳钢在高温(575 ~ 1 370 ℃)空气中形成的氧化铁皮一般由三层组成:靠钢基体的一层为 FeO,其厚度最大,中层为 Fe_3O_4,厚度不大,外层为 Fe_2O_3,厚度最小,但其结构致密,起保护作用。在热轧带钢生产时,带钢的表面受到轧辊的碾压延伸,同时受高压水、冷却水的反复冲刷与激冷,氧化铁皮处于不断破裂被清除,同时又不断重新生成的状态中。

采用的酸洗液为硫酸和盐酸。在采用硫酸酸洗过程中,由于 Fe_2O_3 在硫酸中的溶解度很小,故酸液透过 Fe_2O_3 的裂纹和孔隙,迅速侵蚀 FeO 层,使之迅速溶解,酸液抵达氧化铁皮内层,溶解内层,这一过程从根本上瓦解了整个氧化铁皮层与钢基的联系,结果是上层的尚未溶解的氧化铁皮自行脱落,大大加速了酸洗速度。此外,酸液直接与暴露的钢基相互作用放出氢气,这也有助于加速残存氧化铁皮的脱落。

采用盐酸酸洗的机理与硫酸不同,其反应是由外及里的进行,其化学反应为

$$Fe_2O_3 + 4HCl \rightarrow 2 FeCl_2 + 2H_2O + 1/2O_2$$
$$Fe_3O_4 + 6HCl \rightarrow 3 FeCl_2 + 3H_2O + 1/2O_2$$
$$FeO + 2HCl \rightarrow FeCl_2 + H_2O$$
$$Fe + 2HCl \rightarrow FeCl_2 + H_2 \uparrow (甚弱)$$

由上述可知,盐酸酸洗的效率对带钢氧化铁皮层的组成不敏感,因此具有高的生产效率。现代冷轧厂一般设有连续盐酸酸洗生产线,图 5.27 为连续盐酸酸洗生产线示意图。其结构与硫酸酸洗线基本相同,但入口处取消了诸如平整机、特殊的弯曲破鳞装置等设备,并且酸洗速率是硫酸酸洗的两倍,酸洗后带钢表面光亮洁净,得到广泛应用。

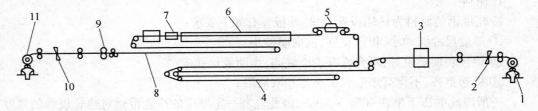

图 5.27　连续盐酸酸洗生产线示意图

1— 开卷机;2,10— 横剪;3— 焊机;4— 入口活套;5— 拉伸弯曲矫直机;6— 酸洗槽及清洗槽;
7— 干燥机;8— 出口活套;9— 剪边机;11— 卷取机

连续盐酸酸洗生产线的工艺操作过程是:板卷被安装到开卷机上开卷,由横剪切掉前卷带钢的尾和新上板卷的头,并进行头尾的焊接,焊接处的焊缝通过焊机自身的光整机(拉刀)进行光整。然后拉料辊将带钢送入入口活套车中储存。储存的带钢由拉料辊拉出,并被连续地送入酸洗槽进行酸洗。酸洗后,已清除氧化铁皮的带钢在漂洗槽中经高压水冲洗,毛刷刷洗去除带钢表面残留的酸液,再进入烘干装置烘干带钢表面,而后经拉料辊将带钢送入出口活套中。出口活套中的带钢经拉料辊拉出后送入圆盘剪剪边。被剪下

的板边由生产线两侧设置的卷边机卷成卷或由圆盘剪下方的碎边机剪碎,装箱运走。剪边后的带钢经涂油机涂油后,由浮动式卷取机卷成卷。当板卷达到规定的质量时,使用尾部的横剪剪断,打捆包扎后送冷轧工序。

新建或改建的高速酸洗线上除安装两台开卷机、两台圆盘剪、大储量的活套装置、两台卷取机之外,还配备电子计算机以控制整个生产线的工艺操作。

3. 冷轧

冷轧机可按所生产的带钢宽度、轧辊数量、轧机组成和用途分类。

按轧辊辊身长度分类,冷轧机分为窄带轧机和宽带轧机。辊身长度在700 mm 以下的轧机为窄带轧机,辊身长度在700 mm 以上的轧机为宽带轧机。

按冷轧机的辊系结构分为二辊轧机、四辊轧机、泰勒轧机、六辊式、偏八辊式、森基米尔型多辊轧机(十二辊式、二十辊式、三十辊式、三十六辊式)、不对称轧机、异步轧机和高精度冷轧机(HC 轧机、CVC 轧机、PC 轧机、VC 轧机、UC 轧机) 等。图5.28 为其辊系示意图。

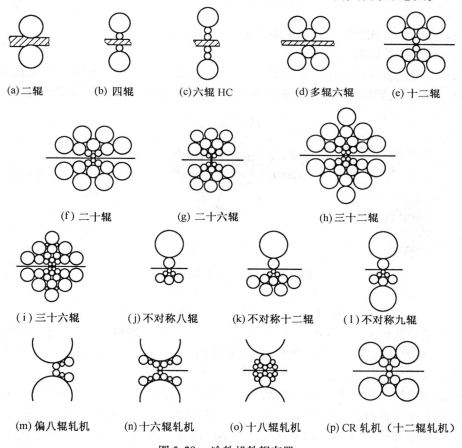

图 5.28　冷轧机轧辊布置

二式辊轧机是早期出现的结构形式,也是最简单的连轧机,二辊式轧机的辊径大、咬入性能好,轧制过程稳定,但轧机刚度小,轧制产品厚度大,精度差,难以保证高质量的轧制,因此多用于小型窄带轧机和平整机。

四辊轧机是冷轧机的最基本型式,是由两个直径较小的工作辊和两个直径较大的支承辊构成,传动方式分为驱动支承辊和驱动工作辊两种。在工作辊直径较小时,为满足传动力矩的需要才设驱动支承辊。四辊轧机的工作辊和支承辊直径比约为1∶3,机架具有较大的刚度,可以轧制厚度为0.15~3.5 mm、宽度最大为2 080 mm的低碳冷轧带钢和镀锡、镀锌及涂层基带,也可轧制不锈钢、硅钢等合金带钢。

多辊轧机按轧辊的数量分为六辊轧机、十二辊轧机和二十辊轧机等。在轧制极薄带材时,需要较小的工作辊直径。为防止工作辊产生侧弯,可采用每侧两个支承辊的六辊轧机。轧件越薄,工作辊直径越小,支承辊越多,因此有了十二辊、二十辊轧机。为了获得厚度小于0.001 mm的极薄带材,还出现了工作辊直径为2 mm的二十六辊轧机和工作辊直径为1.5 mm的三十二辊轧机和三十六辊轧机。这种结构使得轧机刚性很大,工作辊挠度很小。工作辊是由弹性模量很大的材质制成的,能承受很大的轧制压力,加上有较完善的辊型调节系统,使多辊轧机可以轧制极薄和变形困难的硅钢、不锈钢及高强度的铬镍合金材料。

冷轧机组的形式有可逆式和连续式两种。

(1)可逆式冷轧机

可逆式冷轧机机组工作示意图如图5.29所示,多采用四辊、六辊和二十辊轧机,除冷轧机外,还包括卷取机、活动导板、挤乳液辊、压缩空气吹嘴、游动辊等辅助设备。

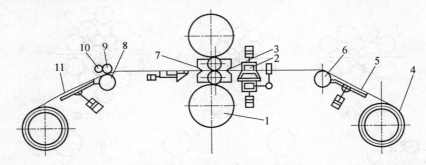

图5.29 可逆式轧机轧制示意图

1— 支撑辊;2— 压力导板台架;3— 工作辊;4— 卷取机;5— 活动导板;6,8— 游动辊;
7— 工作辊平衡缸;9— 挤乳液辊;10— 压缩空气吹嘴;11— 带钢

可逆式冷轧机组在生产一定规格的板带时必须进行奇数道次轧制,而且可逆式冷轧机轧制时,板卷头尾有一部分不能轧制,使成品率降低。此外,可逆式冷轧机产量较低,只适用于小批量多品种轧制。

可逆式冷轧机的操作过程是:将板卷坯安装在开卷机上,开卷机为对锥式,锥头可以涨缩。锥头伸入到钢卷的内径后,开始胀径并夹紧钢卷。开卷机可以正反方向旋转。开卷机下面是液压升降台,用于提升钢卷便于钢卷内径与锥头对准。后由拆头机将带钢头部送入轧机进行轧制。带钢通过轧机后,机前卷取机将带钢头部咬入,开始第一道次轧制。轧完后,带钢的尾部咬入机后卷取机,轧机实现逆转进行下一道次轧制,往复轧制,直至带钢厚度达到成品标准。轧完后,板卷经卸卷小车沿卷取机的轴向运行将板卷拖出并将板卷倾翻在卸料步进梁上。

在对单机架四辊可逆式冷轧机不断进行改进、提高、完善的同时,也发展了双机架四辊可逆式冷轧机,它具有占地少、节省设备的优点。一台双机架紧凑式可逆冷轧机的占地面积几乎与一台单机架冷轧机占地面积相当,与两台单机架轧机比较,可以减少一台开卷机、两台卷取机及相应的电气设备,并可减少操作人员。但在操作上不如两台单机架轧机灵活,而且从目前设计产量上看,一台双机架轧机为 90 ~ 100 万吨,而一台单机架轧机产量也高达 80 ~ 90 万吨,因此两者各有特点。

（2）连续式冷轧机

连续式冷轧机多采用四辊或六辊轧机,生产效率及轧制速度都很高,是当今冷轧带钢生产的主要轧机布置形式。当产品品种较为单一或变动不大时,连轧机最能发挥其优越性。通用的五机架式连轧机的产品规格较广,产品厚度为 0.25 ~ 3.5 mm,轧辊辊身长为 1 700 ~ 2 135 mm。

冷连轧从生产方式上还可分为常规冷连轧和全连续冷连轧,所谓常规冷连轧就是指一般的冷连轧过程,即单卷生产的轧制方式。虽然就所轧的那个板卷来说构成了连轧,但对冷轧生产过程的整体来说,还不是真正的连续生产。

图 5.30 为常规带钢冷连轧机组设备布置示意图,常规冷连轧机的操作特点是:

经酸洗工段处理后的热轧板卷送至冷连轧机组的入口段。在此处于前一板卷轧完之前要完成剥带、切头、直头和对正轧制中心线等准备工作,并进行卷径和带宽的自动测量。之后开始穿带,就是将板卷前端依次喂入机组的各架轧辊之中,直至前端进入卷取机芯轴并建立起出口张力为止的操作过程。穿带过程中,操作时必须严密监视由每架轧机出来的轧件是否跑偏及板形情况,出现问题应立刻调整轧机予以纠正。因此,穿带速度必须很低,避免造成断带、勒辊等事故的发生。穿带后开始加速轧制,此阶段主要是使连轧机组以技术上允许的最大加速度迅速地从穿带时的低速加速至轧机的稳定轧制速度,即进入稳定轧制阶段。由于供冷轧用的板卷是由两个或两个以上的热轧板卷经酸洗后焊接而成的大卷,焊缝处一般硬度较高,厚度也有异于板卷的其他部位,且其边缘状况不理想,因此,在冷连轧的稳定轧制阶段,当焊缝通过机组时,为了避免损伤轧辊和防止断带,要实行减速轧制至稳定轧制速度的 40% ~ 70%,焊缝通过后,自动升速至稳定轧制速度。轧制速度的变化如图 5.31 所示。

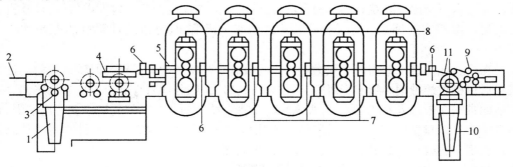

图 5.30　常规带钢冷连轧机组设备布置示意图

1— 板卷小车;2— 拆卷机;3— 步进式梁;4— 开卷机;5— 带钢辊式压紧器;6— 同位素测厚仪;
7— 电磁式测厚仪;8— 液压压下装置;9— 助卷机;10,11— 张力卷取机

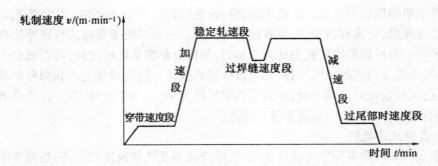

图 5.31 常规式连轧机的轧制速度

在稳定轧制阶段,轧制操作及过程的控制完全是自动进行的,操作人员只起到监视作用,很少进行人工干预。当带钢轧至尾部时,轧机必须及时地从稳定轧制速度降至甩尾速度,该速度一般与穿带速度相同。带钢离开开卷机之后,各架的带钢压紧器压板顺序压紧带钢,保证带钢尾部在一定的后张力下轧制,且可防止甩尾时带钢的跳动。

由于常规冷连轧单卷轧制生产的特点,使其在很长一段时间内工时利用率只在 65% 左右,这与连轧要求达到的高速是不相符的。一直以来,通过采用双开卷、双卷取机快速换辊装置的发明,缩短了卷与卷间的间隔时间,使工时利用率提高到 76% ~ 79% ,但仍然摆脱不了穿带、甩尾、加速、减速轧制、焊缝降速等过渡阶段带来的不利影响。全连续轧制的出现解决了这些难题,并为冷轧板带钢的高速发展提供了广阔的前景。

全连续式冷轧生产的工艺过程与常规式冷连轧机相比,其根本区别在于取消了穿带、甩尾作业,为此需在入口段和出口段增加很多设备。图 5.32 为五机架全连续冷轧机机组设备布置示意图,五机架全连续冷轧机机组的工艺过程如下:

将经过酸洗的热轧板卷被送至开卷机,拆卷后经头部矫平机矫平机,在端部剪切机上剪齐,然后在高速闪光焊接机中进行端部对焊。板卷焊接连同焊缝刮平等全部辅助操作共需 90 s 左右。在焊卷期间,为保证冷轧机组仍按原速轧制,需要配备专门的活套仓。仓内能储存超过 300 m 以上的带钢,可在连轧机维持正常入口速度的前提下允许活套仓入口端带钢停走 150 s。在活套仓的出口端设有导向辊,使带钢垂直向上经一套三辊式的张力导向辊给第一架轧机提供张力,带钢在进入轧机前的对中工作由激光准直系统完成。在活套仓入口与出口处装有焊缝检测器,当焊缝前后有厚度的变化时发出信号,计算机会对轧机作出相应的调整。这种操作称为"动态"调整,只有借助计算机的控制才能实现。

在冷连轧机组末架与两个张力卷筒之间设有一套特殊的夹送辊与回转式横剪。计算机对通过机组的带钢焊缝实行跟踪,当需要分切时,保证分切时焊缝位于板卷的尾部。被截断的带钢在未进入卷取机之前,夹送辊将负责夹持带钢并与末架轧机建立一定的张力,一旦张力重新建立后,夹送辊即松开。高速横剪与给两个张力卷筒分配料的高速导向装置是实现全连续冷轧的重要设备,其动作速度高而且可靠。

与常规冷连轧相比,全连续式冷轧的优点是:

① 由于消除了穿带过程,节省了加速时间,减少了换辊次数而提高了工时利用率;

② 由于减少首尾厚度超差和剪切损失而提高了成材率;

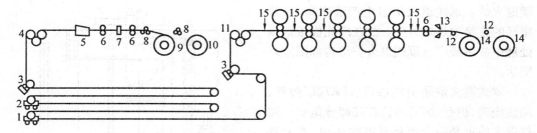

图 5.32　五机架全连续冷轧机机组设备布置示意图

1,2— 活套小车;3— 焊缝检测器;4— 活套入口勒导装置;5— 焊接机;6— 夹送辊;7— 剪断机;

8— 三辊矫平机;9,10— 开卷机;11— 机组入口勒导装置;12— 导向辊;

13— 分切剪断机;14— 卷取机;15—X 射线测厚仪

③ 由于减少了穿带、甩尾造成的辊面损伤,加、减速次数减少而使轧辊磨损降低,大大改善了轧辊的使用条件,提高了轧辊的使用寿命,同时提高了带钢表面质量;

④ 由于轧制速度变化小,轧制过程稳定,使冷轧变形过程的效率提高;

⑤ 由于自动化和全面计算机控制并取消了穿带、甩尾而大大节省了劳动力。

4. 脱脂

脱脂的目的是去除冷轧时留在带钢表面的油污。如果不经脱脂就去退火,则会在带钢表面形成污斑,影响表面质量及后续的镀层处理。脱脂的方法有电解脱脂、刷洗脱脂和去油轧制。

(1) 电解脱脂

电解脱脂是用碱液为清洗剂,外加界面活性剂以降低碱液表面张力,改善清洗效果。通过使碱液发生电解,放出氢气和氧气,起到机械冲击作用,可以加速脱脂过程的进行。此法带钢经电解槽后还需要进一步经过喷刷和清洗、烘干等处理。

(2) 刷洗脱脂

将带钢表面的油污通过刷洗而除掉,刷洗脱脂是在喷淋的同时通过机械刷清除表面油污。刷洗脱脂的净化效果不如电解脱脂效果好,但是比较简单。

(3) 去油轧制

在冷连轧机的末架轧机机座上与轧制油循环系统相隔绝,在此喷以除油清洗剂和温水,进行轧制及去油。去油轧制在轧制后即进行了脱脂,使工序简化。

5. 退火

退火是冷轧板带钢生产中的最主要热处理工序。冷轧中间退火的目的是使受到冷加工硬化的金属重新软化,因为冷轧后的带钢呈纤维状组织,加工性能差。通过退火使其组织恢复。对大多数钢种来说,这种处理基本上是再结晶退火。冷轧板带钢成品的热处理主要也是退火,但根据所生产品种在最终性能方面的不同要求,有的旨在获得良好的深冲压性能,有的则以脱碳为目的。

冷轧带钢的退火分为紧卷退火,松卷退火和连续退火。

(1) 紧卷退火

紧卷退火是指经脱脂处理的带钢卷成紧卷进行退火。紧卷退火炉有罩式退火炉和连续退火炉。罩式退火炉以生产效率高、热效率好的直接加热式为主。故在冷轧板带钢热处理中应用最广。罩式退火炉结构如图5.33所示。

罩式退火炉是由加热罩、冷却罩、内罩、加热烧嘴、炉台、炉底风机等几部分组成。加热罩实质上是一个可移动的加热炉,其上装有燃烧烧嘴(煤气、天然气或重油)或加热元件(辐射管或电热元件)。退火炉底座内配有炉底风机,用于加热或冷却过程中"搅拌"炉内气氛,使保护气体获得良好的循环,从而使板卷的温度均匀地上升或下降,以提高传热效率。在点火前必须用保护气体吹赶内罩中的空气,称为冷吹。冷吹时间不少于2 h,点火后继续通氮热吹,以保证罩内无空气。退火时将加热罩、内罩用吊车吊走,将冷轧带钢板卷放置在炉底板上,一般可放置4层,每两层之间放置隔板,以便于气体流通进行热交换。然后加盖内罩,封好内罩后将加热罩盖好。当内罩内气氛变成弱还原性气氛后,

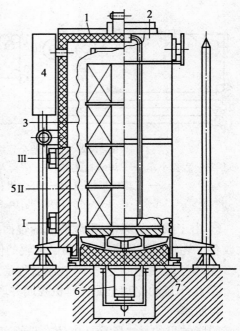

图 5.33 单垛式紧卷罩式退火炉
1—加热罩;2—冷却罩;3—内罩;4—集中换热器;
5—三层烧嘴;6—炉台风机;7—全封闭炉台

在内罩与加热罩之间有烧嘴加热,借助于炉底的循环风机,将内罩内已加热的保护气体通过对流板的缝隙送到板卷边缘,热量由此进入板卷内部,进行光亮退火。当预定的加热与保温过程结束后,吊走加热罩,开始冷却,将冷却罩盖在内罩上,冷却罩上有一台风机,将冷空气吹进内罩与冷却罩之间的空隙内,吸收内罩的热量。当板卷的温度达到550 ℃ 之后,接通炉台下部的快速冷却系统,将炉内的热保护气体抽出,通过一个水冷的热交换器将保护气体冷却,再送入内罩,用以加速板卷的冷却。待板卷冷却到 150 ℃ 左右之后,吊走内罩卸出板卷。

(2)松卷退火

松卷退火是把紧卷无间隙的带钢板卷重新卷成松卷状态,各层带钢间保持适当的间隙,这样虽然增大了板卷的直径,但板卷的所有表面都与炉内气体直接接触,加热均匀,传热较快,生产效率高。

松卷退火设备包括重卷设备、加热罩、炉台、内罩、吸入式冷却罩、湿度调整装置等。湿度调整装置是向保护气体中吹入蒸汽,进行气体清洗、脱碳和脱氮的设备。松卷退火炉最适合进行脱碳退火。用这种退火方法,使碳含量降到0.005% 以下,屈服点低且具有良好的深冲性能。

松卷退火时加热和冷却所需的时间较紧卷退火短,所以生产效率高,也没有因高温退火所引起的板层之间的相互粘结等缺点。但由于松卷退火时需要松卷,使操作复杂,设备增多,故较少采用。

（3）连续退火

连续退火是将板卷打开，使带钢连续不断地通过退火炉进行退火。为使带钢连续运行，将板卷通过对焊相接。退火后经冷却、矫直再将带钢卷起，切断。

图5.34为连续退火机组示意图。进料段由开卷、剪切、焊接和带钢清洗等设备组成。为了保证带钢的连续运行，在炉子段、进料段、出料段之间设活套装置。活套塔内储存一定长度的带钢，可保证带钢以最高速度在炉内运行 40 ～ 60 s。根据带钢的退火要求，炉子段分为加热段、均热段、缓冷段和快速冷却段。如低碳钢的退火过程：

在加热段用 19 ～ 21 s 时间将带钢加热至退火温度 720 ℃ 左右，在均热段保温 10 ～ 20 s，使带钢温度达到一致并完成再结晶过程。均热后的带钢要以 15 ～ 20 s 的时间通过缓冷段，使带钢由退火温度缓冷至 450 ～ 500 ℃。最后，带钢通过快速冷却段快速冷却至 150 ℃ 以下。温度在 150 ℃ 以下的带钢可在空气中进行冷却。退火后的带钢通过出口段活套出料，对带钢进行检查和重卷。重卷后的带钢温度为 50 ～ 60 ℃。

连续式退火具有以下优点：沿长度方向带钢性能均匀；处理时间短，能够大大缩短生产周期；带钢直接接触炉气，能够充分进行气体清洗；可施加张力作形状矫正；不会产生粘结等表面缺陷；能配合其他工序进行连续生产。缺点是存在建筑规模大、投资多，在热处理过程中板带容易产生热起皱等质量问题。

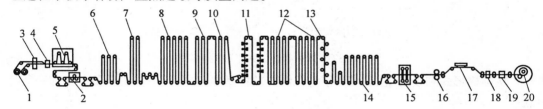

图 5.34　连续退火机组示意图

1— 开卷机；2— 张力平整机；3— 剪切机；4— 焊接机；5— 电解清洗；6— 入口活套；7— 预热段；8— 均热段；9— 均热段；10— 缓冷段；11— 急冷段；12— 冷却段；13— 最终冷却段；14— 出口活套；15— 平整机；16— 剪边机；17— 检查装置；18— 涂油机；19— 剪切机；20— 张力卷取机

6. 平整

冷轧带钢退火后要进行平整，平整实质上是一种小压下率（1% ～ 5%）的二次冷轧。平整的目的是：

① 使带钢具有良好的板形（平直度）和表面粗糙度；

② 改变平整压下率，可以使带钢的机械性能，如强度、硬度、塑性指标等在一定范围内变化，以适应不同用途的板材对强度和塑性的要求；

③ 对于深冲用钢板，经小压下率平整后能清除或缩小钢的应力 - 应变曲线中的"屈服台阶"；

④ 经双机平整或三机平整还可以实现较大的冷轧压下率，以便为生产超薄的镀锡板创造条件。

宽带钢平整机普遍采用单机架二辊式或四辊式冷轧机，对镀锡板和薄带钢平整并兼用二次冷轧，则采用双机架平整机。二辊式单机架可逆平整机如图 5.35 所示，是生产不锈钢带的平整机，其平整带钢的厚度范围很宽，为此对厚度较薄的带钢可采用多道次平整,用累计延伸率使产品达到规定要求。四辊式单机架平整机是国内普遍应用的平整机,其机组结构如图 5.36 所示。四辊式双机架平整机组结构如图 5.37 所示。

图 5.35　二辊可逆式平整机示意图

图 5.36　四辊式单机架平整机组示意图

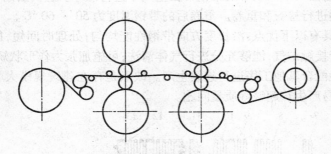

图 5.37　双机架四辊式平整机示意图

从结构形式和设备组成上看,平整机和冷轧机基本相同,但平整机具备自身的一些特点:

①平整机一般采用单辊驱动,从动辊可随带钢运动速度变化,轧制过程平稳,带钢表面质量好;

②由于平整时的压下率很小,故可采用较大直径的轧辊,提高带钢平直度;

③为保证平整生产的张力稳定和改善带钢质量,在平整机前后设S形张力辊,调整张力,实现带钢张力的分段控制;

④平整宽而薄的带钢时,为防止带钢产生折皱,在平整机入口处设置防皱辊,带钢经防皱辊后马上进入平整辊,不可能形成折皱。

平整可分为干平整和湿平整,干平整是在平整过程中不使用润滑剂,湿平整要采用一种具有强清洗功能并能防锈的润滑介质,湿平整可降低轧制力30% ~ 40%,同时也提高了轧辊寿命,目前双机架平整机用的较多。

平整工序直接影响成品的质量,冷轧带钢的机械性能、平直度、表面粗糙度均与平整工艺有关。所以平整时应注意以下问题:

①根据产品的不同用途,采用适当的压下率;

②为使成品带钢板形好,在平整时应使带钢保持均匀变形,要求平整辊有合理的辊型;

③为使平整后的带钢达到表面粗糙度要求,应保证平整轧辊的表面质量,并防止在平整过程中有异物进入轧辊。

7. 精整

冷轧带钢的精整工序包括剪切、防锈、包装等。

冷轧带钢的剪切分为横剪和纵剪,横剪是将平整后的带钢剪切成定尺长度的钢板,经矫直和涂油,堆垛成一定质量的板垛。进行定尺剪切的机组称为横剪机组,一般横剪机组包括开卷机、圆盘剪式切边机、矫直机、飞剪、输送机、涂油机、堆垛机等设备,如图5.38所示。横剪机组的工艺流程如下:

上卷 → 开卷 → 切边 → 打印 → 测厚 → 飞剪剪切 → 矫直 →

质量检查 → 涂油 → 分选 → 堆垛 → 辊道输出

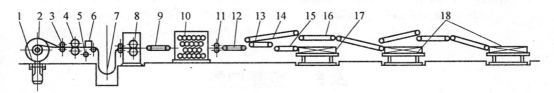

图 5.38 横剪机组示意图

1— 上卷小车;2— 开卷机;3— 转向夹送辊;4— 圆盘剪;5— 废边卷取机;6— 打印机;7— 活套;8— 飞剪;
9— 皮带;10— 矫直机;11— 涂油机;12— 分选皮带;13— 下部磁力皮带;14— 上部磁力皮带;
15— 叠瓦皮带;16— 堆垛皮带;17— 次品堆垛台;18— 优质板堆垛台

纵剪是将平整后的冷轧带钢沿长度方向剪成窄带,以满足使用单位的要求。进行纵向剪切的机组称为纵剪机组,一般纵剪机组包括开卷机、纵剪机、卷取机等,如图5.39所示,连续式纵剪机组的工艺流程如下:

上卷 → 开卷 → 切边 → 去毛刺 → 飞剪切头尾 → 焊接 →

拉弯矫直 → 打印 → 涂油 → 分卷 → 卷取 → 捆扎

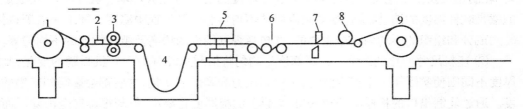

图 5.39 纵剪机组示意图

1— 开卷机;2— 打印机;3— 圆盘剪;4— 活套;5— 压板;6— 制动辊;
7— 液压横切剪;8— 涂油机导向辊;9— 卷取机

为使剪切后的板带保持良好的表面质量,应在剪切后进行涂油保护,以防生锈。在剪切机组中设有涂油装置。防锈油要求有耐锈性、耐冻性、脱脂性、润滑性等。

包装是冷轧带钢生产的最后一道工序,将精整好的带钢和钢板垛进行捆扎包装成为最终的交货状态。包装是为了防止产品在运输过程中造成损坏,以及在保管期间防尘与防锈,对产品进行保护。

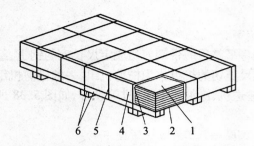
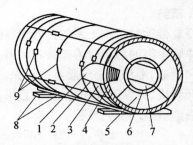

图 5.40　冷轧钢板捆扎包装方式
1— 钢板;2— 下盖板;3— 包装纸;4— 金属盒盖;
5— 捆带及锁扣;6— 垫木架

图 5.41　冷轧带钢捆扎包装方式
1— 钢卷;2— 包装纸;3— 外周护板;4— 外护
棱钢圈;5— 端部圆护板;6— 内护棱钢圈;
7— 内周护板;8— 垫木架;9— 捆带及锁扣

5.5　板厚控制

5.5.1　板厚产生变化的原因

板带钢的厚度取决于轧辊辊缝,辊缝的大小和形状决定了板带材纵向和横向厚度的变化(后者又影响到板形)。要提高产品厚度的精度,就必须研究轧辊辊缝大小和形状的变化规律。以下是辊缝变化的主要原因。

1. 轧制力的波动

轧制力的波动是造成轧件厚度波动的主要原因,所有影响轧制力的因素都会影响轧件塑性变形。归纳起来主要有以下几个方面:

① 引起金属变形抗力变化的各种因素。轧件温度的波动、轧件成分和组织的不均匀、轧制速度及变形速度的变化等都对轧件厚度的变化有很大影响。其中对热轧最重要的就是轧件温度的波动,这包括加热温度的不均匀和轧制过程中温度下降不一致等;对冷轧则成分和组织的不均匀是最主要的,这包括焊缝硬度的增高及组织性能的不均匀等。

② 坯料尺寸变化的影响。来料宽度不均匀将引起总轧制力和轧机弹跳的变化;来料厚度不同则使实际压下量产生波动,也引起压力和弹跳的变化,这些都会影响到带钢的厚度。通过轧制出口的板厚必然较入口(轧前)的板厚变化要小,但却很难完全消除。而且轧机的刚性越小越不容易消除。因此为了得到厚度精确的产品,有必要限制原料的尺寸公差。

2. 空载辊缝的变化

轧辊的偏心运动、磨损和热膨胀等都会使实际的空载辊缝发生变化。从而使轧件的轧后厚度产生波动。轧辊的偏心运动使轧件厚度产生高频变化,而轧辊的热膨胀和磨损变化缓慢,这些都是在压下量不变的情况下使实际的辊缝发生变化的原因。

3. 轧制工艺条件方法的原因

轧制时前后张力的变化、轧制速度的变化、摩擦系数的波动等也是造成厚度波动的因素。这类因素也是通过影响轧制力而影响产品厚度变化的。

（1）张力变化的影响

张力主要是通过影响应力状态从而改变轧件变形抗力来起作用的。在无厚度自动控制的情况下，带钢头部、尾部都会出现厚度增大的区段，主要是由于带钢在穿带和甩尾时所受张力变化引起的。除头尾厚度变化外，在轧制过程中，张力的变化也将引起厚度，乃至宽度的变化，因而热连轧中应采用不大的恒定的张力，冷连轧中采用的张力较大，并在掌握张力的影响规律后，利用调节张力作为厚度控制的重要手段。

（2）速度变化的影响

速度变化主要通过影响摩擦系数和变形抗力及轴承油膜厚度来改变轧制力。通常变形速度增加使变形抗力增加，而使摩擦系数减小，也使轧制力减小。一般在连轧带钢的温度、速度范围内，变形速度对冷轧过程中的变形抗力影响不大，而对热轧过程中的变形抗力影响较为显著；速度变化对热轧时的摩擦系数影响较小，而对冷轧时的摩擦系数的影响十分显著。因而速度变化的影响在冷轧生产中就显得尤为突出。冷轧带钢的厚度波动，除继承热轧带钢厚度差以外，其头尾两端还会由于加速、减速及张力变化而发生波动。速度对轴承油膜的影响一般是速度增大油膜增厚，压下量加大，因而使带钢变薄，其影响对热轧、冷轧是相同的。

5.5.2 板厚控制原理

以轧制力为纵坐标，轧件厚度为横坐标，将轧机的弹性曲线 A 和轧件的塑性曲线 B 放在同一直角坐标系当中构成的图称为 p-h 图。曲线 A 与曲线 B 的交点为 n，该点的坐标表示了在轧制力为 p 的情况下，轧件出口厚度为 h_1。因此可以利用曲线来调整轧件出口的厚度。用 p-h 图建立起原料厚度 H、钢板轧出厚度 h_1、轧制时的压下量 Δh、轧制力 p、轧辊辊缝 C_0、轧机弹跳 ΔC 之间的关系。

1. 轧件变形抗力

如图 5.43（a）所示，当轧件的变形抗力减小时，轧制力减小，塑性曲线斜率减小，轧件厚度变薄；反之，轧件变形抗力增大，相当于曲线 B 的斜率增大，导致轧制力升高，轧件出口厚度也增加。

2. 轧制过程中的张力

轧制过程中可以利用张力的变化来控制板材厚度，如图 5.43（b）所示。采用较大的张力时，轧件的塑性曲线的斜率会变小，轧制力降低，轧件出口厚度同时降低。

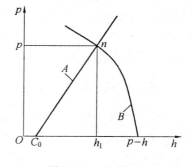

图 5.42　p-h 图

3. 来料厚度

图 5.43（c）为在辊缝不变的条件下，来料厚度对轧制力的影响。由图可知，当来料厚度 H 减小时，塑性曲线 B 的起始位置左平移，使得轧件的塑性曲线与轧机的弹性曲线的交点 n 向左下方移动，轧制力减小，轧件厚度 h 变薄；反之，轧件厚度增加。所以，当来料厚度不均匀时，轧出轧件的厚度也会出现相应的波

动。

4. 轧机刚度

当辊缝和来料厚度均不变的情况下,若轧机的刚度增加,则相当于轧机的弹性曲线 A 的斜率增加,如图 5.43(d) 所示。轧制力增大,轧件出口厚度减小。

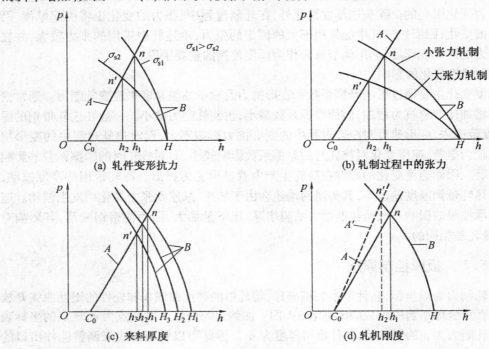

(a) 轧件变形抗力 (b) 轧制过程中的张力

(c) 来料厚度 (d) 轧机刚度

图 5.43 应用 p-h 图进行板材厚度控制

综上所述,凡是影响到上述几方面的工艺条件都能对轧件出口厚度产生影响,如轧件温度和轧制过程的张力,原料的厚度,热轧时轧件温度的波动等。通过调整连续式轧机速度来控制机架间的张力,进而控制最终板材厚度是轧制过程中控制厚度所广泛采用的方法,一般后张力比前张力的影响大一倍,故主要采用后张力来控制板厚。

5.5.3 板厚自动控制系统 AGC

板厚自动控制系统(AGC)是指为使板带材厚度达到设定的目标偏差范围而对轧机进行的在线调节的一种控制系统。AGC 系统的基本功能是采用测厚仪等直接或间接地测厚,并对轧制过程中板带的厚度进行检测,判断出实测值与设定值的偏差,根据偏差的大小计算出调节量,向执行机构输入调节信号。AGC 系统由许多直接和间接影响轧件厚度的系统组成,包括辊缝控制系统、轧制速度控制系统、张力控制及补偿功能系统。

(1) 辊缝控制系统

辊缝控制的执行机构有机械式和液压式,其中液压缸被广泛应用于辊缝控制的执行机构中。液压缸被安装在上支撑辊轴承座上方,或下支撑辊轴承座下方。液压执行机构采用闭环控制系统,最常用的两种模式是位置控制模式和轧制力或压力控制模式。

此外,还有测厚仪式AGC、差动厚度控制DGC、定位式厚度控制SGC以及单机架轧机的厚度偏差控制等辊缝控制形式。

（2）冷轧带钢张力控制系统

带钢张力控制系统由辊缝控制系统与张力闭环控制系统组成,对辊缝有干扰的因素,如来料厚度的波动、轧辊偏心、润滑条件的变化等也会导致带钢张力的变化。张力计的输出信号与张力基准信号相比较的偏差信号被送到轧机辊缝调节器或速度调节器中。

（3）带活套的热带连轧机组中间机架的张力控制系统

在热带连轧机组中,机架间的张力通常是通过活套来控制的。常用的活套形式有电动活套、气动活套、液压活套。活套是一种带自由辊的机构,自由辊在带钢穿带后就会上升并高于轧制线。带钢的张力及活套的上升情况都是受连续监控的,当活套上升到预定的目标位置时,控制系统就要使机架间的张力达到其目标位置。如果张力目标值是活套在其他位置处达到的,就要调节相邻机架的辊缝或轧制速度。

（4）补偿功能

带钢的头尾部分没有张力作用,厚度要发生变化,因此要进行辊缝或张力调整,这是头尾补偿功能。调整辊缝时会造成轧件的秒流量变化,张力要改变,为保持张力不变,必须修正轧制速度,这就需要有速度补偿功能。轧制力变化会造成油膜厚度的变化,所以要有油膜补偿功能。

1. 热轧带钢厚度控制

热轧带钢厚度精度是其产品质量的重要指标,带钢纵向厚度的控制一直是厚度控制的一项主要任务。热轧带钢的厚度偏差产生的原因存在于从加热到精轧的所有工序,其中主要原因是:水印温差、头尾温差、化学成分偏析、原料厚度和宽度不均、轧制时的张力和速度的波动、油膜的变化、轧辊的偏心等。目前,厚度自动控制系统AGC已是热连轧自动控制的一个重要组成部分,是提高热轧带钢纵向厚度精度的主要手段。

热连轧带钢机组AGC如图5.44所示,它由三部分组成:

① 入口AGC。包括一、二机架上测厚仪式AGC。一、二架轧机之间的张力可以通过调节第一架轧机的轧辊速度来维持;

② 机架间AGC。机架间的张力是通过调节下游机架的活套来维持机架间带钢张力恒定的,并以此保证秒流量的稳定;

③ 出口AGC。包括出口偏差反馈控制系统,能够通过调节下游机架的速度来控制轧件的出口厚度。

2. 冷连轧带钢厚度控制

冷轧带钢厚度精度要求较热轧带钢更高一些,因而要求厚度控制系统精度也高。冷连轧带钢轧机厚度控制系统构成为:第一、二架为粗调AGC系统,目的是保证来料厚度偏差基本得以消除;第三、四、五架为精调AGC系统,由于压下效率低而且要保证良好的板形,故常用调张力作为调节厚度的手段,以对产品厚度再次进行精确控制。

冷连轧带钢轧机的厚度控制系统可分为电动AGC系统和液压AGC系统两大类,图5.45为五机架冷轧电动AGC系统。

① 粗调AGC。一般由第一架前的入口测厚仪、第一二机架的轧制力AGC及第一二架

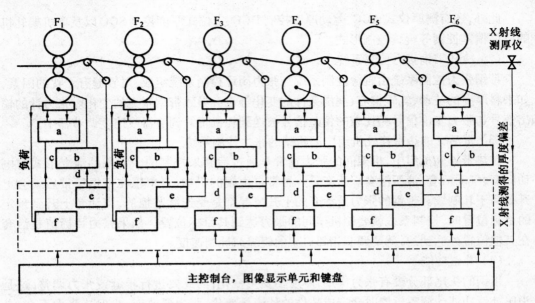

图 5.44 热连轧带钢机组的 AGC 示意图

a— 位置控制;b— 驱动电器;c— 位置基准;d— 速度调整;e— 活套控制;f— 厚度控制

出口测厚仪组成。入口测厚仪用来检测来料的厚度偏差,以此为信号对第一二架的压下实行前馈控制。出口测厚仪则用于不断修正第一二架的轧制力 AGC 系统,以提高其控制精度。

②精调 AGC。由第五架后的测厚仪及第四五机架组成带钢厚度精调系统,用于电动压下反应较慢、压下率低,故精调 AGC 一般采用张力作为调节手段。此时由成品架出口测厚仪发出信号来控制后三架之间的张力。由于张力调节范围有限,当板厚偏差较大时便须将偏差信号补充反馈给粗调 AGC 系统。

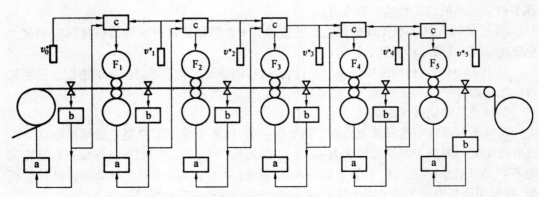

图 5.45 冷连轧带钢机组的 AGC 示意图

a— 速度控制;b— 厚度测量;c— 辊缝控制

5.6 板形控制

5.6.1 板形及板形缺陷

板形是指成品带钢断面形状和平直度两项指标,断面形状和平直度是两项独立指标,但相互间又存在密切的关系。良好的板形不仅是使用的需要,而且是轧制过程保持稳定连续生产的需要。对于板形的描述可以采用下列参数:

1. 凸度

凸度是指横截面中点厚度与两侧标志点的平均厚度差

$$\delta = h_c - h_e$$

式中　　δ—— 带钢横截面凸度;

　　　　h_c—— 带钢宽度方向中心的出口厚度;

　　　　h_e—— 带钢边部厚度,一般取实际带钢边 40 mm 处的厚度。

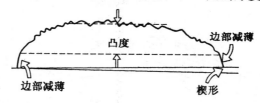

图 5.46　板材的断面形状

2. 平直度

平直度一般是指浪形、瓢曲、翘曲、折皱或旁弯有无及存在的程度,是指带钢内部残余应力分布状况,即轧件在宽度方向变形的均匀程度。

如图 5.47 所示,常见的板形缺陷有边部浪形、中部浪形、斜浪和眼睛,其原因是由于金属的延伸不同而产生内应力,在纵向压应力作用下,轧件失稳所致。

5.6.2 板形缺陷的成因

板形缺陷的原因是板宽方向上各条纵向纤维的延伸不均。延伸较大的部分被迫受压,而延伸较小的部分则被迫受拉。拉伸不会引起板形问题,但当压缩应力超过一定的临界值时,该部分板材便会出现类似受压杆件丧失稳定那样的问题,表现为在压缩力的作用下该部分板材产生不同形式的屈曲。

为了便于分析,假设板材由一系列宽度很小的纵向纤维组成,如果板材沿宽度方向受力不均,这些纵向纤维的延伸也就不均匀。若将板材看成是相互无关联的纤维作自由延伸,当两边缘区的纤维延伸较大,而中部纤维延伸较小,板端将呈"鱼尾"形,如图 5.48 所示;反之,则呈"舌头"形。然而实际上纤维之间是一个相互关联的整体,当轧件的前端从辊缝轧出,纤维延伸的不同造成"鱼尾"或"舌头"等形状,随轧出长度的逐渐增加,纤维之间的滑移受到限制,相互牵扯,因此出现拉应力或压应力,使板材呈现出如图 5.49 所示的屈曲。

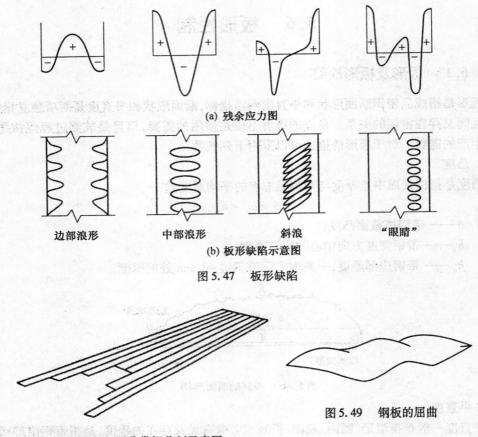

(a) 残余应力图

边部浪形　　　中部浪形　　　斜浪　　　"眼睛"

(b) 板形缺陷示意图

图 5.47　板形缺陷

图 5.49　钢板的屈曲

图 5.48　屈曲带钢分割示意图

生产中出现板形问题的主要原因有：

① 轧制力的变化；

② 来料板凸度的变化；

③ 原始轧辊的凸度；

④ 板宽度；

⑤ 张力；

⑥ 轧辊接触状态；

⑦ 轧辊热凸度的变化等。

5.6.3　板形控制技术

常见的板形控制技术的基本原理、应用效果及特点见表 5.7，其中压下倾斜、弯辊、工作辊热辊型及工艺手段都属于传统板形控制手段，抽辊等为新的调控手段。

① 柔性辊缝控制。增大有载辊缝凸度的可调范围，如 CVC 和 PC 轧机。

② 刚性辊缝控制。增大有载辊缝横向刚度，减小轧制力变化时对辊缝的影响，如 HC 轧机通过轴向移位消除辊间有害接触，提高了轧机辊缝的横向刚度。

表5.7 板形控制技术特点

名称		原理	应用	特点
液压弯辊	支承辊	轧辊弯曲有效改变辊缝形状	使用少	弯曲力大
	中间辊		广泛使用	中部作用明显,方便易行
	工作辊		广泛使用	边部作用明显,方便易行
	工作辊单侧弯曲		使用较少	非对称调节
支撑辊变形	BCM、SC VBL IB – UR、IC	改变辊型或轧辊弯曲特性	使用不广泛	结构复杂,作用有限
	VCL	自动改变接触线长度	用于冷轧及热轧	简单有效、改造方便
	VC NIPCO、DSR	以外力方式无极调节支撑辊辊型	用于低轧制力场合,使用少	结构复杂,密封难
轧辊移位	HC 系列 UC 系列 FPC,K – WRS PC	轧辊移位直接或间接改变辊缝形状	广泛使用 用于热轧	灵活方便,调节能力强大
工艺手段	初始轧辊配置	直接改变辊缝形状	一般都有应用	预先考虑,非在线作用
	压下倾斜	整体改变辊缝形状	广泛使用	只针对单侧波浪
	优化规程	分配压下量时考虑板形	一般都有应用	预先考虑,非在线作用
	改变张力分布	改变张力分布影响板形	使用少	作用有限
	分段冷却	改变温度场	使用广泛	可控制任意浪形,滞后大

复 习 题

1. 板带钢是如何分类的？在国民生产和人民日常生活中有哪些用途,试举例说明。
2. 板带钢的生产有哪些技术要求？
3. 从板带钢的生产特点分析板带钢生产过程中应注意的问题。
4. 常用中厚板轧机的种类有哪些,各具备哪些特点？
5. 中厚板轧机的布置形式有几种？各有何特点？
6. 简述中厚板生产工艺中典型的生产工艺流程。
7. 中厚板生产原料如何选择？

8. 中厚板生产中原料加热炉有哪些形式,各有何特点?

9. 中厚板轧制前除鳞的目的是什么? 除鳞的方法有哪些?

10. 中厚板生产中粗轧的任务是什么? 有哪些轧制方法?

11. 中厚板生产中精轧的任务是什么?

12. 中厚板生产中精整包括哪些工序? 各工序的主要任务是什么?

13. 热轧带钢生产包括哪些主要工序?

14. 热轧带钢的原料有哪些? 各有何特点?

15. 热轧带钢生产中原料加热炉有哪些形式? 各有何特点?

16. 热带连轧机组中粗轧机的主要布置形式有哪些?

17. 热带连轧机组中精轧机组的轧制速度是如何设定的?

18. 精轧机架间设置活套支撑器的目的是什么?

19. 热带连轧生产中对于热带的卷取温度有什么规定? 如何实现这一卷取温度?

20. 热带连轧生产中精整包括哪些生产工序? 各工序的任务是什么?

21. 简述炉卷轧制法、行星轧机轧制法和叠轧薄板的原理。

22. 冷轧带钢有哪些特点?

23. 生产过程中对冷轧带钢有哪些要求?

24. 冷轧带钢生产工艺有哪些特点?

25. 试述典型冷轧带钢的生产工艺流程。

26. 冷轧带钢生产对原料有哪些要求?

27. 冷轧带钢生产中酸洗的目的是什么? 盐酸酸洗和硫酸酸洗有哪些不同?

28. 冷轧机是如何分类的?

29. 冷轧机组的形式有几种? 各有何特点?

30. 常规式冷连轧的轧制速度是如何设定的?

31. 冷轧带钢生产中脱脂工序的目的是什么? 有哪些脱脂的方法?

32. 冷轧带钢生产中退火的目的是什么? 退火的方式有哪些?

33. 冷轧带钢生产中平整的目的是什么?

34. 冷轧带钢生产中精整包括哪些工序?

35. 板带钢生产过程中哪些原因会引起板厚发生变化?

36. 试述板厚控制原理和控制方法。

37. 典型的板形缺陷有几种? 造成这些板形缺陷的原因是什么?

38. 控制板形的手段有哪些?

第6章　钢管的生产

6.1　概　述

钢管是钢铁工业中的重要产品,其产量占钢材总产量的8% ~ 16%。所谓钢管即两端开口并具有中空封闭断面,且其长度与断面周长之比较大的钢材。钢管的产量、品种、质量及生产技术水平高低是衡量一个国家工业先进程度的重要标志之一。

随着国民经济的快速发展,各行各业对钢管的需求量不断攀升,对钢管的质量提出了更高要求。各种钢管被广泛地应用于开发油田,建设石油化工厂,制造轮船、火车、动力锅炉、拖拉机、农机具、排灌设施、自行车、钟表、医疗器材及家庭用具等。因其多数被用来输送各种流体,如水、各种石油产品、各种气体等,通常被称为工业的血管。

为了适应各行各业的不同使用要求,钢管的规格和品种是多种多样的。从尺寸规格上看,目前其最小外径为0.1 mm,最大外径可达4 000 mm;壁厚为0.01 ~ 100 mm。从制造方法上看,可以把钢管分成两大类,即焊接钢管和无缝钢管(包括冷轧钢管和热轧钢管)。从钢管材质上看,几乎包括各种材质的钢管。为了节省材料和满足用户的特殊要求,还可以生产各种复合金属管。

根据钢管的横断面形状,可以分成圆形和异形断面两种钢管,如图6.1所示。大多数异形钢管是用冷拔法和热挤压方法生产的。

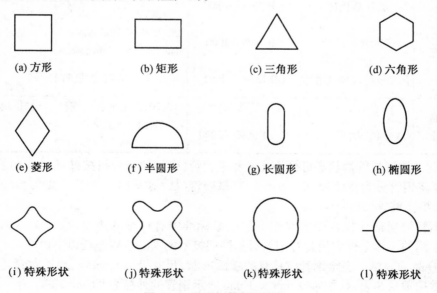

(a) 方形　　　　(b) 矩形　　　　(c) 三角形　　　　(d) 六角形

(e) 菱形　　　　(f) 半圆形　　　　(g) 长圆形　　　　(h) 椭圆形

(i) 特殊形状　　(j) 特殊形状　　(k) 特殊形状　　(l) 特殊形状

图6.1　异形钢管断面形状

表 6.1 为钢管用途及分类,用途不同,技术要求各异,生产方法也不同。

表 6.1　钢管用途及分类

	分类	执行标准	钢管材质	常用生产方法
管道用钢管	水、煤气输送管	GB/T 3091—1993	Q215、08、10 等	炉焊、电焊
	石油输送管	API SPEC5CT—1999	10、15、20 等	热轧、炉焊、电焊
	管道干线大直径焊管	API SPEC5L—2000	10、15、20 等	直缝或螺旋缝电焊
	蒸汽管道用无缝管	GB13296—1991	10、20 等	轧管机组热轧
热工设备用管	锅炉用无缝钢管	GB387—2000	优质碳素结构钢、合金钢	热轧、冷轧、冷拔
	高压锅炉用管	GB5310—1995	20、12CrMo 等	
机械工业用管	航空结构管	GB/T 3094—1986	碳素结构钢、合金结构钢	热轧、冷拔
	汽车拖拉机结构管	GB/T 8162—1999	碳素结构钢、低合金结构钢	热轧、冷拔、电焊
	半轴及车轴管 液压支柱用管	YB/T 5035—1993 GB/T 17396—1998	Q255、20、40	冷拔
	农机用方矩形管	GB/T 3094—1986		热轧、冷拔
	轴承管	GB/T 18254—2002	GCr15 等	
石油地质工业用管	地质钻探管	YB 235—1970	D50、D55、D75、D85、D95	热轧、冷拔
	石油油管	API SPEC5CT—1999	DZ4、DZ5、DZ6	
	石油套管	ISO1 1960	D40、D55、D75	
	石油钻杆、钻铤、方钻杆	GB/T 9253.1—1999	D55、D65、D75、D85	热轧、冷拔、电焊
化工用管	石油裂化管	GB 9948—1988	10、20、10Mn2、Cr5Mo、12CrMo、12CrMoV	热轧、冷拔
	化肥用高压管	GB 1479—2000	20、15MnV、12MnMoV、10MoVNbTi、Cr17Mn18Mo2N	
	化工设备及管道用管	GB 13296—1991	碳素钢、不锈钢、耐热钢	热轧、冷拔
其他用管	容器用管	GB 18248—2000	10、20、碳素钢、合金钢 45Mn2、12Cr1MoV、15CrMo、20、45	热轧、电焊、冷拔
	仪表用管	GB/T 3090—2000		冷拔

此外钢管按管端状态可分为光管和车丝管(带螺纹钢管);按外径(D)和壁厚(S)之比不同将钢管分为特厚管($D / S \leqslant 10$)、厚壁管($D / S = 10 \sim 20$)、薄壁管($D / S = 20 \sim 40$)和极薄壁管($D / S \geqslant 40$)。

钢管的规格和技术要求在相应的国家标准中有详细的规定,表 6.1 中列举了一部分。不同的工作条件和用途对钢管有不同的技术要求。主要包括以下内容:

①品种规格。规定钢管应具有的断面形状、尺寸及允许偏差、理论重量等。圆管规格通常用 $D \times S$ 表示,如 $\phi89$ mm $\times 3$ mm 表示钢管的外径为 89 mm,壁厚为 3 mm。尺寸精度有壁厚精度、外径精度和椭圆度等;

②表面质量要求。规定钢管的内外表面状态和表面允许缺陷存在的程度等。

③ 化学性能。规定钢种化学成分和 P、S 的最大含量以及试验方法等。

④ 组织和物理性能。规定钢种应具有的金相组织、力学性能和工艺性能。

⑤ 检验标准。规定检验项目、取样部位、试样形状和尺寸、试验条件和方法等;有些钢管还需进行压下工艺性能试验,如图 6.2 所示。

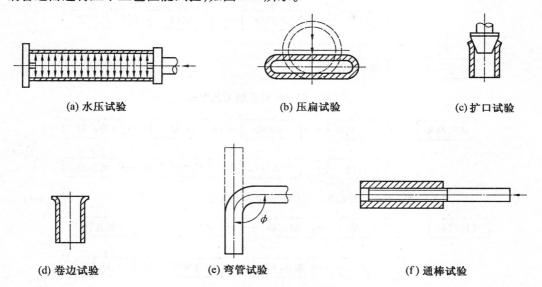

(a) 水压试验　　　　(b) 压扁试验　　　　(c) 扩口试验

(d) 卷边试验　　　　(e) 弯管试验　　　　(f) 通棒试验

图 6.2　钢管的一些工艺性能试验方法

⑥ 交货标准。规定钢管交货验收时钢管的包装、标记的方法及质量证明书的内容等。

6.2　热轧无缝钢管生产

热轧无缝钢管生产方法是用热压力加工法生产无缝钢管,是将实心管坯(钢锭、连铸管坯或热轧圆管坯)经穿孔、轧制、定减径等阶段,实现较大的断面收缩率后,成为符合产品标准的钢管。热轧无缝钢管生产的变形过程如图 6.3 所示.

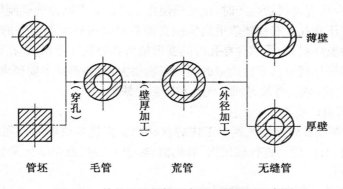

图 6.3　热轧无缝钢管生产的变形过程示意图

无缝钢管比较常见的工艺流程有两种,即自动轧管和连轧管。目前,三辊轧管方式的使用呈上升的趋势。图6.4 ~ 6.6为轧管机组工艺流程图。

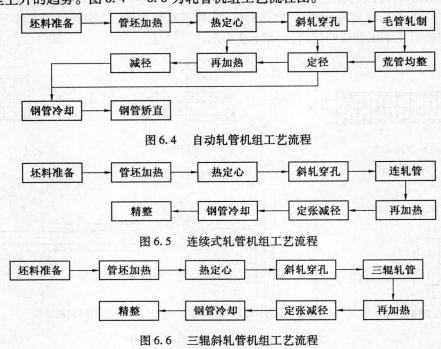

图 6.4　自动轧管机组工艺流程

图 6.5　连续式轧管机组工艺流程

图 6.6　三辊斜轧管机组工艺流程

6.2.1　坯料制备

坯料制备包括管坯的检查、清理、切断、定心等工序。

钢锭、轧制圆管坯、锻造及连铸坯都可作管坯。目前,大量采用的是轧制圆管坯,其优点是:几何形状、尺寸精确和表面质量高,没有缩孔、疏松和铸造组织所带来的各种其他缺陷。当生产大尺寸的管材时,由于轧制大型管坯有困难,故可采用钢锭作坯料。钢锭的成本虽低,但用其生产出的钢管质量较低,所以重要用途的钢管(如高温、高压蒸汽输送管道等)不能用钢锭作坯料,必须用锻造坯料。此外,要求用小变形量加工的低塑性高合金钢、难变形金属和稀有金属管生产时,也必须使用锻造坯。方断面的轧制坯和连铸坯则多半用于水压机挤压穿孔。有些要求更高的钢管需要消除坯料中心部分的晶粒粗大组织;还有些高强度材质坯料,为了减少穿孔时的变形抗力和穿孔变形量,要在穿孔前先钻孔。

坯料质量的好坏对成品管材质量的高低影响很大,对坯料的主要要求为:

①不应有表面结疤、裂纹、砂眼、气孔和撕裂等缺陷;

②进行低倍组织检查;

③在高温、高压及腐蚀性气氛中工作的管材和作为重要机器零件用的管坯,除按规定检查其宏观组织外,还要进行硫化物、氧化物、非金属夹杂及化学元素分布的均匀性等显微组织的检查;

④各种管坯均不得有白点存在;

⑤对坯料的几何形状、尺寸公差也应有相应的要求,以保证所生产的钢管具有较好

的尺寸精度。

此外,对管坯任何部分的弯曲度都有规定,因为过分弯曲对后续工序不利,甚至无法进行。

1. 坯料的检查和清理

对管坯严格检查和彻底清理表面缺陷是确保钢管质量和提高成材率的重要措施,国内外钢管质量较好的轧管厂对此都极为重视。通常管坯检查和表面缺陷清理应当在管坯生产厂完成。轧管厂则根据相应的技术条件对管坯进行复检。清理方法与其他钢材一样,需以清理效率、成本、质量、金属损耗和管坯本身的自然性质等方面为依据综合考虑。

2. 坯料的切断

由于管坯的一般长度为 5 ~ 7 m,因此,在装入加热炉之前要截成适当的长度。截断的方法有气割、锯断、折断、剪断,其中气割和锯断生产效率较低,很少采用。折断是先在管坯要截断的部位气割或用剪刃压出小缺口,然后用压力机折断。这种方法多用于截断尺寸较大的坯料,但对强度较低的碳钢,折断时断口断面不整齐,易出现弯曲现象,对热定心极为不利;而当折断强度较高的合金钢坯料时,往往会产生很深的裂纹,这将导致穿孔时毛管端部破裂,因此折断法有一定的局限性。剪断是在各种类型的剪断机上使用成型剪刃剪断坯料,广泛用于剪断强度极限为 60 ~ 70 kg/mm^2 以下和直径为 150 mm 以下的管坯。其特点是效率高、质量好。究竟采用哪种截断方法还需根据生产中的具体条件而定。无论采用哪种方法,都应保证断面平直、整齐,端部压扁不得大于直径的 80%,切斜不得大于 6 ~ 8 mm,断面不得有裂纹,在生产定尺钢管时管坯的长度公差不得大于 ±5 ~ 10 mm。

3. 坯料的定心

为了改善穿孔机咬入条件,克服钢管前端壁厚不均匀的现象,除生产直径为 80 ~ 90 mm,壁厚小于 5 mm 的小直径薄壁管的管坯可以不定心外,其余的管坯均需定心。通常根据不同钢种和管坯尺寸确定定心孔的直径和深度。

定心工序可在加热前进行,也可在加热后穿孔前进行。前者称为冷定心,后者称为热定心。冷定心就是用钻头在管坯端面钻定心孔,这种方法适用于小直径管坯和合金钢管坯。冷定心采用专门的管坯定心车床,也可采用自制简易设备完成。热定心机有两种:炮弹式和风镐式。炮弹式热定心机应用较为普遍,其结构和工作原理如图 6.7 所示。当已经加热后的管坯送至热定心机前的受料辊道上后,操纵电磁换向阀,使快速阀后退,储气罐和气缸相通,此时压缩空气以很大的流量充入气缸中,推动冲头加速运动,当冲头与管坯接触时已获得很高的速度,从而在管坯的端部一次打出合格的定心孔。风镐式热定心机,其结构和工作原理如图 6.8 所示,是利用风镐的工作原理带动冲头多次连续冲击而最后形成定心孔,但由于其效率较低,使用受到一定限制。

6.2.2 坯料加热

坯料加热的基本要求:

① 温度准确,保证穿孔过程在可穿性最好的温度范围内进行;

② 加热均匀,力求管坯沿纵向和横向加热均匀,内外温差应不大于 30 ~ 50 ℃;

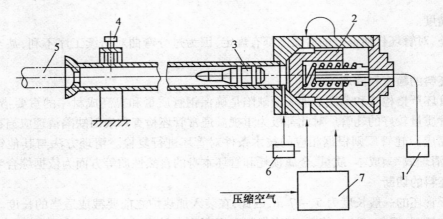

图 6.7 炮弹式热定心机工作原理

1— 电磁换向阀;2— 快速阀;3— 冲头;4— 调整架;5— 管坯;6— 抽气阀;7— 储气罐

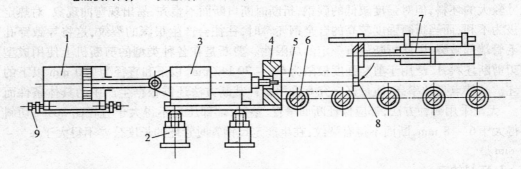

图 6.8 风镐式热定心机工作原理

1— 工作气缸;2— 升降螺杆;3— 风镐;4— 定位板;5— 管坯;
6— 辊道;7— 推力气缸;8— 活板挡头;9— 调节螺丝

③烧损少,管坯在加热过程中不致产生有害的化学成分,如脱碳或增碳,以确保钢管性能。

1. 加热制度

加热制度包括加热温度、加热时间和加热速度。加热制度的选择直接影响成品钢管的质量、内外表面状态、金属的物理机械性能,正确选择加热制度可减少工具的磨损,显著地提高生产率。

管坯的加热温度是指出炉温度,应根据有利于金属塑性变形的温度区间来确定。对于碳素钢穿孔后的温度应低于固相线 200 ~ 250 ℃,一般为 1 180 ~ 1 260 ℃。而合金钢尤其是高合金钢对晶粒长大和过烧、过热敏感,故其加热温度应比碳素钢略低一些,温度范围也更窄。如不锈钢管坯的加热温度为 1 190 ~ 1 220 ℃,耐热钢管坯的加热温度为 1 090 ~ 1 120 ℃,轴承钢管坯的加热温度为 1 100 ~ 1 150 ℃。

计算管坯的加热时间为

$$t_{jr} = K_{jr}D_p$$

式中 t_{jr} —— 管坯加热时间,min;

K_{jr}—— 圆坯直径(方坯以边长代入),cm;

D_p—— 管坯单位加热时间,min·cm^{-1}(直径或边长)。

K_{jr}值与管坯的钢种、大小、炉子型式、供热能力和操作制度有关,一些管坯的单位加热时间见表6.2。

表6.2 管坯(轧坯)单位加热时间

钢种	K_{jr}值/(min·cm^{-1} 直径或边长)	
	环形炉	斜底炉
碳素钢、低合金结构钢	5 ~ 6.5	6 ~ 7
合金结构钢	6 ~ 7	7 ~ 8
中合金钢	6.5 ~ 8	8 ~ 9
轴承钢	6 ~ 8	10 ~ 11
不锈钢、高合金钢	7 ~ 10	10 ~ 11

加热速度即坯料温度升高的速度,是影响加热炉生产率和加热质量的重要因素。加热速度越快,达到预定加热温度的时间就越短,可以降低管坯的烧损率,提高加热炉的生产率。但提高加热速度会受到管坯金属的导热性和加热时的热应力及加热炉结构、传热条件及燃料等因素的影响。

2. 管坯加热炉

用于加热管坯的加热炉有斜底式连续加热炉、环形加热炉、步进式加热炉和分段式快速加热炉。

(1)斜底式连续加热炉

如图6.9所示,为了减轻翻钢的劳动强度,连续式加热炉炉底做成倾斜的,斜度为6% ~ 12%。在大中型钢管车间,斜底式连续加热炉都采用煤气作燃料。小型车间多数烧重油或煤粉。管坯达到预定加热温度后,用装在炉头侧面的摩擦出钢机将管坯推出加热炉。

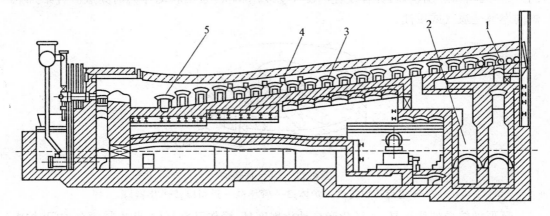

图6.9 斜底式连续管坯加热炉

1— 管坯;2— 烟道;3— 翻料炉门;4— 烧嘴;5— 出料炉门

斜底式连续加热炉结构简单,机械设备少,造价低,但由于加热炉的密封性较差,加热不均匀,燃料消耗量大,且烧损严重(可达3.5%),劳动强度大,因此已逐渐被其他炉型所取代。

（2）步进式加热炉

如图6.10所示，这种炉型主要用于中间再加热。其水冷轨道由固定梁和移动梁组成，靠移动梁的运动间断地运送管坯，使之依次通过炉子的预热段、加热段，最后达到均热段。

步进式加热炉的优点是：管坯四面受热，缩短了加热时间；管坯之间留有一定间隔，加热均匀；劳动强度小，机械化程度高，节省劳动力。

步进式加热炉的缺点是：移动管坯过程中，氧化铁皮剥落，烧损率增大；步进和水封部位维护检修困难，加热能力较小，因此使用不广泛。

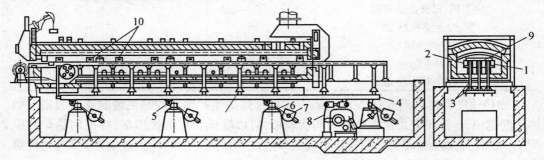

图 6.10　步进式加热炉

1— 移动梁；2— 固定梁；3— 支柱；4— 纵梁；5— 滚轮；6— 杠杆；

7— 平衡锤；8— 传动系统；9— 管坯；10— 烧嘴

（3）环形加热炉

如图 6.11 所示，环形加热炉是由固定的炉体（内墙、外墙和炉顶）和可转动的炉底两部分组成。整体呈圆环状，占地面积较大，炉体与炉底间采用水封，可防止冷空气进入炉内，加热质量较好。炉底可以根据管坯排列的间隔大小作间断性的转动，外墙上有两个炉门 —— 装料口和出料口，并各设置一台气动装出料机，装出料动作同时完成。环形加热炉的燃料是煤气或重油。

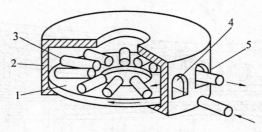

图 6.11　环形加热炉

1— 可旋转炉底；2— 炉体；3— 管坯；4— 进料口；5— 出料口

环形加热炉的优点是：机械化和自动化程度高，操作可靠；仅有装出料两个炉门，炉内有隔墙分区，热效率高，炉内气氛和温度易控制；烧损少，通常烧损为1% ～ 2%；管坯在炉内三面受热，加热温度均匀，加热速度快；轧机发生故障时，可使坯料逆行。

环形加热炉的缺点是：炉子结构复杂，维修困难，造价高；炉底面积利用率低，尤其在加热小直径短管坯时更为明显。

（4）分段式快速加热炉

如图 6.12 所示，加热炉工作时管坯依次通过由若干加热室和间室组成的炉膛。每个炉室的结构完全相同。

分段式加热炉的优点是：炉膛尺寸小，炉温高；烧嘴沿炉膛切线方向分布，炉气呈漩涡状剧烈流动，因此加热速度快，金属烧损小，且可实现加热操作的全面机械化。

分段式加热炉的缺点是：炉体长，加热管坯时要整根装入，出炉后再用热锯锯成所需长度，剩下的管坯还要返回炉内。该加热炉通常用于钢管减径前的毛管再加热和钢管热处理。

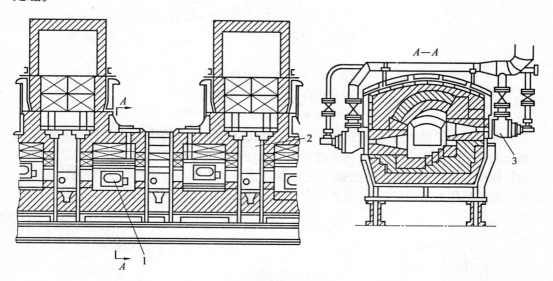

图 6.12 分段式加热炉
1— 加热室；2— 间室；3— 烧嘴

6.2.3 管坯穿孔

管坯穿孔是热轧无缝钢管生产中最重要的变形工序，是将实心管坯穿制成空心毛管。根据穿孔中金属流动变形特点和穿孔机的结构，可将穿孔方法进行分类，如图 6.13 所示。

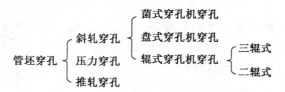

图 6.13 穿孔方法

1. 斜轧穿孔

斜轧穿孔的方法包括辊式、菌式和盘式三种不同形状的轧辊构成，如图 6.14 所示。各类轧辊均具有穿孔锥（轧辊入口锥）、辗轧锥（轧辊出口锥）和轧辊轧制带（入口锥和出口锥之间的过渡部分)三个基本部分。

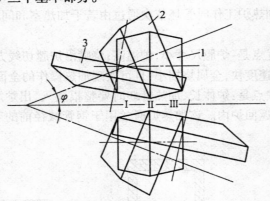

图 6.14　三种形式的斜轧穿孔
1— 辊式;2— 菌式;3— 圆盘式
Ⅰ— 入口锥;Ⅱ— 轧制带;Ⅲ— 出口锥

　　管坯从加热炉出炉后,送到斜轧穿孔机上穿孔,获得初具钢管形状的毛管。斜轧穿孔示意如图 6.15(a) 所示,图(b) 为穿孔过程中管坯断面的变化,图(c) 为穿孔机的轧辊轴线与轧制中心线在水平面上的投影的夹角,即送进角。由于此角的存在,使管坯边旋转边前进。管坯呈螺旋运动前进时,遇到固定不动的顶头,由于顶头的作用,实心管坯被穿轧成空心毛管。

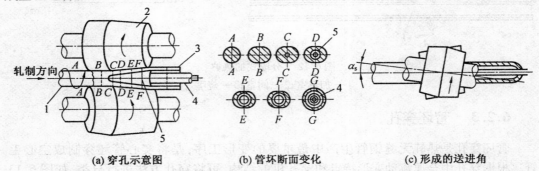

(a) 穿孔示意图　　　　(b) 管坯断面变化　　　　(c) 形成的送进角

图 6.15　斜轧穿孔过程示意图
1— 管坯;2— 轧辊;3— 毛管;4— 芯棒;5— 顶头

　　斜轧穿孔过程中,轧辊是主要的外变形工具,它的辊身形状和主要尺寸参数如图6.16 所示。通常辊身分入口锥、出口锥和轧制带三段,各段的功用是:

　　入口锥 L_1 —— 曳入管坯并实现管坯穿孔;

　　出口锥 L_2 —— 实现毛管减壁、平整毛管表面、均匀壁厚和完成毛管归圆;

　　轧制带 L_3 —— 从入口锥到出口锥之间的过渡带。

　　穿孔机的轧辊大多采用辊轴和辊身热套或键连接组

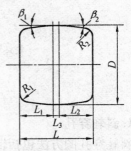

图 6.16　斜轧穿孔机轧辊

合结构。辊轴多用 40Cr 或 45Cr;辊身通常用 50Mn、65Mn 或 55 号钢等铸钢或锻钢制造,热处理后的硬度达 HB141 ~ 184。既保证耐磨性,又有较高的摩擦系数,以保证曳入能力。

顶头是内变形工具,将实心管坯穿轧成空心毛管时,金属的基本变形是在顶头上进行的。顶头和轧辊构成整个变形区,因此顶头尺寸、形状对整个变形区中每个断面上的压下量分配有直接关系,直接影响到工具的磨损情况和毛管的质量。穿孔机常用的穿孔顶头如图 6.17 所示。

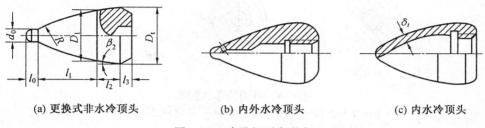

(a) 更换式非水冷顶头   (b) 内外水冷顶头   (c) 内水冷顶头

图 6.17　穿孔机顶头形式

顶头是由顶尖(鼻部)、穿孔锥、平整段和反锥等四段构成。各部分的功用是:顶尖(鼻部)—— 在穿孔时对准管坯定心孔,便于穿正,同时对管坯中心施加一个轴向力,在一定程度上有利于防止预先形成孔腔;

穿孔锥 —— 担负管坯穿孔和毛管减壁的任务;

平整段 —— 起毛管均壁和平整毛管内外表面的作用;

反锥 —— 防止毛管脱出顶头时产生内划伤,更换式顶头的反锥还起到平衡作用。

顶头在工作时与热金属接触,承受很大的压力和摩擦力,因此需要采用高强度、高耐磨性的合金钢铸成。

2. 压力穿孔

压力穿孔是将方形或多边形钢锭放在挤压缸中,挤成中空坯体,然后再进行精加工。压力穿孔过程如图 6.18 所示。压力穿孔时坯料中心处于不等轴全向压应力状态,外表面也承受着较大的径向压力,因而内外表面在加工过程中不会产生缺陷。可用于钢锭、连铸方坯和低塑性材料的穿孔。由于压力穿孔主要是中心变形,有利于使钢锭中心的粗大疏松组织致密。其主要缺点是生产率低、偏心率大。

3. 推轧穿孔

推轧穿孔是以连铸方坯为原料,通过二辊纵轧穿制毛管。由推料机将加热好的并经定型的连铸方坯推顶穿过已调整好的导入装置而进入轧辊孔型中。推轧穿孔的过程如图 6.19 所示。

首先方坯角部接触轧辊孔型,轧辊给方坯以径向轧制力及由此产生的轴向咬入力。管坯在推料机的推入力和轧辊咬入力作用下逐步进入并通过孔型。在变形区中顶头将方坯中心部分金属逐渐挤扩、充满孔型而得到圆形毛管。

推轧穿孔的主要优点是:

① 使用连铸方坯,连铸方坯来源广泛而且质量好,成本低;

② 由于穿孔过程主要是管坯中心变形,使中心粗大而疏松的组织得到加工而致密,

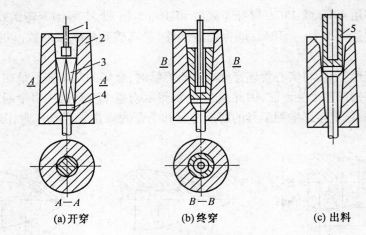

图 6.18　压力穿孔示意图

1— 穿孔针;2— 外模;3— 坯料;4— 顶出杆;5— 毛管

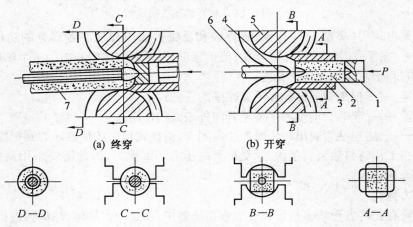

图 6.19　推轧穿孔过程示意图

1— 推料机推杆;2— 方坯;3— 导入装置;4— 穿孔顶头;5— 轧辊孔型;6— 顶杆;7— 毛管

同时在压应力作用下,毛管内外表面不产生裂纹,故毛管表面质量好;

③ 由于增加推力,使穿孔过程轧制能耗减小;

④ 由于穿孔时压应力状态条件好,单位能耗少,因此可穿低塑性高变形抗力的高合金钢;

⑤ 生产率和穿孔比(空心坯长度与内径之比) 比压力穿孔高。

但推轧穿孔延伸系数较小,穿孔后需经延伸加工,同时推轧穿孔的毛管壁厚不均严重。

6.2.4　毛管轧制

毛管轧制是热轧无缝钢管生产的主要变形工序,其作用是使毛管充分减壁延伸,使其壁厚接近或达到成品管壁厚,并消除毛管在穿孔过程中产生的壁厚不均匀,提高荒管内外表面质量和控制荒管外径和正圆度。毛管的轧制方法有自动轧管机轧管、连续轧管机轧管、三辊轧管机轧管、周期轧管机轧管、顶管机顶管等。

1. 自动轧管机轧管

自动轧管机的工作机座为二辊不可逆式纵轧机,其特点是在工作辊后设置一对高速反向旋轧的回送辊。同时为了满足轧制后的荒管自动回到前台的需要,设有上工作辊和下回送辊快速升降机构。自动轧管机轧管过程如图6.20所示。

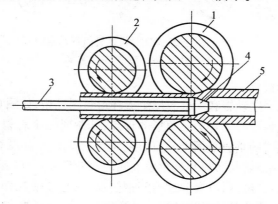

图6.20 自动轧管机轧管过程示意图
1— 工作辊;2— 回送辊;3— 顶杆;4— 顶头;5— 毛管

轧管时,顶头由顶杆轴向支持在轧辊孔型中构成环状孔型。毛管通常在自动轧管机上轧制两道成荒管,每轧一道后,快速抬起上工作辊打开孔型,同时下回送辊同步快速升起夹持轧后荒管,将其快速回送到前台,然后工作辊和回送辊复位。回送到前台的荒管需翻转90°后,再在同一轧辊孔型进行第二道轧制。经两道轧制回送到前台的荒管,由翻料装置移出轧制线进入下一工序。

自动轧管方式生产灵活,设备投资相对较小,且适用于多钢种轧制,但其变形能力低,且壁厚不均严重,需要后续配置均整机辗轧壁厚和整圆。同时,由于自动轧管机轧制过程中需要回送轧件,使轧制的间隙时间增加,生产效率低。因此在小批量、多品种、中口径以上的钢管生产中具有一定的优势。

2. 连续轧管机轧管

连续轧管机一般为7～9架二辊式轧机,各机架每对轧辊的布置是顺序交错排列的,相邻两机架的中心线交成90°角,轧机中心线与水平线成45°角,其目的是使轧辊孔型开口部分交错排列,在轧制过程中轧平孔型开口处管壁增厚的部分。连续式轧管机轧管过程如图6.21所示。将穿孔后的毛管套在芯棒上,经过多机架顺次排列的轧机轧制成荒管。连续式轧管机按其芯棒运动形式可分为两种:一种是芯棒随同管子自由运动的长芯棒连轧管机,另一种是轧管时芯棒是限动的或速度可控的限动芯棒连轧管机。

连续式轧管机的优点是:由于连续轧制,生产效率高,便于实现机械化和自动化;可承担较大的变形量,允许之前采用延伸较小的穿孔方式,为使用连铸坯创造了条件;钢管的表面质量和尺寸精度比自动轧管机好,且轧出荒管的长度可达33 m,经张力减径后可达165 m。

连续式轧管机的缺点是:长芯棒的加工制造困难,特别是大直径的芯棒;由于脱棒问题,限制了其生产更薄、更长的钢管;投资费用大。

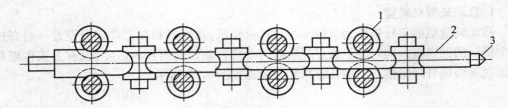

图 6.21　连续式轧管机轧管过程示意图
1— 轧辊;2— 荒管;3— 芯棒

3. 三辊轧管机轧管

三辊轧管机由三个主动辊和一根芯棒组成环形封闭孔型,如图 6.22 所示。三个轧辊分别布置在以轧制线为形心的等边三角形的顶点,轧制时三个轧辊同向转动。轧制线与轧辊轴线在包含轧制线的垂直平面上的投影之间有一夹角 φ,如图 6.23 所示。此角为辗轧角,辗轧角的大小决定着长芯棒与轧辊表面间的孔型尺寸;而两者在水平面的投影之间的夹角为 α,此角为送进角,调节变形过程和钢管尺寸;它能使轧件产生既旋转又前进的螺旋运动,其大小决定了毛管的前进速度。轧辊辊身分为入口锥、辊肩、平整段和出口锥,相应的变形区分为咬入区、减壁区、平整区、归圆区。轧管时,把芯棒插入由穿孔机穿孔后的毛管中,用喂管器送入轧管机中轧制,毛管和芯棒在三个轧辊作用下边旋转边前进,同时毛管在轧辊和芯棒间受到压缩轧制,在变形区中经咬入、减壁(同时减径)、平整和归圆,被加工成要求尺寸的钢管。

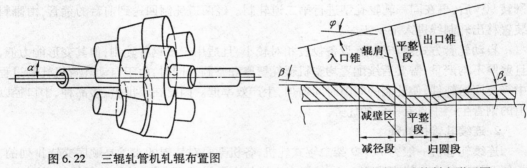

图 6.22　三辊轧管机轧辊布置图

图 6.23　轧辊辊型及轧制变形区图

三辊轧管法的特点是:因在磨光并涂有润滑油的芯棒上轧制,所以钢管内表面较平滑;又因毛管受三个轧辊的夹持,中间又有芯棒,因此轧后的钢管外径与壁厚尺寸精度高而且均匀;轧机调整方便,容易改变产品规格;轧辊工具少,消耗工具也少,易于实现自动化。但由于其生产效率低,生产薄壁管较困难,所以此法仅适用制造高精度的厚壁钢管。

4. 周期轧管机轧管

周期式轧管机轧管使用穿孔后的毛管,如图 6.24 所示。轧制前将芯棒插入毛管内,用特殊的喂料机将毛管喂入轧辊,但孔型顶部与毛管接触时,由于孔型高度减小,毛管被压缩,其直径减小,壁厚减薄。并同芯棒一起被轧辊向后推移,进行定径和减壁。当轧辊继续转动时,孔型逐渐增大,毛管离开轧辊,这时喂料机将毛管送进轧辊并翻转 90°,再进行下一周期的轧制。

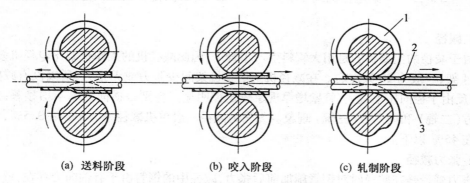

(a) 送料阶段　　　　(b) 咬入阶段　　　　(c) 轧制阶段

图 6.24　周期式轧管机工作原理

1— 轧辊;2— 芯棒;3— 毛管

　　周期式轧管机的优点是能生产大直径管材;直径的延伸系数较大,因此可以减小穿孔时的变形量,适用于小批量多品种生产。

5. 顶管机顶管

　　顶管机顶管是以压力穿孔生产的杯形毛管为原料,杯形毛管经再加热后用顶管机的顶杆插入杯形毛管,推过一系列模环而达到减径、减壁、延伸的目的,辊模由三辊或四辊构成。顶管后毛管长度为 12 ～ 14 m。

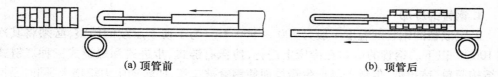

(a) 顶管前　　　　　　　　　(b) 顶管后

图 6.25　顶管机组工作示意图

　　顶管机的主要优点是设备轻、占地少、能耗少,操作方便、简单,适用于碳钢、低合金钢薄壁钢管的生产。主要缺点是由于坯重受到限制,使生产的管径、管长受到限制;杯底切头大,金属消耗高(新式顶管机组的金属消耗系数为 1.2,而一般自动轧管机组为 1.1 ～ 1.15);生产率比常用的其他轧管形式低,只适于生产规模较小的企业。

6.2.5　钢管的精轧

　　钢管的精轧包括定径和减径,是空心体不带芯棒的连轧过程。定径的任务是在较小的减径率条件下将钢管轧成具有要求尺寸精度和圆度的成品管。减径的任务除了定径外还要求有较大的减径率,以实现用大管料生产小口径钢管的目的。张力减径除有减径作用外,还通过机架间建立张力实现减壁。

1. 定径

　　定径机一般由 3 ～ 12 架轧机组成,常用的为 5 ～ 7 架,在轧制过程中一般没有减壁现象,而且由于直径变化使得壁厚略有增加。定径机多采用三辊式,三辊式定径机的三辊孔型为整体加工,保证了钢管的尺寸精度,同时由于是整个工作机座更换,时间短,提高了工作效率。另外三辊定径机组采用分组传动技术,生产灵活性大。定径机一般单机减径率为 3% ～ 5% ,5 ～ 7 架定径机减径率为 3% ～ 15% ,12 架定径机最大总减径率为 30% 左右。

2. 减径

由于减径的主要目的是用大管料生产小管子,因此减径机的工作机架比定径机多,有 9 ～ 24 架,一般为 20 架左右。在减径机上由于机架间少张力或无张力,所以没有减壁现象,相反由于径向压下较大,管壁增厚现象较定径明显。特别是横向壁厚不均显著,出现内四方(二辊)和内六方(三辊)现象。无张力减径一般单机减径率为 3% ～ 3.5% ,总减径率在 45% 以下。

3. 张力减径

张力减径是在减径时对钢管施加前后张力,减径中的钢管由于有轴向力存在,壁厚不均的程度大为减少。从而可以增加单机架的减径率。同时由于存在张力,在减径的同时还可以实现减壁。张力减径时总减径率可达 85% ～ 90% ,总减壁量为 40% 左右。机架间的张力(指后一机架比前一机架的秒流量差)为 1% ～ 6% 。

张力减径通过调整张力,可以实现不同程度的减壁和保证壁厚不变,并可消除壁厚不均的缺陷。目前张力减径得到广泛应用,一般现代化的无缝钢管车间,都设有张力减径机,以扩大产品规格的范围和提高钢管的质量。

6.2.6　钢管的冷却和精整

1. 钢管的冷却

经定减径的钢管的温度一般为 700 ～ 900 ℃。为了便于后续的精整,必须将其冷却到 100 ℃ 以下。钢管的冷却在冷床上进行,冷床有链式、步进式和螺旋式三种。链式冷床结构简单,造价低,但链条易产生错位而使钢管被拉弯,使转动阻力矩增大,同时易产生划伤。步进式冷床是由步进梁和固定梁组成的。被冷却钢管由步进梁托起,向前移动一段距离后再放入固定梁的齿沟中。适当调整齿条的行程,可以使钢管每步进一下滚动两次,达到矫直钢管的目的。螺旋式冷床是靠螺旋杆上的螺旋线推动冷床上的钢管向前移动进行冷却的。随着螺旋杆的转动,钢管除了向前的推力外,还受到一个侧向推力,因而一边前进一边横移。螺旋式冷床矫直作用好,可保证钢管冷却后的弯曲度为 ±1.6 mm 的范围内。但安装精度高,且螺旋杆与钢管间易产生滑动,造成表面划伤和压痕,一般适合于冷却较小直径的钢管。

2. 钢管的精整

由于钢管的质量要求较高,以及在各生产工序中不可避免地产生各种缺陷,因此钢管冷却后还必须进行精整处理,使之达到交货状态。钢管的精整加工包括矫直、切断、热处理、检查、液压试验、打印、称重、包装等工序。

(1) 矫直

矫直工序的任务是消除轧制、运送、热处理和冷却过程中钢管产生的弯曲,减少钢管椭圆度。钢管矫直机可采用机械压力矫直机和斜辊矫直机。前者是最简单的矫直机,适用于直径为 38 ～ 600 mm,弯曲度为 50 mm/m 以上的钢管矫直。它生产率低,需人工辅助操作,矫直质量不高,多用于钢管初矫。目前广泛采用的是斜辊矫直机,其矫直辊排列形式如图 6.26 所示。

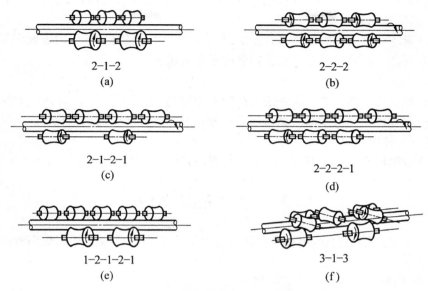

图 6.26　斜辊式矫直机轧辊排列

图 6.26(a)、(c)、(e) 为矫直辊交错布置的矫直机,矫后加工硬化程度小,中间有些压下辊可给以较大的压下量,提高矫直效果,适合于小直径高强度和高弹性管材的矫直。图 6.26(b)、(d) 为矫直辊相对布置的矫直机,主要用于大中口径管材和高强度套管的矫直,因其矫直时不会压扁管材的横断面。矫直辊布置形式如图(f) 所示的矫直机,多用于端部不加厚的油井管矫直。

②切断

切断的目的是清除具有裂纹、结疤、撕裂和壁厚不均的端头,以获得所要求的定尺钢管。钢管矫直后,经初次检查吹灰以确定切头的长度,切头长度主要取决于生产方法和生产技术水平。一般定径机管前端切头长度为 50～100 mm,后端切头为 50～300 mm。切管设备可采用切管机,或用圆盘锯锯切后再用切管机平头和倒棱。

(3) 热处理

热轧无缝钢管热处理的目的是提高钢管的力学性能,改善金属的塑性,获得一定的组织状态,消除变形后的残余应力。对于热轧状态下达不到技术要求的机械性能和组织状态的钢管,如不锈钢管、轴承管、高压锅炉管等,在精整加工或交货前要进行热处理。根据不同的品种和要求,采用不同的热处理方法。通常不锈钢管进行固溶处理,轴承管进行球化退火,高压锅炉管进行正火和回火处理,而石油管一般采用调质处理。

(4) 尺寸和质量检查

切断后的钢管要根据技术要求进行检查,检查的内容包括钢管的尺寸和弯曲度、钢管内外表面质量,并取样抽查钢管的力学性能和工艺性能等。钢管几何尺寸和弯曲度的检查,可在检查台上进行,也可采用自动尺寸检测装置进行连续检测。对于钢管内部和外表面缺陷的检查,目前已广泛采用无损探伤法,包括射线探伤、磁粉探伤、超声波探伤、涡流探伤等。采用哪种方法可视产品检查要求而定。钢管成品检查一般采用在线涡流探伤、超声波探伤;油井等专用钢管要进行超声波探伤和磁粉探伤;冷轧、冷拔钢管一般采用超声波探伤、涡流探伤和磁粉探伤。

表面质量不合格的钢管必须进行修磨,外表面多采用砂轮机修磨,内表面多采用内磨床修磨。对某些表面质量要求严格的钢管则采用电抛光进行表面处理。

(5) 液压试验

凡用作承受压力的钢管均需在液压试验机上进行液压试验,以检查钢管承受压力的情况和进一步发现隐藏的缺陷。试验压力应按国家相关标准中的规定执行。

(6) 打印、称重、包装

经检查合格的钢管进行打印、涂油,并称重、打捆包装后入库。

6.3 钢管的冷加工

冷加工是生产精密钢管、薄壁和高强度管材的主要方法。与热轧相比钢管的冷加工具有以下优点:

① 可生产薄壁、极薄壁和大直径管材;

② 可生产小口径管和毛细管;

③ 可生产高几何精度的管材;

④ 可生产表面质量要求高的管材;

⑤ 冷加工有助于金属晶粒细化,配以相应的热处理制度,可以得到高综合机械性能的管材;

⑥ 可生产各种异型和变截面管材和管件;

⑦ 可采用空心铸坯加工一些高温韧性低的材料,如 0Cr20Ni24Si4.5Ti。

钢管的冷加工包括冷轧、冷拔和旋压三种加工方法。其中冷拔和冷轧应用最广泛。冷轧的突出优点是减壁能力强,并可显著改善来料的性能、尺寸精度和表面质量。冷拔的道次减面率比冷轧低,但是布置简单,工具费用少,生产灵活,产品的形状规格范围较大。因此,要尽量采用冷轧、冷拔联合生产的方式,以充分发挥各自的优点,尤其是生产合金、高合金精密、薄壁和高机械性能管材时,通常是利用冷轧法减壁,然后用冷拔法定径。这样既可以生产各种钢号和尺寸规格的管材,同时又提高了产品的质量,并可减少中间工序,降低金属、工具、燃料和其他辅助材料的消耗,生产效率较高。旋压法实质上也是冷轧法,它的特点是能生产各种大小口径的极薄壁管材,但生产效率较低,加工成本较高,故多用于特殊用途的极薄壁管材的生产。目前直径为200 ~ 4 500 mm的大口径薄壁管主要是采用旋压法生产。

6.3.1 钢管的冷轧冷拔工艺流程

冷轧、冷拔均属于管材的冷加工过程,因此具有一定的共性,从总体上看,其工艺流程均包括以下几方面工序:

原料准备 → 原料预处理 → 酸洗、润滑 → 冷拔或冷轧 → 成品管精整

1. 原料准备

原料准备包括管料的选择和复检、锤头。冷轧管料通常采用热轧无缝钢管。所谓锤头是将管料前端加热并锻打至小于拔模模孔的直径,以便能伸过模孔,小车钳口夹紧管头实现拔制过程。锤头的长度应使金属消耗最小而又能保证拔管小车钳口能正常夹紧钢管,一般为 100 ~ 200 mm,锤头后管端直径应尽可能小,这样锤头一次可进行几道次拔制,从而减少锤头次数。若采用强迫喂入技术,可省去锤头工序。

2. 管料预先热处理

管料的预先热处理主要任务是软化钢管。钢管经过之前一系列工序后会产生硬度和组织的变化,直接影响冷轧和冷拔过程。硬度过高,冷轧、冷拔模具磨损快,电能消耗量大,且钢管本身易开裂或拔断。因此要求冷拔管料硬度通常不大于HB207,对于个别钢种允许不大于HB250。对于低碳钢管料,若其硬度和组织符合冷拔要求,则可以不进行预先热处理;而对于中、高碳钢及合金钢管料,由于热轧时的终轧温度高,轧后冷却速度不均匀,导致管料组织与性能不均匀,内应力较大、硬度偏高,轧、拔前一般要进行退火或正火处理。

3. 酸洗和润滑

酸洗的目的是清除管料内外表面的氧化铁皮,以保证冷轧或冷拔钢管的表面质量和润滑层与钢管基体的结合力。酸洗通常采用的方法有硫酸、盐酸、硝酸、氢氟酸和碱 – 酸复合酸洗。各种酸都有其特点和一定的适用范围,因此要根据钢种及质量要求同时考虑钢管生产经济上的合理性来选择酸洗方法。对于没有特殊要求的普通碳素钢和低合金钢,一般可采用硫酸酸洗;对表面质量要求高的优质碳素钢和低合金结构钢的精密钢管,一般采用盐酸酸洗;对于含镍铬的合金钢管,由于其表面氧化层中含有极难溶于一般酸的镍铬氧化物,故通常采用混合酸或碱 – 酸复合酸洗;而对奥氏体类不锈钢采用效果较好的氢氟酸酸洗。

钢管在冷拔(轧)前的润滑是为了减少冷拔(轧)加工时金属与工具间的摩擦,减少拔(轧)制力,提高钢管表面质量,减少工具磨损和消耗,加大道次变形量,提高变形速度,提高生产率。润滑方法有化学镀铜法、草酸盐法、磷酸盐法及涂牛油 – 石灰法等。采用哪种润滑方法要视钢种的不同而定。

4. 冷轧、冷拔

冷轧和冷拔是钢管冷加工的核心工序,详细内容见 6.3.2 和 6.3.3 的相关内容。

5. 成品管精整

成品管精整包括成品管热处理、矫直和切管、成品管表面质量和尺寸精度检查、物理性能检验、无损探伤,有些成品管还要求酸洗、钝化、烘干、涂油和包装等。

6.3.2 钢管的冷轧

冷轧钢管的主要优点是断面减缩率大,特别是减壁能力强。对碳钢,一次轧制的断面减缩率为80% ~ 83%,合金钢可达72% ~ 75%。其主要缺点是工具更换困难。冷轧法除直接用于生产一部分精度较高的冷轧管外,还往往与冷拔法联合使用,为冷拔开坯。这样既能充分发挥冷轧的减壁能力,又能利用冷拔工具易于更换的优点,有利于提高生产率、扩大产品生产范围、提高钢管表面质量。

1. 周期式轧管机轧管

钢管冷轧通常采用周期式轧管机。周期轧管法是钢管和芯棒不动,由机架往复运动带动碾轧钢管,采用变断面孔型压缩轧件,以达到减径和减壁的目的。

钢管冷轧过程如图 6.27 所示。管子的轧制是在一根固定在芯棒杆上的锥形芯棒和两个轧槽块之间进行的。在轧槽块的圆周上开有半径由大到小变化的孔型。孔型开始处的半径相当于管料的半径,其末端的半径等于轧成管的半径。

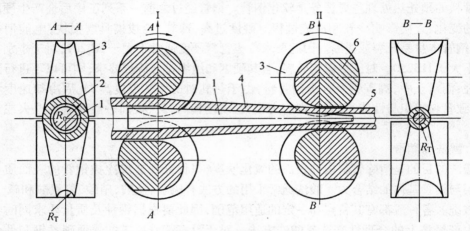

图 6.27 冷轧管机工作原理

1— 芯棒;2— 管料;3— 圆形轧槽块;4— 工作锥;5— 成品管;6— 轧辊

由于工作时工作机架往复移动,它有前后两个极限位置。图 6.27 中的 Ⅰ 位置称为工作机架的后极限位置,图中的 Ⅱ 位置为工作机架的前极限位置。当工作机架由后极限位置移动到前极限位置时称为正行程;反之称为返行程。一个正行程轧制和一个返行程轧制构成一个轧制周期。

由于孔型是变半径的,所以处在工作机架两个极限位置之间的管体尺寸(外径和壁厚)也是变化的。外形基本呈锥体,习惯上把这部分尺寸处于过渡状态的管体称为工作锥。轧制过程中,当工作机架到后极限位置时,把管料送进一小段,工作机架向前移动后,刚送进的管料及原来处于工作机架两个极限位置间尚未加工完毕的管体,在由孔型和芯棒构成的、尺寸逐渐减小的环形间隙中进行减径和减壁。当工作机架移动到前极限位置时,管料与芯棒一起回转 60° ~ 90°。工作机架反向移动后,正行程中轧过的管体受孔型的继续轧制而获得均整并轧成一部分钢管。轧成部分的钢管在下一次管料送进时离开轧机。

周期式轧管的主要优点是:与冷拔相比,无需打头工序,所以几乎没有金属损耗;可以得到很大的壁厚压下量(75% ~ 85%)和压下量(65%);产品的尺寸精度高,特别是壁厚精度好;钢管的表面质量好。缺点是生产速度慢,工具费用昂贵,中间处理费用高。常用于生产不锈钢钢管,产品规格:外径为 4.0 ~ 450 mm,壁厚为 0.04 ~ 60 mm。

2. 多辊式轧管机轧管

多辊式冷轧管机轧制钢管时,管子在圆柱形芯棒和加工了等半径轧槽的3~4个轧辊间进行变形。

多辊式冷轧管机工作原理如图6.28所示。工作时,曲柄连杆和摇杆系统分别带动小车和装在工作机架上的轧辊架作往复移动,当摇杆摆动时,轧辊与支承板产生相对运动,轧辊和芯棒组成的环形孔型就由大到小,再由小到大作周期性改变。当小车到达后极限位置时,送进一定的管料并将管体回转一个角度,送料和回转是同时进行的。当小车离开后极限位置向前移动时,孔型逐渐变小,管体受到轧制,在返行程轧制时,管体受到均整。

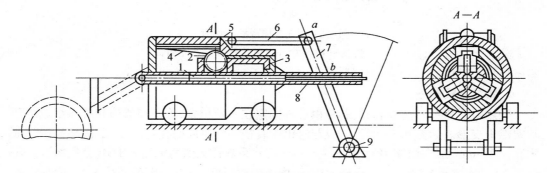

图6.28 多辊式冷轧管机的工作原理

1— 芯棒;2— 轧辊;3— 轧辊架;4— 支承板;5— 套筒;6— 拉杆;7— 摇杆;8— 管坯

与二辊式冷轧管机相比,多辊式冷轧管机的优点是:

① 辊径小,轧制过程中金属与轧辊及芯棒的接触面积小,这样可以降低轧制力及轧辊和芯棒的弹性变形,从而轧制出更小管径,更薄管壁的钢管;

② 由于轧槽切深小,金属与轧槽表面间的滑移较小,能生产表面光洁、质量好的管子;

③ 设备结构简单,轧制工具的制造和更换容易。

6.3.3 钢管的冷拔

冷拔金属在变形过程中会产生加工硬化、延伸变长、管端不能继续穿过模孔,表面润滑膜破坏等一系列变化,需要进行适当的处理,对管料进行软化(如采用热处理)、对管端需要锤头以便穿过模孔、进行管料的中间切断以适应拔机长度等,通常将这一系列工序称为中间处理,中间处理和拔前准备对冷拔加工过程和产品的加工蒸馏都至关重要。

冷拔钢管与冷轧钢管相比,直径和壁厚更小。直径小于4 mm的钢管只能用冷拔方法生产。小规格成品需要经过多次冷拔才能获得,通常需要多次退火处理。一次退火后的冷拔直至下一次退火之间的工艺过程叫做一个拔程,一个拔程中包括冷加工和中间处理过程。

钢管的冷拔方法主要有三种:无芯棒拔制法、短芯棒拔制法和长芯棒拔制法。

1. 无芯棒拔制法

无芯棒拔制又称空拔,是在管料内没有任何芯棒支撑的情况下,施加外力使管材通过模孔的过程。如图 6.29 所示。拔制后的管材内外径均减小,但没有减壁,而且由于管径的减小,壁厚还有少许的增加。无芯棒拔制道次减径量一般为 4 ~ 10 mm,每道次的面缩率为 25% ~ 30%,延伸系数最大值为 1.5 ~ 1.6,适合于拔制直径小于 30 mm,壁厚小于 1.0 mm 的钢管。无芯棒拔制可以纠正管子的偏心,使壁厚趋于均匀,多用于成品道次、小口径薄壁管材和异型管的拔制。

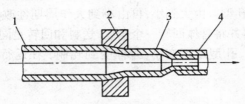

图 6.29 无芯棒冷拔示意图
1— 管料;2— 拔管模;3— 成品管;4— 小车钳口

2. 短芯棒拔制法

采用短芯棒拔制法拔制时,芯棒由芯杆固定在一定位置,管子在拔模和芯棒组成的环状间隙中变形。如图 6.30 所示。拔制时钢管直径和壁厚同时受到压缩,道次减径量一般为 6 ~ 10 mm,道次面缩率为 30% ~ 35%,延伸系数最大值为 1.7 ~ 1.8(个别情况下可达 2.1)。该拔制方法道次变形量大,管子内表面质量好,所以多用于开始道次、中间道次及成壁前的各道次,承担拔制生产过程中的主要变形。

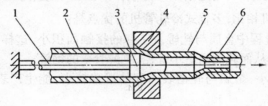

图 6.30 短芯棒冷拔示意图
1— 芯杆;2— 管料;3— 短芯棒;4— 拔管模;5— 成品管;6— 小车钳口

3. 长芯棒拔制法

采用长芯棒拔制时,管子与芯棒一起通过拔模,如图 6.31 所示。因此管子与芯棒间的摩擦力很小,一般只有延伸率相同条件下的短芯棒拔制时的摩擦力的 1/6,金属在拔模工作锥带的拉应力要比短芯棒拔制时小 15% ~ 20%,因而此方法可生产壁厚为 0.01 mm 的极薄壁管材。长芯棒拔制道次变形量可达 40% ~ 55%,壁厚相对变形量为 30% ~ 35%,延伸系数为 2.0 ~ 2.25。该方法多应用于生产薄壁管的第一、二道次,以获得较大的变形,消除来料的纵、横向的壁厚不均。另外还用于生产小直径极薄壁管、毛细管以及塑性较差的特殊合金钢管及有色金属管材。长芯棒拔制缺点是要求有材质好、尺寸精确、表面需精加工且数量较多的芯棒。此外还需要设置松棒机和芯棒抽出机。

此外还有游动芯头拔制法,如图 6.32 所示;顶管制管法,如图 6.33 所示;扩径制管法,如图 6.34 所示;双模过渡拔制、辊模拔制、连续拔制、超声波振动拔制等制管方法。

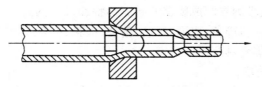

图 6.31　长芯棒冷拔示意图

1— 长芯棒;2— 管料;3— 拔管模;4— 成品管;5— 小车钳口

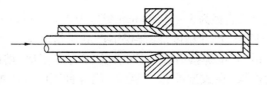

图 6.32　游动芯头拉拔法

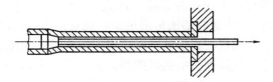

图 6.33　顶管制管法

图 6.34　扩径制管法

6.3.4　冷旋压

　　冷旋压是以热轧无缝钢管为坯料,加工大直径薄壁管材的主要方法。钢管旋压是在旋压机上进行的。旋压机形式有辊式和球式。旋压时管料套在芯棒上,旋压辊或旋压球围绕管料旋转加工,使其壁厚减薄,而外径变化很小。旋压机工作原理如图 6.35 所示。

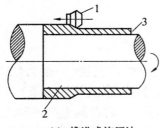

(a) 推进式旋压法

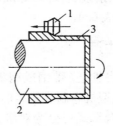

(b) 拉进式旋压法

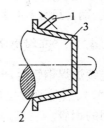

(c) 变截面管旋压法

图 6.35　冷旋压机工作原理示意图

1— 旋压辊;2— 芯棒;3— 旋压件

钢管旋压前的内径与芯棒间隙不能过大,否则在生产薄壁管时会产生折皱或折叠。道次压下量过大,螺距过大会在钢管表面产生螺旋道,影响钢管表面质量。

冷旋压法的特点是:由于旋压辊或旋压球与钢管的接触面积小,故轧制压力小;由于变形条件好,可加工高强度钢、合金钢等难变形材料;产品精度高,表面质量好。

6.4 焊管生产

焊管就是将钢板或带钢卷制成要求的断面形状和尺寸的管状,再将接缝焊合而成的钢管。其基本工序为:坯料准备、成型、焊接、精整、检验、包装入库等。

和无缝钢管相比,焊管具有以下特点:

① 生产工艺过程简单;

② 设备少,结构简单,重量轻,易于实现连续化、自动化、机械化生产;

③ 产品成本低;

④ 适应品种规格范围广,直径为 5 ~ 4 000 mm,壁厚为 0.3 ~ 25 mm,最大壁厚可达 50 mm;

⑤ 用带钢或钢板为原料,尺寸精度高,能保证产品质量。

焊管生产方法种类很多,按焊接方式分,可分为压力焊接法、熔融焊接法和钎焊法。压力焊接法是将管坯的边缘(在成型前和成型后)用各种不同方法加热,使其达到近于融化状态,然后施加压力,使焊缝边缘处的金属通过分子扩散生成新的结晶组织,冷却后形成焊缝。目前,多数焊管机组采用这种方法。压力焊接法包括电阻焊接法(高频电阻焊和高频感应焊)和炉焊法。熔融焊接法是通过加热使管筒边缘处融化,在焊条及焊药的参与下完成的冶金过程,冷却后获得新的结晶组织形成焊缝。熔融焊接法包括闪光电弧焊接法、埋弧电弧焊接法和气体保护电弧焊接法。钎焊是在管筒接缝处放入易熔金属作为粘合剂(比母体金属熔点低,多为紫铜及其他铜合金),经加热使粘合剂熔化,冷却后将管筒焊合成一体。钎焊的主要特点是成本低,且能生产复合金属管,但其接缝处强度低,生产效率低。通常用于小直径薄壁管生产。

按焊缝的加热方法,焊管生产方法可分为炉焊法、气焊法、电焊法。炉焊法是使用加热炉加热;气焊法是利用水 – 煤气或氧 – 乙炔等火焰加热,现已很少采用;电焊法是普遍采用的方法,根据工作原理的不同又可分为电阻焊、感应焊、电弧焊等。

按焊缝接合形式分,有对接、搭接、直缝和螺旋焊缝等焊接方法。各种焊接方法按成型方式、钢管尺寸和焊接速度见表 6.4。

6.4.1 连续炉焊钢管生产

连续炉焊钢管生产过程是将管坯(带钢或钢板)加热至炉焊温度(一般为 1 250 ~ 1 350 ℃),然后通过拉管模或成型机卷制成管筒形状,并将其接缝处(管坯边缘)压焊成为密闭的钢管。就其焊缝的接合形式可分为对接法和搭接法。后者的生产率和质量较低,目前已基本不用。对接法按所用设备和加热炉形式又可分为链式炉炉焊机组和连续炉焊机组,前者因其生产率低,劳动条件差,已不再采用。目前使用的炉焊管机组一般是指连续式炉焊管机组。

表 6.4　焊接钢管的生产方法

焊接方法		成型方法	钢管尺寸 直径(壁厚)	焊接速度 /m·min^{-1}
电阻焊		连续辊式成型	12.7 ~ 508(0.8 ~ 14)	6 ~ 120
炉焊		连续辊式热态成型	21.7 ~ 114.3(1.9 ~ 8.6)	1 ~ 2
电弧焊接	埋弧电弧焊接	直缝焊 辊式弯板机	300 ~ 4000(4.5 ~ 25.4)	1 ~ 2
		UO 压力机	400 ~ 1400(6 ~ 25.4)	1 ~ 2
		连续辊式成型	400 ~ 1200(6 ~ 22.2)	1 ~ 2.5
	保护钨极	螺旋成型机	300 ~ 2050(3.2 ~ 16)	1 ~ 2
	惰性气体 保护焊接	连续成型机	10 ~ 114.3(0.5 ~ 3.2)	1 ~ 2
	保护金属	压力机	50 ~ 4000(2 ~ 25.4)	1 ~ 2
		辊式弯板机		1 ~ 2

　　与其他焊管机组相比,连续式炉焊管机组具有设备简单、重量轻、产量高、成本低等特点,其出口速度可达600 m/min,是钢管生产中最经济和生产率最高的一种方法。炉焊管的直径为6 ~ 114 mm,壁厚为1.8 ~ 5 mm,最厚可达10 mm,可承受25 ~ 32大气压,一般用作水、煤气的输送。在民用建筑、机械制造、轻工和农业机械等行业也用作结构钢管。

　　连续炉焊钢管生产流程如图6.36所示。包括以下工序:坯料准备、加热、成型焊接、减定径及精整。

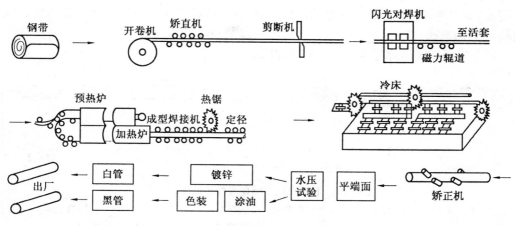

图 6.36　连续炉焊钢管生产流程

1. 坯料准备阶段

　　将带钢(管坯)开卷、矫平、切头尾、对焊,然后经过活套装置。根据规格的不同一般采用五、七或九辊矫直机;切头尾一般采用斜刃剪或液压剪,对焊(并清除焊缝毛刺)是为了实现无头生产。利用矫直机(或给料辊)和活套形成器形成活套储存一定长度的带材,以便在切头尾及对焊时不致影响整个机组的连续生产,同时通过活套调节可以使带材在成型焊接过程中保持均匀的张力。

2. 加热

加热工序多采用长达数十米的隧道式连续加热炉,使用混合煤气或重油为燃料。加热过程由热工仪表自动控制,其热工特点是管坯边缘部分较中间部分的温度高 40 ～ 80 ℃,以保证焊接张力和保持足够的强度不致使带钢被拉断。一般加热温度为 1 250 ～ 1 350 ℃。管坯出加热炉后要用压缩空气吹除其边缘的氧化铁皮,使板坯边缘的温度略有升高,以利焊接。

3. 成型和焊接

管坯在焊接前经多次吹风,使其边缘达到近于熔化的状态,经过成型机被卷成管筒形状并压焊成密闭钢管。成型焊接机一般为 6 ～ 16 架二辊水平、垂直交替布置的机架,前面机架的主要作用是成型和焊接,后面机架则主要起整形定径的作用,使其焊缝致密以保证足够的拉力将钢管(前面是钢带)从加热炉中拽出。成型机组采用圆形或蛋圆形孔型系统。

4. 定减径

由于生产过程是连续进行的,从成型焊接机出来的无限长钢管经过飞锯分段后送定减径机加工。定径的目的是均整钢管的外圆,使其形状、尺寸更符合要求。定减径机一般为 3 ～ 5 架,若为张力减径机通常为 14 ～ 22 架,最多可达 28 架,出口速度可达 500 m/min。焊管定减径后要切定尺、精整、水压试验、镀锌、机械加工(车丝)、包装工序后入库。

6.4.2 高频焊管生产

高频直缝连续电焊管机组目前可生产 $\phi(5 ～ 660)$ mm × $(0.5 ～ 15)$ mm 的水、煤气管道用管、锅炉管、油管、石油钻采管和机械工业用中小口径管。当采用排辊成型法时,产品规格可扩大到 $\phi(400 ～ 1 220)$ mm × $(6.4 ～ 22.2)$ mm。

高频直缝连续电焊管生产工艺流程如图 6.37 所示。

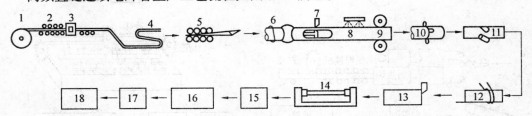

图 6.37 高频直缝连续电焊管生产工艺流程

1— 带钢卷;2— 矫直;3— 闪光对焊机;4— 活套;5— 成型机;6— 焊接;7— 刮削毛刺;
8— 冷却;9— 定径机;10— 切断;11— 矫直;12— 涡流探伤;13— 切端面;
14— 水压试压;15— 检查;16— 打印;17— 涂油;18— 包装

1. 原料准备

原料准备阶段包括开卷、直头、矫平、切头尾、端头对焊等工序。

2. 活套

为了使焊管成型、焊接过程连续进行,除了设置带钢端头对焊等设备外,还需设置活套装置。在电焊管机组中采用的带钢活套装置的形式有坑式、架空式、笼式、隧道式和螺旋式等几种。

3. 成型

成型是焊管生产的关键工序,成型机是焊管机组的主要机械设备。管筒成型的好坏对焊接质量有直接的影响,对最终获得优质的管材具有决定性意义。中小型电焊管机组的成型广泛采用连续辊式冷弯成型。

这种成型机实际上是一套水平辊和立辊交替布置的二辊式连轧机,是连续冷弯型钢机组的一种。管坯(带钢)通过上述机架的成型辊后,逐渐被卷取成为管筒的形状,成型过程如图 6.38 所示。成型机机架的数量取决于钢管的规格和材质,一般为 6 ~ 10 架。根据成型辊在机架上安装固定方式的不同,水平辊机架可分为悬臂式和双支点式两种,小口径($D_e < 65$ mm) 或薄壁($\delta < 2$ mm) 管可采用换辊方便的悬臂式,较大口径的管采用刚度大的双支点式。

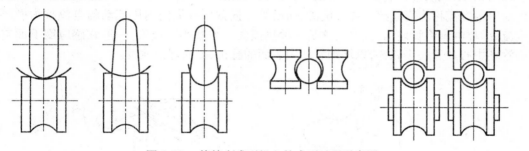

图 6.38 管筒在成型机上的成型过程示意图

连续式成型过程是这样的:管坯进入轧辊孔型时,管坯边缘逐步被卷起,每经过一架轧机,管坯的曲率半径都会发生变化,其变化多少完全取决于该架轧机轧辊的孔型。其变化过程如图 6.39 所示。其中图(a) 为单圆弧孔型系,孔型圆弧半径随成型道次增加逐渐减小。直至最后近于成品管半径。这种孔型系变形均匀,共用性大,易于机械加工,但管坯在孔型中易串动,稳定性小,焊缝易产生"桃尖形",影响焊缝质量。目前这种孔型系广泛用于小口径($D_e < 168$ mm) 焊管生产。其中图(b) 为孔型系是边部弯曲半径恒定,且等于成品管半径,中部弯曲半径较大且随成型道次增加逐渐减小的双圆弧孔型系。这

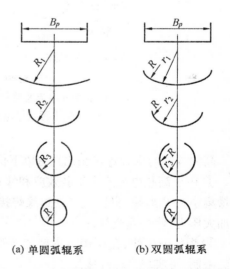

(a) 单圆弧辊系　(b) 双圆弧辊系

图 6.39 常用焊管成型辊系成型过程示意图

种孔型系比较完善,管坯在孔型中变形分布较均匀,孔型磨损也较均匀,管坯在孔型中比较稳定,管坯边部成型质量好,适用于各种规格和钢种的管坯成型,尤其是适用于厚壁管的成型。其缺点是共用性差。我国目前主要采用第一种孔型系。

4. 焊接

高频焊属于电阻焊的一种,全称高频电流(200 ~ 450 kHz)焊接法,是一种压力焊接法,它是利用通过成型后的管坯边缘 V 形缺口的电流产生的热量,将焊缝加热至焊接温度然后加压焊合。

高频焊又分为高频接触焊和高频感应焊两种。高频接触焊如图 6.40(a) 所示,是利用两块接触片(电极或焊脚)分别与管坯两边缘接触,电流从一个接触片沿 V 形缺口流向另一个接触片,因电流频率高而产生集肤效应和邻近效应,使 V 形缺口在瞬间被加热到焊接温度,同时加压焊合钢管。另一部分电流从一个接触片经过管坯圆周流向另一个接触片作为热损失而消耗掉。高频感应焊接法如图 6.40(b) 所示,是管坯从感应圈中通过,当感应圈中通高频电流时产生高频磁场,使管坯中产生涡流电流,密集的涡流电流流经管坯边缘 V 形缺口,管坯因自身阻抗而迅速被加热到焊接温度,同时加压焊合成钢管。加热 V 形缺口的电流称为高频感应焊接电流,而沿管坯横截面外周向内层流动的电流称为循环电流,循环电流将管坯周身加热,这是一种热损失。为减小热损失,一般在感应圈下面空心管坯中心放置一个磁棒,以增加管坯内表面的感抗,提高焊接速度。

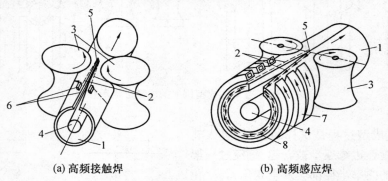

(a) 高频接触焊　　　　　　　　　　(b) 高频感应焊

图 6.40　高频焊接原理

1— 管坯;2— 电流通路;3— 挤压辊;4— 磁棒;5— 焊接点;
6— 高频电源接触电极;7— 感应圈;8— 循环电流

高频焊接与低频焊接相比具有以下优点:

① 由于高频电流产生集肤效应和邻近效应,使密集电流经过管坯边缘的 V 形缺口,热量集中在 V 形缺口处,缺口处边缘焊接温度比低频电流焊接温度高,且热影响区小,故可加大压力,使焊缝质量好。

② 焊接速度快,在 0.01 s 内就能使管坯边缘达到焊接温度,高频焊接不受跳焊缺陷等的限制,可实现高速焊接。

③ 高频焊接使用的接触片小,热影响区小,可焊接薄壁管。

④ 高频焊接无需清除带钢表面的氧化铁皮,减少了工序,降低了成本。由于检测和

控制手段的不断提高,焊管得到了迅速的发展,我国电焊管的产量已占钢管总产量的70% 以上。

5. 精整、检查、包装入库

焊接后的钢管,经去除内外毛刺后,用水冷却焊缝。焊缝冷却可保证焊缝的组织性能,防止焊缝在定径时镦粗。由于钢管在焊接过程中受热受压而产生变形,为确保外径精度和正圆度、改善焊缝质量和矫直钢管,焊接后的钢管须冷定径。定径后的钢管锯切成倍尺长度后再进行矫直和加工管端并保证钢管成品长度。成品管经水压试压、检验、车丝和涂层(镀锌)等精整加工后,包装入库。

目前,高频焊管的最高焊速已达 200 m/min,电阻焊接的电焊管已取代无缝钢管的部分规格和品种(石油套管、油管等)。为了减少带钢(管坯)规格,扩大焊管产品范围,减少换辊时间,充分发挥机组的生产能力,在中小电焊管机组中广泛设置张力减径机,减径机的最高出口达 360 m/min。为适应寒冷地区与深海开发石油、天然气对高强度、高韧性钢管的需求,在焊接机与定径机间设置退火设备,改善钢管的组织,消除焊接脆性。

6.4.3　UOE 直缝焊管法

所谓 UOE 法就是把按要求切断的带钢预先弯边并在 U 形和 O 形压力机上依次压制成 U 形和 O 形;然后预焊 O 形管筒的焊缝;最后用内、外两台电焊机对内、外焊缝进行埋弧焊接,制成钢管的方法。UOE 法是生产大口径直缝电焊管的主要方法,目前主要生产(ϕ406 ~ 1 625)×(6.0 ~ 32)mm 的钢管,长度可达 18 m。UOE 直缝电焊管生产工艺流程如图 6.41 所示。

1. 预处理

预处理包括探伤、刨边、打坡口和边部预弯。刨边的目的是把带钢加工成要求的宽度,同时根据焊接工艺要求将带钢边部加工成有一定形状的坡口。坡口的形状和尺寸应根据焊缝深度和宽度确定。对于薄带钢通常采用单面焊接,坡口为 45°V 型坡口,厚带钢通常采用较小的坡口角的 X 型坡口,两侧坡口深度一般为带钢厚度的 1/3。边部预弯的目的是为了消除弯制后边部的平直段,获得正圆度的管筒。边部预弯一般在压力机或辊压机上进行。

2. 成型、冲洗、干燥

管坯的成型过程是:经预先处理的带钢送入 U 形压力机中,首先用定心装置使带钢与压力机中心对正,然后用油缸驱动压头把带钢全长一次压成 U 形,如图 6.42 所示。再用立辊装置将 U 形带钢送入 O 形压力机,与此同时喷射装置向带钢外表面喷射水溶性润滑剂。O 形压力机压模是由上下对开的圆弧形金属板构成的,如 6.43 所示,通过它对 U 形带钢施加足够的压力,使带钢紧贴压模的内壁,逐渐压成 O 形,并在最后进行直径压缩。

成型后的管筒用辊道输送到高压水清洗处进行内、外表面的清洗,除掉残留在管子上的油脂和氧化铁皮。高压水压力约为 4.9 MPa,清洗后的钢管送到热风循环式干燥机中干燥。

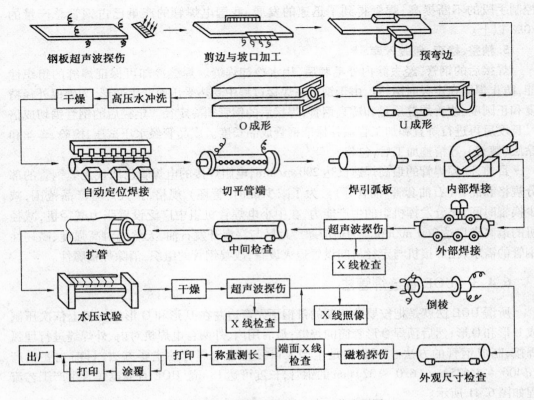

图 6.41　UOE 直缝电焊管生产工艺流程图

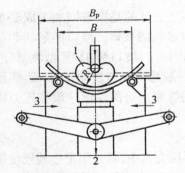

图 6.42　U 形压力机成型过程示意图
1— 上模;2— 下模;3— 横向弯板装置

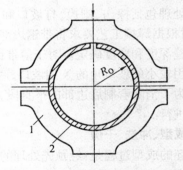

图 6.43　O 形成型压力机过程示意图
1— 模具;2— 管筒

3. 预焊、本焊、扩管

预焊是本焊前的一道重要工序,又称定位焊,目的是防止内、外焊接时发生偏心。首先用夹紧工具将干燥后的管筒焊缝朝上加以固定后,用手工电弧焊或气体保护焊、点焊等方法进行定位焊接。预焊后的钢管用平头机车平管筒的端面,并焊上引弧板。

如图 6.44 所示,本焊的顺序是先内焊后外焊。内焊时可将管筒固定,移动焊头;也可将焊头固定,移动管筒。大多采用前者。内焊时,管筒的焊缝朝下用夹紧工具固定,将装在悬臂梁上的焊头伸入管筒内,由里向外边移动边焊接。内焊采用双丝埋弧焊接,焊接速度约为2 m/min。外焊时,焊头固定不动,管筒由输入辊道送入焊机,按焊接速度移动。外焊也采用双丝埋弧焊接,焊接速度约为0.3 ~ 3 m/min。

扩管的目的是矫正焊接热造成的钢管变形,使钢管正圆度和平直度达到所要求的精度,同时消除焊接造成的残余应力。扩管量一般为管子直径的0.5% ~ 1.5%,扩管后管壁减薄约0.8%,管长减少0.5%,最终达到成品管要求的尺寸精度。扩管机有水压式和机械式。机械式扩管机在生产大直径焊管时的扩管效率高,易满足钢管内径几何尺寸的严格要求,正圆度好,管端形状和尺寸较精确。机械扩管过程如图6.45所示。液压缸通过拉杆拉动棱锥体时借助斜块使扇形块径向扩张,达到扩管的目的。

UOE法的优点是:成型方法简单、合理;焊缝质量好,生产效率高,适用于生产大直径的直缝焊管。缺点是成型机的设备投资费用高。

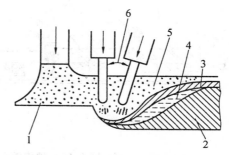

图6.44　双丝埋弧电弧焊
1— 钢管;2— 焊缝金属;3— 焊药硬壳;4— 熔池;
5— 焊药;6— 焊丝

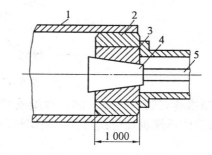

图6.45　机械扩管示意图
1— 钢管;2— 扇形块;3— 斜块;4— 棱锥体;
5— 拉杆

6.4.4　螺旋焊管法

螺旋焊管法是一种采用的电焊管生产方法。它是用螺旋成型机把带钢卷取成螺旋状管筒,然后用埋弧焊接法制造大直径钢管的一种方法。螺旋焊管机组的生产工艺流程如图6.46所示。螺旋焊管法的优点是:用同一尺寸的带钢能制造出多种外径尺寸的钢管;在一套成型机上能成型多种外径尺寸的钢管,设备共用性强、投资少;操作简便,有利于生产大直径的钢管;焊缝残余应力小,焊接质量高。其缺点是焊缝长,生产效率低。目前螺旋焊管的最大直径已达3 m,厚度达28 mm。

螺旋焊管的成型是在螺旋成型器上完成的,其成型方式有上卷成型和下卷成型,如图6.47所示。前者设备简单、操作调整方便、生产产品规格范围广,但目前采用高频电阻焊焊接钢管却需采用下卷成型法。螺旋成型器有三种基本形式:套筒式、辊式和芯棒式。

套筒式螺旋成型器如图6.48(a)所示,只适用于小口径($\phi < 520$ mm)焊管的成型。其优点是造价低,易于操作和掌握,更换规格调整工作量小,但其成型阻力大,工具寿命短,对产品表面有擦伤。辊式螺旋成型器如图6.48(b)所示。依据三辊弯板机工作原理制成。这种成型器与带钢的接触面呈滚动摩擦,阻力小,工具使用寿命长,对产品表面几乎无擦伤。但其结构复杂,变换产品规格时调整工作量大。在生产产品规格少时,比套筒

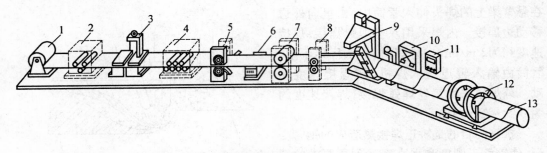

图 6.46　螺旋焊管机组的生产工艺流程图

1—卷板;2—三辊直头机;3—焊接机;4—矫直机;5—剪边机;6—修边机;7—主动递送辊;8—弯边机;

9—成型机;10—内、外自动焊接机;11—超声波探伤;12—剪切机;13—焊管

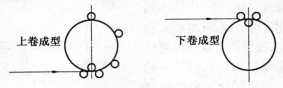

图 6.47　螺旋成型方法

式成型器具有明显优势。芯棒螺旋成型器如图 6.48(c) 所示。这种成型器适合于小直径、薄壁优质螺旋焊管的成型。但钢管内表面可能因摩擦而擦伤。

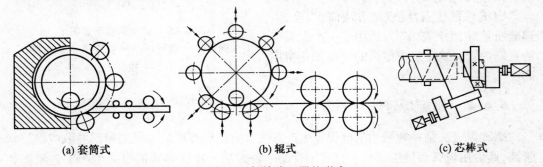

(a) 套筒式　　　　　　　　(b) 辊式　　　　　　　　(c) 芯棒式

图 6.48　螺旋成型器的形式

　　螺旋焊管生产工艺采用分段焊接,先在一台螺旋焊接机上进行成型和预焊(点焊),然后在最终焊接设备上进行内、外埋弧电弧焊接。一台成型及预焊设备可匹配四条埋弧电弧终焊设备,其产量相当于四台普通的螺旋焊管设备,因此这种工艺很有发展前途。

复 习 题

1. 简述钢管生产的重要性。

2. 试将钢管按用途进行分类。

3. 钢管生产的技术要求主要包括哪些方面?

4. 热轧钢管生产流程中的主要工序有哪些?

5. 热轧钢管坯料制备的工序有哪些? 各工序的任务是什么?

6. 钢管坯料加热制度包括哪些内容？如何确定坯料的加热时间？

7. 管坯加热炉的形式有几种？各有何特点？

8. 管坯的穿孔方法有哪些？各自的特点是什么？

9. 毛管轧制方法有几种？各有何特点？

10. 钢管的精轧包括哪些步骤？

11. 什么是张力减径？张力减径有何优点？

12. 钢管的精整包括哪些工序？

13. 什么是钢管的冷加工？与热轧钢管工艺相比较有何特点？

14. 试述钢管冷加工的工艺流程。

15. 钢管冷加工前为什么要进行预先热处理？

16. 钢管冷加工过程中酸洗和润滑的目的是什么？

17. 简述钢管的冷轧方法和特点。

18. 简述钢管的冷拔方法和特点。

19. 什么是冷旋压？

20. 试述焊管的分类。

21. 简述连续炉焊钢管生产的工艺流程。

22. 简述高频焊管生产的工艺流程。

23. 简述高频焊管的管筒成型过程。

24. 什么是 UOE 直缝焊管法？其生产工艺流程是怎样的？

25. 螺旋焊管法的优点是什么？螺旋焊管是如何成型的？

第7章　特种轧制技术

特种轧制是钢材深加工技术的重要方式之一,通常对板带材、线棒材和钢管等轧制材料再次以轧制的方式进行深度加工。在机械制造中,因特种轧制具有独特的优越性,如少切屑或无切屑,生产效率高,易于自动化机械化,零件精度高,内在质量好,设备小,振动噪音小及生产成本低等,被广泛采用,在材料加工和机械制造等行业中具有越来越重要的作用。尤其是在大批量机械零件的生产过程中,如汽车、电子电器、纺机、农机、轻工、高低压容器等领域,特种轧制技术的应用十分广泛。特种轧制也是提高产品质量、降低生产成本的重要手段。对于一些高技术领域的产品,如航空航天器和兵器制造中的特殊零件,特种轧制更是唯一的加工手段。此外,由于可对钢材进行深度加工,特种轧制技术可大幅度增加钢材的附加值,提高材料的利用率。所以,特种轧制技术对国民经济发展,对提高企业经济效益和社会效益均有十分重要的意义。国外对特种轧制技术也给予了很大的关注,如日本、德国、俄罗斯、美国等都有专门的特种轧制研究机构,有的国家还把特种轧制研究放在相当重要的位置。为此,近些年来无论对轧制理论、新轧制设备、新轧制方法等都有很多创新和发展。

特种轧制方式主要有纵轧、横轧和斜轧等。

目前,用于各种生产场合的特种轧制设备类型很多,按照所加工原料的形式不同可分为以下3种:

1. 板带材特种轧制设备

板带材特种轧制设备主要用于板带材的深加工,如薄带材的轧制,横向或纵向不等厚带材的轧制,以及螺旋状带材的轧制。设备种类包括各种形式的多辊板带轧机、锥形辊板带材轧机、辊锻机等。

2. 线棒管材特种轧制设备

线棒管材特种轧制设备用来生产各种实心或空心的回转体轧件,如阶梯轴类零件、球形零件、各种螺纹制品、散热器用的翅片管和羽翎管,以及麻花钻头等。相应的设备包括楔横轧机、钢球轧机、螺纹轧机、翅片管轧机、钻头轧机、管或筒形旋压机,以及冷轧带肋钢筋轧机等。

3. 盘环件特种轧制设备

此类设备主要用于生产轴对称类机械零件,而盘类零件的轧制主要使用能够产生轴向变形的摆动辗压机和径向变形的旋压机。环件特种轧制设备则用于各种环件的轧制,相应的设备有旋压机和轧环机。

特种轧制与普通轧制一样是靠工具回转压缩工件使其横截面减小,同时长度增加的一种成型过程,塑性变形区位于工件进出轧辊之间,属于连续局部回转成型。与传统的间歇整体锻造相比,特种轧制具有以下优点:

① 工件载荷小,有时仅为一般模锻的几十分之一;

② 设备重量轻,由于工作载荷小,所以设备重量轻,体积小,投资少;

③ 生产效率高,比常规锻造高几倍甚至几十倍;

④ 产品精度高,表面粗糙度低,具有显著的节材效果;

⑤ 冲击与噪音都很小,易于实现机械化。

由于零件毛坯长度不大,且沿长度方向上不是等截面的,特种轧制所采用的辊轮形状复杂。轧制成型工艺的缺点是通用性差,模具的设计与制造都较复杂,所以多用于品种少,批量大的场合。

本章介绍几种典型的特种轧制方法。

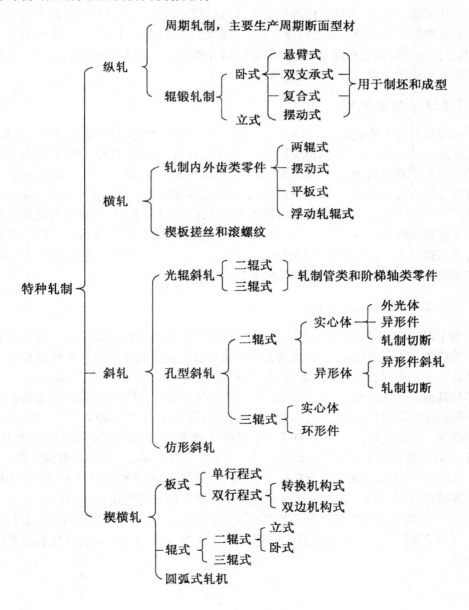

7.1　多辊轧制

多辊轧制技术主要用于高强度钢和精密合金的冷轧薄板和薄带钢轧制,在薄板带的生产中占有特殊的地位。几乎所有的不锈钢薄板都是由多辊轧机生产的。多辊轧制技术也用于电工钢板、超硬金属、铝合金、铜合金等薄带及稀有金属、双金属、贵金属的生产。

由于国民经济的发展,各行各业对各种金属及合金薄带和极薄带材的需求迅速增长,对板带材的质量要求也越来越高。在一些电器和仪器仪表的元件中需要厚度为 1 ～ 3 μm 的铝、钽和铍青铜箔材,这些带材或箔材采用四辊轧机生产是不经济的,通常在技术上也无法实现。此外,由于工作辊直径小,接触变形区也小,相应的轧制力也较小,所以,同样的轧制压力可以产生较大的压下量。然而对于四辊轧机来说,当工作辊的辊径很小时,其轧制方向的刚度和强度将不能满足轧制过程的要求,因此必须加以支撑。这样便产生了不同形式的多辊轧机和多辊轧制技术。

7.1.1　多辊轧机

多辊轧机的工作机座是一个复杂的整体,其主要组成部分与常用的板带轧机相同,包括轧机牌坊、支撑辊和工作辊构成的辊系、压下装置、轧辊磨损补偿机构、轧辊和支撑辊的辊型控制和平衡机构、轧辊传动装置、固定式和可卸式导卫、润滑和冷却系统、工艺参数控制设备及轧机自动化装置等。多辊轧机的使用能够保证小直径工作辊在垂直面和水平面上获得较高的刚度,并能够在轧制力相当大的情况下将所需的轧制扭矩传递给工作辊。由于支撑辊的数量可以在两个以上,所以可以根据不同的轧制要求采用不同形式的辊系和机架结构形式。常用的有 Y 形轧机、六辊轧机、偏八辊轧机(MKW 轧机)、十二辊轧机和二十辊轧机,其中最典型的多辊轧机是二十辊轧机。

7.1.2　森吉米尔轧机

二十辊轧机采用塔形支撑辊系,能够保证工作辊有较大的横向刚度。较为成熟的二十辊轧机为森吉米尔轧机,已经成为各种金属及合金的高精度薄带和极薄带材的主要生产设备。其工作辊直径从几毫米到 150 mm,辊身长度从 100 mm 到 2 300 mm。

与其他多辊轧机相比,森吉米尔轧机的突出特点是轧机刚性好,轧制精度高。由于机架采用整体铸钢结构,因此具有很高的刚度,同时采用了特殊的辊型调整机构,轧制厚度精度很高, 板形良好。 如轧制 0.2 mm 厚的不锈钢带材,四辊轧机的精度为 0.01 ～ 0.03 mm,而森吉米尔轧机的轧制精度为 0.003 ～ 0.005 mm,是四辊轧机的 5 倍。

如图 7.1 所示,与普通四辊轧机相比,森吉米尔轧机的结构十分紧凑、复杂,工作机座的特殊部分有:轧机牌坊、由上下两个塔形支撑辊组构成的辊系、压下装置、磨损补偿机构、轧辊和支撑辊的辊型控制和平衡机构等。为了适应薄带轧制的工艺特点,其他各部分如轧辊传动装置、导卫、工艺润滑和冷却系统、工艺参数控制及轧机自动化装置等也有很大差异。

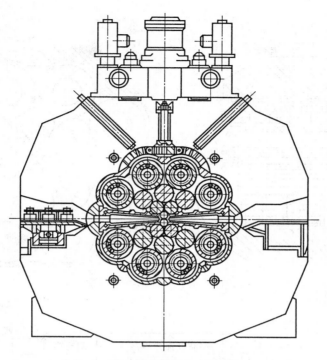

图 7.1   森吉米尔轧机结构

　　森吉米尔轧机的典型辊系为 1 - 2 - 3 - 4 型辊系,如图 7.2 所示。塔形辊系的外层有8 个支撑辊,用 A ~ H 表示,轧制力由工作辊通过第一列和第二列中间辊传递给支撑辊。其中 B 和 C 是主压下辊,通过轧机上部的大液压缸对其进行压下调整。这两个辊的鞍形环架中装有滚动轴承,能够在很大的轧制压力下较容易地转动。而在鞍形环架中的其他支承辊则采用滑动轴承,并且只能在无负荷的状态下转动,处于自锁状态。为了调整上下辊系相对位置(工作辊缝),需要将这些支撑辊移开。辊 A 和 H 通过一台位于轧机后面的电机移开,辊 D 和 E 也由类似的电机移开。根据轧机中轧辊的尺寸来调整支承辊的相对位置,以保证轧制过程对辊缝尺寸的要求。

　　与普通冷轧机相比,森吉米尔轧机的轧辊对材质和加工工艺有很多特殊的要求。典型的工作辊和传动辊的结构及加工精度要求如图 7.3 所示,轧辊的主要参数是辊径和辊身长度,两者决定了轧辊的结构尺寸和轧机的特性。

　　轧辊直径取决于轧件的材质、厚度、使用条件、最大轧制力、压下量和轧机的结构。轧辊直径与板材的最小可轧厚度之间的关系为

$$D \approx 2000h_{\min} \tag{7.1}$$

　　准确地确定最小可轧厚度 $h_{\min}$ 很困难,$h_{\min}$ 与轧件的材质、轧辊和轧件的弹性模量、轧制工艺参数和接触表面的摩擦状态有关。辊身长度可以根据轧制带材的最大宽度计算,即

$$L = B_{\max} + a \tag{7.2}$$

式中,$a = 50 \sim 200$ mm(根据带材宽度选择)。

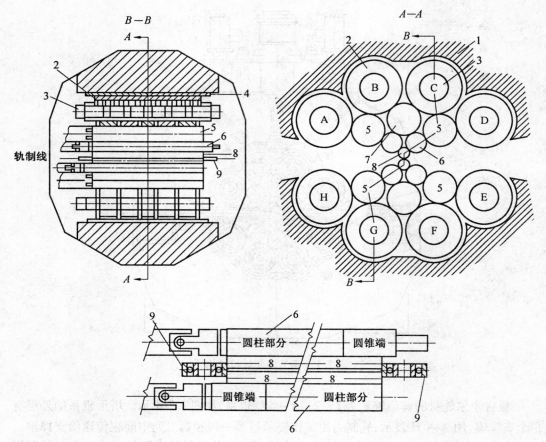

图 7.2 1－2－3－4 型森吉米尔轧机的辊系
1— 牌坊;2— 轴承;3— 背衬轴;4— 鞍座;5— 第二中间辊(传动)
6— 第一中间辊;7— 第二中间辊;8— 工作辊;9— 工作辊止推轴承

森吉米尔轧机的工作辊直径为 3 ～ 160 mm,中间辊直径为 5 ～ 250 mm,支撑辊直径10 ～ 400 mm。根据轧机的用途,轧辊的辊身长度一般为 60 ～ 1 700 mm,最长的辊身长度可达 2 300 mm。

森吉米尔轧机的轧辊材质多为冷轧辊专用的轧辊钢,如 9Cr、9Cr2、9Cr2Mo、9CrMoV、6Cr6MoV 等。要求有一定的淬火深度,以保证轧辊的表面硬度和耐磨性。通常工作辊辊身表面的肖氏硬度为 85 ～ 95(HRC60 ～ 65),中间辊辊身表面的肖氏硬度为 75 ～ 90(HRC58 ～ 63)。根据辊径的大小,淬火深度为 2 ～ 10 mm。此外,硬质合金工作辊的使用也很广泛,由于其高硬度和高弹性模量,可以显著提高工作辊的耐磨性,降低弹性压扁量,从而能够轧制更薄的带材,提高带材的轧制精度,延长轧辊的使用寿命 14 ～ 29 倍,显著提高森吉米尔轧机的生产率。

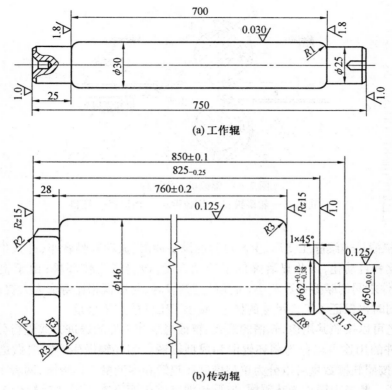

(a) 工作辊

(b) 传动辊

图 7.3　二十辊轧机的工作辊和传动辊

7.2　辊　锻

辊锻是将纵向轧制引入锻造业的成型方法,国外多用辊锻为模锻制坯,仅对截面变化简单的锻件,如犁铧、锄头、钢叉、十字镐、叶片等才采用成型辊锻工艺生产。在国内汽车、工具等行业多用制坯辊锻工艺与机械锻压机或摩擦压力机配套生产连杆、曲轴、前轴,以及随机工具的各类扳手等。

7.2.1　辊锻原理和分类

如图 7.4 所示,辊锻机的上下两个锻辊轴线平行、转向相反。安装在锻辊上随其旋转的辊锻模借助摩擦将纵向送进的毛坯曳入并连续对其局部施压,使毛坯受压部位的截面积和高度都减小,宽度略有增加,长度的伸长较大。故辊锻多用于伸长变形为主的锻造过程。

与锻造过程相比,辊锻工艺具有以下优点:

① 由于变形是连续的局部接触变形,虽然变形量很大,但变形力较小,因此,设备的质量和电机功率较小。如 250 吨的辊锻机相当于 2 000 吨以上的锻造机。

② 多槽成型的辊锻机其生产效率与锻锤相当。单槽成型的辊锻机其生产效率很高,一般比锻锤高两倍以上。辊锻的变形过程连续,残余变形和附加应力小,产品的力学性能

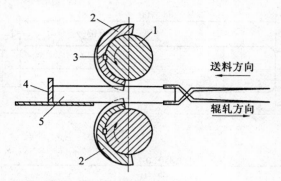

图 7.4　辊锻机工作原理

1— 轧辊；2— 辊锻模；3— 定位键；4— 挡板；5— 坯料

均匀。

　　③ 由于辊锻是连续静压变形，生产过程的设备冲击、振动和噪音小，并且生产过程易于实现机械化和自动化，因此显著降低了劳动强度，改善了工作环境；由于辊锻的工具（轧辊）与工件之间的摩擦系数较小，工具的磨损较轻，与锻模相比寿命大大提高，降低了工具消耗的同时也保证了工件尺寸的稳定，减小了工件的加工余量。

　　辊锻工艺可以按照其用途、轧槽的形式、辊锻温度和工件的送进方式进行分类。辊锻工艺根据工件的用途可以分为制坯辊锻和成型辊锻。制坯辊锻生产需要做进一步的加工，制坯辊锻按照轧槽数量可以分为单型槽制坯辊锻和多型槽制坯辊锻，两者主要都是为了给模锻供坯。制坯辊锻均为热辊锻，成型辊锻能够生产基本不需要或较少进一步加工的工件，对长轴类、板片类中某些锻件可实现终成型、初成型与局部成型，如经过热精辊锻和冷精辊锻的五金工具类产品。故在工业应用中常将辊锻分为终成型辊锻、初成型辊锻和局部成型辊锻三种。对于截面形状简单的钢叉、十字镐、汽车变截面板簧等多采用终成型辊锻或局部成型辊锻生产；而几何形状复杂、厚度差较大的锻件，如连杆、前轴、履带节等锻件，也有采用初成型辊锻或局部终成型辊锻，再配置小能力的模锻设备进行整形或局部模锻。

　　此外，类似于型钢轧制，辊锻工艺可以根据型槽的形式分为开式型槽和闭式型槽两种辊锻方式。按照坯料的送进方式，辊锻工艺也可以分为顺向送进和逆向送进两种类型。辊锻时，坯料从辊锻机的一侧送入，从另一侧出来的送进方式为顺向送进。顺向送进利用轧辊的咬入力使工件自然进入成型区辊锻成型，不需要附设送进装置，且工件不需夹持，适用于成型辊锻。但对于多道次辊锻，则需要在辊锻机两侧反复移送坯料。逆向送进的生产方式是坯料的送入和出料均在辊锻机的一侧，这样操作较方便，尤其是对于多道次辊锻。工件在夹钳的夹持下，利用轧辊的空隙送入辊锻区，当轧辊转到辊锻位置时实现压下变形，同时将工件送出辊锻区。

7.2.2　辊锻机

1. 辊锻机的分类

辊锻机主要根据结构形式进行分类，设备的基本结构与二辊式轧机类似，主要包括一对转速相同、方向相反的锻辊(轧辊),辊锻模固定在辊锻上,电动机经过皮带轮、减速机和联轴器带动工作辊,如图 7.5 所示。由于两个锻辊不做上下调整,所以不需要齿轮分配箱和万向节轴,上辊是通过两个锻辊轴之间的齿轮传动的。由于辊锻过程是间歇的,为了平衡电机负荷,采用大直径的皮带轮,并加装离合器。在减速器高速轴的另一侧安装制动器,两者相配合保证锻辊停在准确的位置。

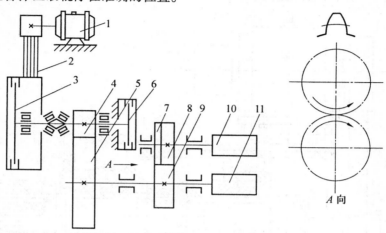

图 7.5　辊锻机的基本结构

1— 电动机;2— 三角皮带;3— 离合器;4,5— 传动齿轮;6— 制动器;
7— 浮动长齿轮;8,9— 长齿齿轮;10— 上锻辊;11— 下锻辊

辊锻机有如下分类:

（1）根据送料方向分类

辊锻机的送料方向可以与水平面平行、垂直或倾斜,相应的设备形式有卧式、立式和斜式辊锻机。大多数辊锻机是卧式的,在机器的两面均可操作,进出料比较方便,适用于生产中小型毛坯或成品锻件,是辊锻机的主要结构形式。立式辊锻机适用于生产细长的锻件,此类产品在热状态下送进容易弯曲,采用垂直送进可以避免,如图 7.6 所示。

当对工件有特殊要求时,可以将辊锻机布置为倾斜式,如图 7.7 所示。一般与水平面呈 45° 角。工作时,工件从机器的斜下方送入,从辊锻机出来后靠自重由接料台滑回,再转送下一工序。

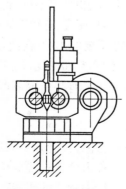

图 7.6　立式辊锻机

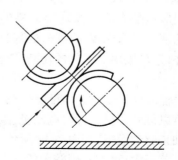

图 7.7　斜式辊锻机

（2）根据锻辊支撑结构分类

根据锻辊支撑结构可以将辊锻机分为悬臂式、双支撑式和复合式三种。悬臂式辊锻机锻辊的一端支撑，工作部分伸在机身外，另一端悬空，如图 7.8 所示。这类辊锻机更换模具较为方便，操作位置可以在机前、左侧和右侧，适用于进行展宽的工序。但设备的刚性较低，多用于小型件的大批量生产。

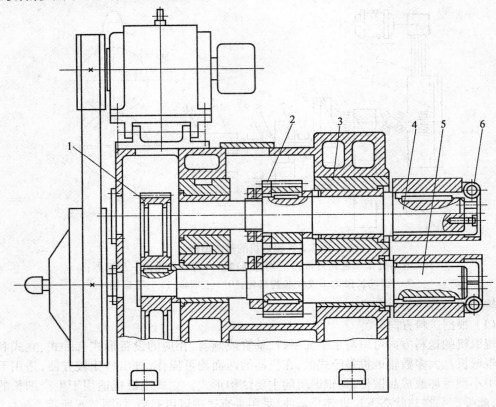

图 7.8　悬臂式辊锻机

1— 传动机构；2— 长齿调节机构；3— 偏心套中心距调节机构；4— 上锻辊；
5— 下锻辊；6— 锻模固定及角度调节机构

双支撑式辊锻机的锻辊两端均由轴承支撑，如图 7.9 所示，机架刚性好，辊锻精度高，适用于生产成型辊锻或冷辊锻产品。双支撑的锻辊上可以进行多槽辊锻，有较广的应用范围。

复合式辊锻机是将双支撑式辊锻机的非传动侧的辊端伸出机架，形成一对悬臂锻辊。机架内的部分成为内辊，机架外的部分成为外辊，如图 7.10 所示。外辊除了能够进行辊锻工作外，还可以用于工件的切断、弯曲和矫直等工序。有些情况下可以为辊锻机提供动力。

（3）根据辊锻机传动部分的设置分类

辊锻机可以像轧钢机一样将电动机、减速器等主传动部分设置在机架牌坊的一侧，采用较长的接轴来驱动锻辊，如图 7.11 所示。这类辊锻机称为分置式辊锻机。分置式辊锻机轧辊的调整范围大，可以实现较大的压下量，适用于生产大规格的辊锻产品。对于小规格、径向压缩量较小的辊锻机,一般将传动装置与工作部分设置在一起,结构较为紧凑,类似于专用机床的结构布置,称为机床式辊锻机。图 7.8 ~ 7.10 所示的辊锻机都属于机床式辊锻机。

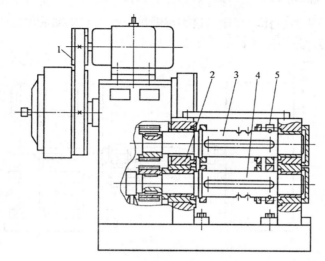

图 7.9　双支撑式辊锻机

1— 带轮;2— 偏心套中心距调节机构;3— 上锻辊;4— 下锻辊;5— 锻模固定及角度调节机构

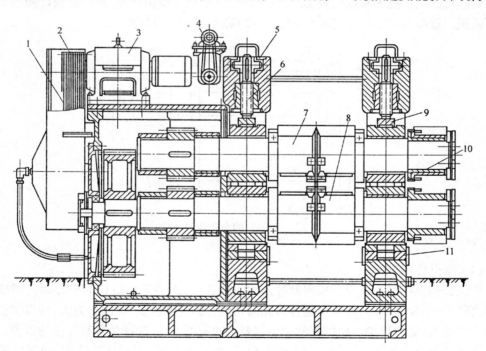

图 7.10　复合式辊锻机

1— 三角皮带轮;2— 传动箱;3— 主电动机;4— 中心距调整电动机;5— 涡轮蜗杆机构;6— 压下螺杆;
7— 上锻辊;8— 下锻辊;9— 超负荷安全装置;10— 蝶形弹簧;11— 楔铁

（4）按照产品的品种和批量分类

对于一些批量大、有特殊要求的产品，采用高效率的专用辊锻机生产比较适宜，如生产变断面弹簧扁钢的专用辊锻机、冷成型叶片的叶片冷锻机等。而对于小批量、多品种的产品，则使用通用型辊锻机比较合适。这类辊锻机已经系列化批量化生产，设备装备水平高，产品质量好，生产效率高，大大降低了生产成本。

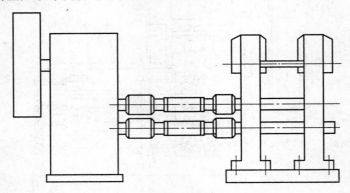

图 7.11　分置式辊锻机

2. 辊锻机的主要技术参数

辊锻机的主要技术参数代表了产品的规格、性能和主要用途等，是设备设计和选择的主要依据。辊锻机的主要几何尺寸如图 7.12 所示，其技术参数如下：

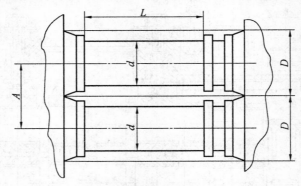

图 7.12　辊锻机的主要几何尺寸

（1）锻模公称直径 D

锻模公称直径是指锻模分模面处的公称回转直径，即等于两锻辊的中心距。锻模的公称直径越大，变形区越长，金属越容易充满孔型。但变形区长，轧制压力大，使辊锻机的结构尺寸增大，能耗增加。所以在满足工艺要求的前提下，应选择公称直径小的锻模。

锻模公称直径的选择可以根据工件的形状、尺寸和材料，用类比法确定，也可以根据坯料直径 d_g，用经验公式初步计算。

制坯辊锻时

$$D = (6 \sim 8)d_g \tag{7.3}$$

成型辊锻时

$$D = (8 \sim 15)d_g \tag{7.4}$$

式中 d_g——坯料直径,mm。

（2）公称压力 p_g

公称压力是指辊锻机能够承受的最大径向辊锻力,是辊锻机设计和选型的主要依据,它是根据典型工件的辊锻力计算确定的,并以此指定辊锻机的系列。

（3）锻辊直径 d

锻辊直径是指安装锻辊模处的辊轴直径,其大小决定了辊锻模的尺寸和锻辊的刚度。锻辊直径大,刚性好,但是锻辊模的尺寸减小,影响其使用寿命和强度。综合考虑锻辊辊直径可按下式确定

$$d \approx D/1.5 \tag{7.5}$$

（4）辊身长度 L

锻辊辊身长度是指能够安装模具的实际锻辊的轴向长度,其中不包括两端夹紧固定模具的部分。锻辊辊身长,安装的模具多,但锻辊的刚度下降。综合考虑辊锻机的能力,可按下式确定锻辊辊身长度

$$L = D \tag{7.6}$$

（5）锻辊转速 n

锻辊转速应满足辊锻工艺的要求,对于制坯辊锻,变形量大,一般采用手工操作,轧制速度较慢,通常辊模分模面上的速度为 1.2 m/s 左右,能够满足快速轧制和准确喂入的要求,所以可以采用较高的辊锻速度。

（6）锻辊开口度 ΔA

锻辊开口度是指两个锻辊中心距的调节范围,一般是上辊的移动量。锻辊开口度的选择应考虑操作方便,易于排除故障,同时应尽量减小机架的高度和传动系统的尺寸,从而提高机架刚度,降低设备造价。根据锻模公称直径的不同,锻辊的开口度应大于 10 ~ 20 mm。

辊锻机的主要技术参数确定后,设备能够加工的最大坯料尺寸即可估算出来,通常按照下式计算可锻坯料的尺寸

$$d_g = D/(6 \sim 8) \tag{7.7}$$

3. 辊锻机的主要结构

辊锻机主要包括机架、锻辊轴、锻模调整装置和主传动系统等,各部分的基本作用与二辊轧机类似。但由于辊锻工艺的特点,各部分的设计思想和方法与轧钢机又有很大差异。

（1）机架

机架是辊锻机的主要部分,其质量占机器总质量的一半。机架的设计包括机架形式的确定、结构尺寸的设计和材料选择等。

辊锻机的机架有整体式、组合式和分置式三种。

①整体式机架是将底座、左右牌坊和横梁做成一体,有焊接结构和铸造结构两种形式。整体式机架的特点是结构紧凑,有较高的强度和刚度,设备总体尺寸小,占地面积小,

易于整体包装、运输和安装,对地基无特殊要求。但整体式机架的结构复杂,加工难度大,成本高,目前只用于悬臂式辊锻机。焊接结构的整体式机架主要采用 Q235 钢板,铸造结构的整体式机架可以采用铸铁(HT200 ~ 400)和铸钢(ZG35)材料。铸铁机架的减震性好,不易变形,铸钢机架具有较高的强度和刚度,并可以焊接。铸造整体式机架适合于批量生产。

②组合式机架的左、右牌坊和设备的传动部分与底座是单独加工,然后组装在一起的。左右牌坊间距离较大,需要由横梁或拉杆连接在一起。以提高设备的轴向刚度。由于传动部分对机架有倾翻力矩,所以机架的安装应有足够的强度和刚度。

③分置式机架的左右牌坊与设备的传动部分由联轴器连接在一起,类似于二辊轧机的形式,由于上下锻辊的轧制力矩不同,两者不能抵消,其差值即为作用在机架上的倾翻力矩。分置式机架可以是移动的,通过移动右机架来调整可轧工件的宽度,同时模具的安装也较为方便,还可以安装环形模具。分置式机架由于机架与传动系统通过联轴器相连,所以受传动力影响较小,左右机架承受的轧制力相差不大,便于机架、轴承等相关零件的设计,设备的装配和维修方便。但分置式机架的辊锻机占地面积大,安装调整技术要求高,设备的质量也较其他类型设备大。

通常情况下,大规格的辊锻机采用分置式机架,小规格的辊锻机一般采用组合式机架或整体式机架。

(2)锻辊

锻辊相当于轧钢机的轧辊,其作用是传递扭矩和承担辊锻力。由于锻辊上要安装锻模,所以其结构要保证模具的准确定位和安装牢固。

锻辊的结构主要取决于辊锻机的结构,同时也与模具的固定方式、轴承形式和轴向定位的方式有关。图 7.13 是锻辊的典型结构,中间辊身部分用于安装模具,对于双锻机,一般采用扇形模具,利用长键传递扭矩和周向固定,轴向固定则采用定位螺栓和定位块等零件。

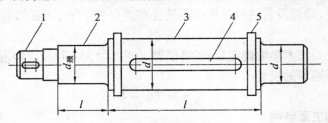

图 7.13　锻辊的典型结构

1— 传动端;2— 轴颈;3— 辊身;4— 键槽;5— 轴身

由于辊锻机采用间歇式轧制,具有转速低、冲击大的特点,所以锻辊轴承一般采用非液体摩擦的滑动轴承。滑动轴承具有工作可靠、耐冲击、承载能力大等特点,能够满足辊锻机的要求。制造滑动轴承的材料有铸造青铜、锌铝合金和酚醛胶木等。由于滑动轴承工作效率低,精度差,不能适应高精度辊锻机的要求,因此先进的自动辊锻机已逐渐采用滚动轴承。

锻辊轴向的固定可以利用轴瓦(轴套)的台阶(图 7.14),也可以用轴端挡板、螺母等常用的轴向固定方式(图 7.15)。

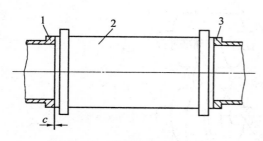

图 7.14　锻辊两端轴瓦定位

1,3— 轴瓦;2— 锻辊

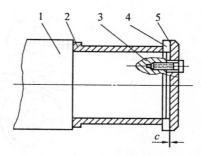

图 7.15　锻辊非传动端端盖定位

1— 锻辊;2— 轴瓦;3— 螺钉;4— 端面轴承;5— 端盖

锻辊的强度设计与轧钢机轧辊的强度设计类似,通常要作弯扭组合的强度校核和变形及垂直高度计算。锻辊的工作条件较恶劣,要承受脉动的载荷,而且安装模具的辊身部分受到的瞬间接触应力很大,容易被模具啃伤或压塌。锻辊材料为轴类零件常用的材料,如 45 钢、40Cr、45MnB 等,粗加工后要进行调质处理。为了提高辊身的接触强度,在有条件的情况下应进行滚压、氮化等表面硬化处理。

7.3　楔横轧

楔横轧也称为回转锻造,该技术国外于 20 世纪 60 年代开始应用,我国开始于 20 世纪 70 年代。楔横轧技术主要用来加工阶梯形轴类零件,尺寸达到 $\phi 100$ mm × 700 mm,生产效率为 6 ~ 10 件 /min。

楔横轧技术可以用于热轧也可以用于冷轧,与锻造相比,生产效率提高 4 倍以上;材料利用率大于 90%;轧辊寿命高达 40 000 ~ 120 000 件;可以生产上百种轴类零件;加工工件的直径从几毫米到 100 mm 以上,长度可达 630 mm 以上。由于楔横轧工艺具有产品质量好、生产效率高、少切屑或无切屑的特点,因此已经成为大批量轴类零件生产中重要的加工方式,广泛应用于汽车、拖拉机、摩托车和五金工具行业中各种阶梯轴、连杆、球头销和扳手等零件的生产。

7.3.1　楔横轧原理

楔横轧如图 7.16 所示,两个带楔形模的轧辊,以相同的方向旋转,带动圆形坯料旋转,坯料在楔形孔型的作用下,轧件的直径减小,长度增加,轧制成各种形状的阶梯轴。轧辊每旋转一周,轧出一件产品,因此生产效率很高。其生产方式可以是单件生产,也可以是连续生产。连续生产的过程中,轧件根据轧辊的回转节奏做轴向送进,轧出的轧件由剪切机剪断后送入料仓。由于楔横轧生产的产品精度有楔形工具来保证,受工艺和人为因素影响很小,所以,只要楔形工具的型面设计合理,就能保证生产出的产品的精度。

由于楔横轧既可代替一般锻造生产某些轴类零件,又可以用它精确制坯,为模锻提供预锻件,因此具有广泛的用途。

楔横轧具有生产效率高,材料利用率高,产品表面质量好及进出料方便等优点,但轧

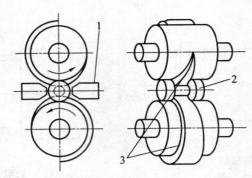

图 7.16　楔横轧原理

1— 导板；2— 轧件；3— 带楔形模的轧辊

辊复杂,工艺调整困难,故一般适合于轧制长度小于 800 mm、年批量大于 3 ~ 5 万件的轴类零件。

7.3.2　楔横轧机

1. 轧机分类

楔横轧机主要是根据楔形工具形式和设备总体布置形式分类的。

（1）按工具形式分

楔横轧机按工具形式分为辊式、平板式和单辊弧形板式三种,如图 7.17 所示。

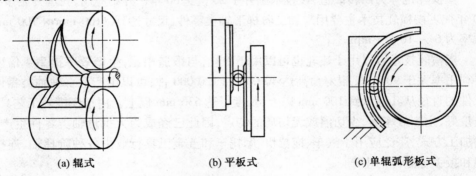

　　(a) 辊式　　　　　　　(b) 平板式　　　　　　(c) 单辊弧形板式

图 7.17　楔横轧机的主要类型

　　辊式楔横轧机结构紧凑、调整方便、准确,导板的安装容易,轧制过程稳定,生产效率高,对于较短的工件辊式模具加工较为容易。但辊式楔横轧机的结构较为复杂,占地面积较大。辊式楔横轧机有二辊和三辊两种,与三辊楔横轧机相比,二辊楔横轧机上下料方便,设备简单,生产效率高,但与钢管斜轧过程类似,由于轧制过程中工件心部容易产生组织疏松,因此这种轧机适合于生产直径较小的轴类零件。而三辊楔横轧机则适用于难变形金属、重要的及大直径的轴类零件的轧制。

　　从设备结构上看,板式楔横轧机的结构简单,若采用液压传动,则加工可以大为简化,占地面积小;而且对于较长工件的加工,板式模具易于加工,但由于其工具是往复运动的,当轧机的速度过快时惯性负荷过大,因而轧制速度受到限制。

　　单辊弧形板式楔横轧机的结构最为简单,只需一个轧辊,可以省去齿轮分配箱,但单辊弧形板式楔横轧机的调整困难较大,而且其模具结构制造的难度也最高。

(2) 按设备总体布置分

此种分类主要针对辊式楔横轧机,分为分体式和整体式两种类型。

分体式楔横轧机的工作机座与传动部分分开设置,优点是机架强度高、刚性大,使用可靠,调整维护方便。缺点是轧机机座、万向节轴、齿轮机座及电动机分开布置,设备质量大,占地面积大,车间的设备布置较为困难。分体式楔横轧机适用于生产尺寸大、精度要求不高的工件,如需要进一步机械加工的轴类零件的坯料。

整体式楔横轧机将传动系统和工作部分都设置在一个机座上,设备结构紧凑,占地面积小,轧制精度高,适用于生产小尺寸,高精度的轴类零件。

2. 轧机结构

楔横轧机的主要结构包括主机座、轧辊调整机构、主传动机构、送料装置和电控系统。二辊楔横轧机的工作机座如图 7.18 所示。

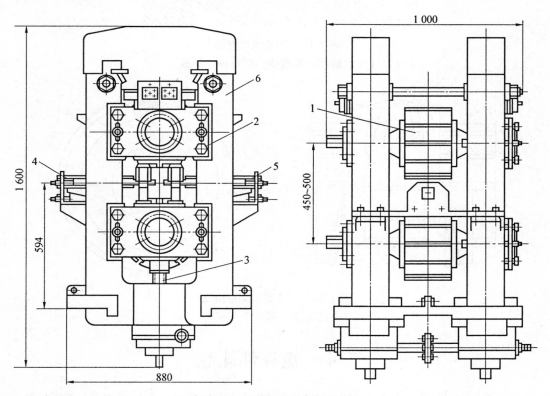

图 7.18　二辊楔横轧机工作机座

1— 轧辊辊系;2— 轧辊轴向调整机构;3— 轧辊径向调整机构;4,5— 导板装置;6— 机架部件

3. 轧辊

楔横轧机的轧辊安装在轴承座内,上下轴承座之间用弹簧或液压缸分开,实现上轧辊的平衡。楔横轧机的轧辊工作条件十分恶劣,承受较高的轧制压力和轧制温度,又由于轧辊的直径较大,承受的磨损也很大,因此要求轧辊材料应有较高的硬度和强度。

常用的轧辊材料有：

热轧时用：35CrMnSi、5CrNiMo、3Cr2W8V；

冷轧时用：9CrSi、Cr12MoV、W18Cr4V；

热精轧时用：W6Mo5Cr4V2Al、5W2Cr4V2。

楔横轧机多采用辊套式轧辊，将加工好的轧辊装上楔形模后装在轧辊轴上。楔横轧机的轧辊是分块装配的，这样模块可以加工得小一些，利于加工和安装，模具损坏后易于局部更换和修补。模具的安装可以采用压板将模板固定在轧辊上，如图 7.19 所示，也可以采用方头螺栓在轧辊径向固定，如图 7.20 所示。

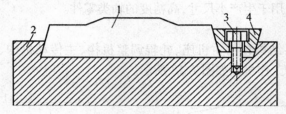

图 7.19　压板固定模板
1— 模板；2— 轧辊；3— 螺钉；4— 压板

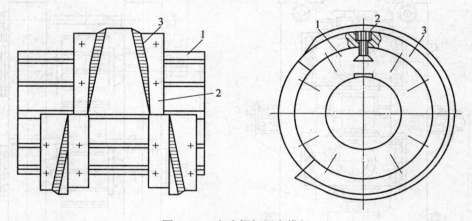

图 7.20　方头螺钉固定模板
1— 轧辊；2— 螺钉；3— 模板

7.4　盘环件轧制

盘环件轧制是生产无缝环件的主要方法，通过改变轧辊形状及生产工艺，可以生产出多种横断面形状的盘环件，如图 7.21 所示。轴承环、齿圈、轮毂、回转轴承、法兰、航空器用环形部件、阀体、核反应堆部件等，都可以采用盘环件轧制方法生产。可轧制环件的金属种类也很多，如碳素钢、低合金钢、工具钢、不锈钢、耐热合金、高强度和抗高温镍合金、钛合金、铝合金及其他一些非铁基合金等。

轧制盘环件的尺寸范围较大，外径为 75 ~ 8 000 mm、高度为 15 ~ 250 mm、质量为

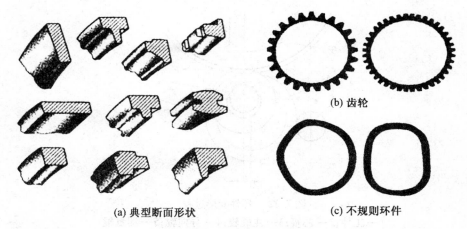

(a) 典型断面形状   (b) 齿轮

(c) 不规则环件

图 7.21 盘环件的种类

0.4 ~82 000 kg 的盘环件都可以采用轧制方法生产。其中,大约90% 的环件尺寸为:外径为240 ~ 980 mm、高度为70 ~ 210 mm,壁厚为16 ~ 48 mm。经过改造的轧机还可以轧制壁厚与高度比为16:1 的盘类环件,以及高度与壁厚比为16:1 的筒类环件。

环件轧制成型是一个逐步变形的过程,在轧制过程中,金属的晶粒排列逐步与环件的周线相一致,因此得到的周向纤维致密均匀。在与环件横截面的外轮廓一直保持平行的状态下,沿周线扩展,最后形成与要求形状接近的晶粒连接体,即环件。以这种成型方式得到的环件产品还可防止表面裂纹的产生。此外由于轧环的生产具有效率高,尺寸精确,尤其是能显著降低材料消耗量(一般材料利用率可达90%)等优点,所以轧环机得到了广泛的应用。

7.4.1 轧环原理

环件轧制生产开始时,将圆钢锯切或剪切成所需体积的钢坯,加热后由锻锤(压力机)拍扁,然后冲孔,再放置在轧环机上进行轧制。随着轧制过程中芯辊朝主轧辊方向的进给运动,毛坯壁厚逐渐减小,环件沿周向不断延伸,径向尺寸逐渐扩大,直到所需尺寸。图 7.22 为环件变形过程示意图。在工件的轴向再布置一组轧辊,对工件施加轴向变形,控制环件的高度,协调轧辊和被轧环件的速度差,这种方式为径向 – 轴向轧环过程,如图 7.23 所示。

7.4.2 轧环机

盘环件轧制设备可以根据环件的形式和用途,称为轧环机(轧轴承环、套、盘类环件等)、车轮轧机和齿轮轧机等。本节主要介绍轧环机。

1. 轧环机分类

(1) 根据工件在轧制状态下的空间放置形式分

按该方法可以将轧环机分为卧式轧环机和立式轧环机,如图7. 24 和图7. 25所示。立式轧环机能提供较大的轧制力,但由于外径受到空间高度的限制,应用范围受到限制。不过大多数中小型轧环机因操作方便而采用立式轧环机。而卧式轧环机如果配备完善的支

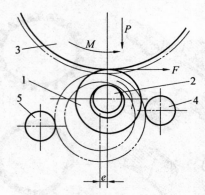

图 7.22　环件变形过程

1— 工件;2— 芯辊;3— 主轧辊;4— 导向辊;5— 测量辊

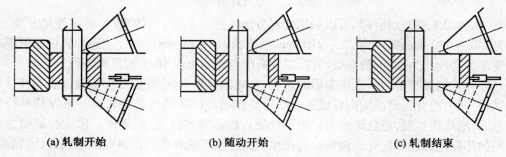

(a) 轧制开始　　　　　　(b) 随动开始　　　　　　(c) 轧制结束

图 7.23　径向－轴向轧环过程

撑装置,轧环机外径可不受任何限制,所以大型轧环机一般会采用卧式结构。

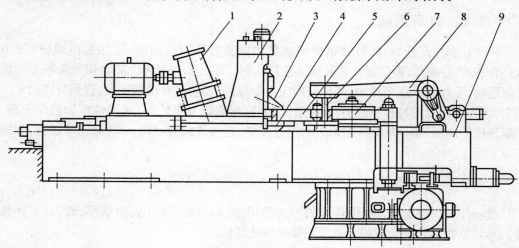

图 7.24　卧式轧环机结构

1— 传动机构;2— 机架;3— 上锥辊;4— 下锥辊;5— 工件;6— 芯辊;7— 主辊;8— 支架;9— 机身

（2）根据轧辊的空间位置分

按照该方法,轧环机可分为径向、径向－轴向及特殊用途轧环机。径向轧环机只使

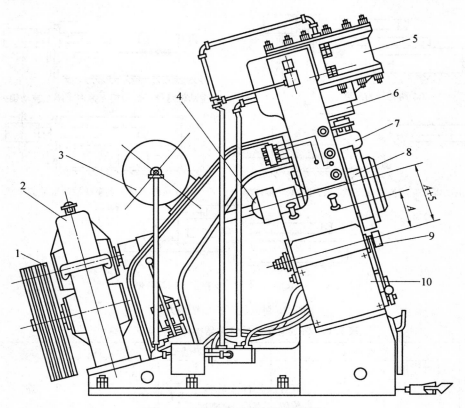

图 7.25　立式轧环机结构示意图

1— 皮带轮;2— 减速箱;3— 气罐;4— 万向节;5— 气缸;6— 活塞杆;
7— 滑块;8— 驱动辊;9— 芯辊;10— 机身

用径向轧辊,只对工件施加径向压缩变形。既有径向轧制又有轴向轧制的轧环机称为径向－轴向轧环机,该设备包括一组轴向轧辊和径向轧辊。单芯辊的径向－轴向轧环机现已实现自动化,由计算机控制,仅输入环、环坯、轧辊尺寸及材料牌号等参数就可以进行自动轧制,环尺寸、机器状态均可在显示器上显示出来。

（3）根据芯辊的数量分

轧环机按芯辊数量分为单芯辊和多芯辊两种。多芯辊轧环机多用于环件自动化生产线上,生产一些中小尺寸的环件,外径最大为 500 mm,最大质量为 40 kg。这种轧机由一个相对于主轧辊偏心的回转台,4 个芯辊安装在回转台上连续旋转,旋转轴线的偏心距取决于环件的厚度。

（4）根据工件的轧制温度分

根据工件的轧制温度,轧环机可分为热轧和冷轧两种形式。随着经济的发展和技术水平的提高,环件冷辗轧的应用逐渐增加。冷辗轧能使工件最大限度地接近成品件,具有材料利用率高、切削加工量少、工件质量好等优点,得到广泛应用。

2.卧式轧环机的结构方案

卧式轧环机的常见结构方案有 5 种,如图 7.26 所示。各种方案的特点和用途见表7.1。

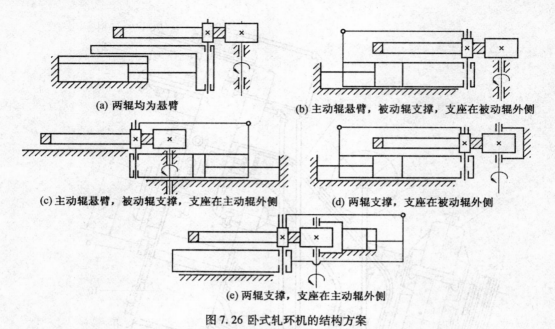

(a) 两辊均为悬臂

(b) 主动辊悬臂，被动辊支撑，支座在被动辊外侧

(c) 主动辊悬臂，被动辊支撑，支座在主动辊外侧

(d) 两辊支撑，支座在被动辊外侧

(e) 两辊支撑，支座在主动辊外侧

图 7.26 卧式轧环机的结构方案

表 7.1　卧式轧环机的常见结构方案特点和用途

方案	结构特点				优缺点				用　途
	轧辊支撑		芯辊支撑臂位置	加压缸位置	环件直径	轧机总刚度	轧辊受力情况	结构复杂程度	
	主轧辊	芯辊							
(a)	悬臂	悬臂		芯辊外侧	不受限制	最低	最差	最简单	生产宽度小,变形抗力小、尺寸精度低的环件
(b)	悬臂	非悬臂	芯辊外侧	芯辊外侧	受限制	较低	较差	较简单	生产轴承套圈之类的环件
(c)	非悬臂	非悬臂	主轧辊外侧	主轧辊外侧	不受限制	较低	较差	稍复杂	生产一般合金钢,宽度较小的环件
(d)	非悬臂	非悬臂	芯辊外侧	芯辊外侧	受限制	较低	好	稍复杂	生产一般合金钢,宽度较小的环件
(e)	非悬臂	非悬臂			不受限制	较高	好	复杂	生产各种合金钢,中等宽度的断面尺寸精度高的环件

　　对照图 7.26 和表 7.1 可以看出,(a) 方案最简单,悬臂的两个轧辊受力情况最不好,底座在轧制时产生弯曲变形,因而轧机的总刚度最低。所以这种轧环机只能生产断面尺寸精度要求不高,变形抗力小且宽度小的环件;(e) 方案结构复杂,但效果较好。它的主要优点是加压缸放在总轧制力作用线附近,上下各部件所承受的载荷和由此而产生的变形比较均匀。因此这种轧环机轧制出的环件厚度和圆柱度的精度均较高,其次是底座不

承受轧制载荷。但如果用于生产变形抗力大且宽度大而厚度小的环件,可能会存在受力部件变形大,轧环机总刚度降低的问题。这样不仅不利于轧制宽而薄的和变形抗力大的环件,而且也增加了加压缸的能耗。如果加大受力部件的截面尺寸,可以提高刚度,但部件的质量增加,设备变得笨重。

3. 轧辊

轧环机的轧辊包括主轧辊、芯辊、导向辊及测量辊等,由于各轧辊作用不同,所以使用的材料和结构形式也不同。

（1）主轧辊

主轧辊的结构形式如图 7.27 所示,其中图（a）是基本型,其余三种是改进型。常用的结构尺寸见表7.2。

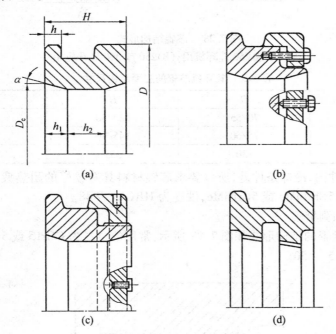

图 7.27　主轧辊的结构形式

表 7.2　轧环机主轧辊的常用结构尺寸

轧环机规格 /mm	D	D_e	H	h	α	h_1	h_2
160	360	280	85	≥ 12	15°		
250	450/420	320	100	≥ 16	15°	26	48
350	690	500	180	25 + 0.5	15° + 5′	55	70

常用的轧辊材料为 5CrMnMo 或 5CrNiMo、GCr15SiMn,硬度为 HRC45 ～ 50。

（2）芯辊

芯辊的结构如图 7.28 所示,其主要结构尺寸见表 7.3。

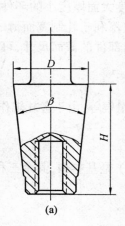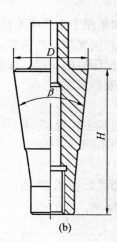

(a)   (b)

图 7.28   芯辊结构形式

（a）160 或 250 轧环机用；（b）250 或 360 轧环机用

表 7.3   轧环机芯辊的主要结构尺寸

轧环机规格 /mm	D	H	β
160	70/55	125/80	8/10
250	75/60	145/90	8
350	130	355	8

  芯辊处于环件内,冷却条件差,所以要求芯辊材料具有较好的耐热疲劳性。常用的材料有 3Cr2W8V、5CrMnMo 或 5CrNiMo,硬度为 HRC43 ~ 48。

  （3）导向辊和测量辊

  导向辊和测量辊的结构形式如图 7.29 所示,常用的材料为 GCr15 或 5CrMnMo 等,热处理硬度为 HRC45 ~ 50。

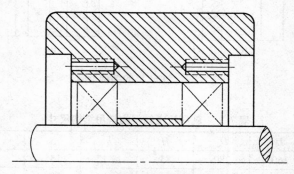

图 7.29   导向辊和测量辊的结构形式

7.5   旋   压

  旋压成型又称回转成型,是板金属加工的一个重要领域,由于板材生产技术的发展,板加工作为一种高效生产技术得到广泛应用。旋压件产品包括的范围十分广泛,主要以机械零件为主,零件的形状如图7.30所示。各种形状的管件、汽车轮辋和轮辐、发动机壳体及进气和排气口等都属于旋压件。其他如照明器具、家用器皿、电器产品和仪器仪表的壳体等旋压件的用量也很多。各种容器的封头大多数也是用旋压技术生产的。

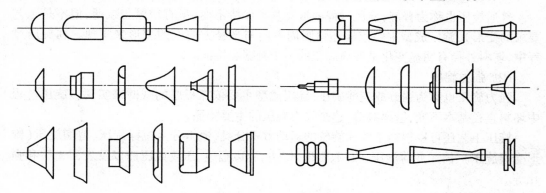

图 7.30　旋压件的形状

7.5.1　旋压的原理、分类和特点

1. 旋压原理

旋压技术是由车床上的手工擀压金属板发展而来的,将金属板夹持在车床上使其旋转,用擀棒逐渐擀压,金属板逐渐变形,最后成为回转体类零件。随着技术的发展和产品品种的扩大,自动旋压机代替了手工旋压的普通车床。目前自动旋压机已经成为具有多种功能的系列化机床产品。随着计算机应用的普及,数控自动旋压机已经成为旋压技术发展的主流。

如图7.31所示,旋压工艺通常是将金属坯料(如板料等)卡紧(一般用尾顶压紧)在旋压机上,旋压机由主轴带动芯模与坯料旋转,然后用旋轮(或擀棒)对旋转坯料施加压力,使其产生局部塑性变形。由于旋压机主轴的回转运动以及工具(旋轮或擀棒)的纵、横向进给运动,这一局部塑性变形便逐渐地扩展到整个坯料,从而获得各种形状的空心回转体零件。

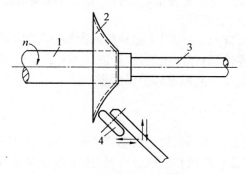

图 7.31　旋压原理示意图
1— 芯模;2— 坯料;3— 尾顶;4— 旋轮

2. 旋压分类

旋压一般根据板厚变化情况分为两大类：

（1）普通旋压

普通旋压也称为普旋，旋压过程中板厚基本保持不变（虽有增厚与减薄，但不是工艺要求的变形），旋压成型主要依靠坯料圆周方向与半径方向上的变形来实现。在旋压过程中，坯料外径有明显变化是普通旋压的一个判据和特征。

（2）强力旋压

强力旋压也称为强旋或变薄旋压，旋压成型主要依靠板厚的减壁来实现。旋压过程中坯料直径基本不变，壁厚减薄，这是强力旋压的主要特征。

旋压工艺还可以根据工件和旋轮的运动方式分类，通常分为拉深旋压、剪切旋压（锥形变薄旋压）、筒形变薄旋压、收颈、胀形、切边、卷边翻边、压纹或压筋以及表面光整和强化等。

3. 旋压的特点

旋压工艺已成为薄壁回转体零件加工中需要优先考虑的一种工艺，这是与它所具备的一系列优点相关的，其主要优点归纳如下：

① 旋压是局部连续塑性变形，变形区小，因此所需要的成型工艺力小，仅为整体冲压成型力的几十分之一，甚至百分之一，是既省力效果又明显的压力加工方法。正因为这样，旋压设备与相应的冲压设备相比要小得多，设备投资相对也较低。

② 旋压工装简单，工具费用低，而且旋压设备的调整、控制简便灵活，非常适用于多品种少数量的生产。当然，根据零件的形状，有时也能用于大批量生产。

③ 有一些形状复杂的零件，冲压很难甚至无法成型，但却适合于旋压加工。如头部很尖的火箭弹锥形药罩、薄壁收口容器、带内螺旋线的枪管及内表面有分散的点状突起的反射灯碗等。

④ 旋压件的尺寸精度高，甚至可以与切削相媲美，如直径为 610 mm 的旋压件，其直径公差为 ±0.025 mm；直径为 6 605 ~ 7 925 mm 的特大型旋压件，直径公差可达 ±1.270 ~1.524 mm。筒形件强旋时弹复极小，所以往往要用液压顶出器卸件。

⑤ 旋压零件表面粗糙度容易保证。此外，经旋压成型的零件，抗疲劳强度好，屈服点、抗拉强度、硬度都大幅度提高。

旋压工艺也有不足，首先，只适用于轴对称的回转体零件，限制了其使用范围；另外，对于单一、大量生产的零件，不如冲压高效、经济。还有旋压件塑性指标下降，韧性较差并存在残余应力等，这些应在工艺拟定时予以注意。

7.5.2　旋压机

目前已有多种不同形式不同规格的自动旋压机，按照不同特征分类如下：

按变形特点分为普旋旋压机和强旋旋压机；按用途分为通用旋压机和专用旋压机；按床身结构形式分为卧式旋压机和立式旋压机；按工具（旋轮）分为单轮、双轮、三轮、四轮及滚珠旋压机；按控制方式分为机械、液压仿形、数控旋压机。另外还可以按加热与否、芯模的有无来分类。

在生产中大量使用的是通用自动旋压机,本节以通用旋压机为例介绍旋压机结构。通用旋压机主要有卧式和立式两种形式。

1. 卧式旋压机

通常使用的旋压机是卧式旋压机,其结构如图 7.32 所示。卧式旋压机结构类似于卧式车床,故称之为机床型旋压机。卧式旋压机主要由装卡芯模的主轴箱、安装旋轮的旋轮架、顶紧板料的尾座和床身等组成。由于旋压力大于金属切削力,所以传动功率和各部分的结构强度大于车床。特别是加大了旋轮对芯模的顶压力和纵向进给力,加大了旋轮架的滑动面,提高了机床的刚度,使其具有重型机械结构的金属压力加工设备。

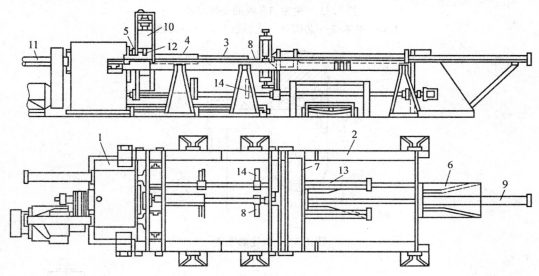

图 7.32 卧式旋压机结构示意图

1— 主轴箱;2— 床身;3— 芯棒;4— 坯料;5— 卡盘;6— 尾座;7— 横向支架;
8— 定心机构;9,11,13— 油缸;10— 旋轮架;14— 上料臂

与车床相比,通用自动旋压机结构上的主要特点是:

(1)芯模与主轴的安装

与车床相比,旋压机的旋压力很大,主轴要承担很大的轴向力和径向力。因此芯模的安装要保证工件的稳定,通常利用锥形体和法兰安装芯模。图 7.33 为三种常用的安装方式,这些安装方式既能够承受足够的旋压力,又便于快速装卸芯模,以适应多品种、小批量的生产。

(2)旋轮与旋轮架的安装

旋轮的安装与车床的刀具不同,采用轴向固定方式将旋轮装在旋轮臂上,如图 7.34 所示,然后再将旋轮臂安装在旋轮架上。旋轮臂有三种安装方式,图 7.35(a)所示的安装方式结构刚性好,安装位置不变,适用于大批量生产;图 7.35(b)(c)的安装方式是旋轮外伸量和倾斜度可调,适应性强。

(3)旋轮控制装置的特点

旋轮的控制大多采用仿形装置实现,该装置一般采用液压伺服阀或电液伺服阀,可以

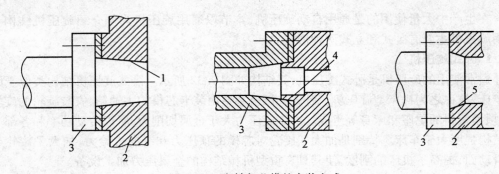

图 7.33　主轴与芯模的安装方式

1,4— 锥体;2— 芯模;3— 主轴法兰盘;5— 短锥体

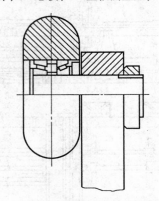

图 7.34　旋轮的安装

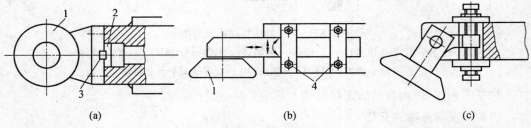

(a)　　　　　　　　　　　　(b)　　　　　　　　　　　　(c)

图 7.35　旋轮臂的安装方式

1— 旋轮;2— 定心轴;3— 定位键;4— 压板

实现多道次的循环仿形旋压,如图 7.36 所示。活动模板慢慢旋转,控制着仿形器的运动,从而控制与其联动的旋轮的运动,直到旋轮的运动与固定模板一致为止。活动模板可以做旋转运动和平移运动,可以连续运动,也可以周期性间歇运动,这些需要根据工件的形状和材料的选用决定。

2. 立式旋压机

立式旋压机的功能与卧式旋压机的功能基本相同,其结构与压力机类似,如图 7.37 所示,故又称为压力机型旋压机。

立式旋压机的高度大,敞开性好,便于一些大型工件和工具的装夹和卸下。由于主轴安装位置的限制,主轴的驱动功率和承载能力不能太大,所以普通老式旋压机多用来生产

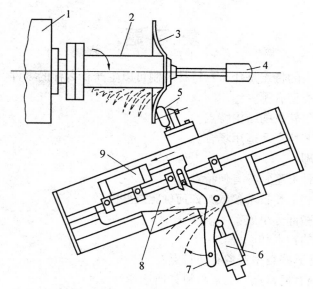

图 7.36 仿形旋压原理
1— 主轴;2— 成型模;3— 板材;4— 尾顶;5— 旋轮;6— 仿形阀;
7— 可动样板;8— 固定样板;9— 液压缸

结构轻薄的工件,也可以对冲压件、薄壁管件进行再加工。立式旋压机的操作空间较大,可以安装两个或三个旋压头和仿形装置,使板料的变形较为均匀,生产效率也较高。

通用旋压机由于适应性强,市场需求量大,因而可以批量生产。随着对各种板料需求的增加,通用旋压机的产量和品种规格有了较大增长,机械的装备水平也在不断提高。

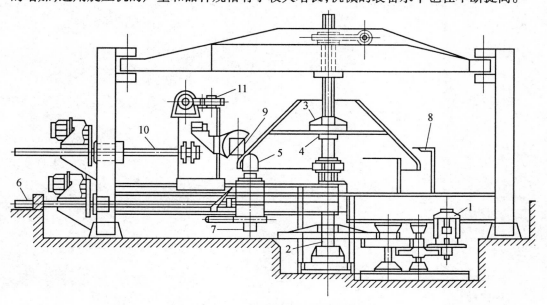

图 7.37 立式旋压机结构示意图
1— 主电机;2— 主轴;3— 上滚筒;4— 下滚筒;5— 内辊;6— 内辊水平轴;7— 内辊垂直轴;
8— 护壁;9— 外辊;10— 外辊水平轴;11— 外辊垂直轴

复 习 题

1. 特种轧制技术的特点是什么？特种轧制可以生产什么样的零件？
2. 多辊轧机的类型有哪些？
3. 简述森基米尔轧机的结构特点。
4. 试述辊锻工艺特点及适用场合。
5. 简述辊锻原理。
6. 辊锻机有几种类型？各有何特点？
7. 辊锻机有哪些主要技术参数？如何确定这些参数？
8. 辊锻机由哪些部分组成？
9. 试述楔横轧的特点和原理。
10. 楔横轧机有哪些类型？各有何特点？
11. 楔横轧轧辊有何特点？轧辊材料如何选择？
12. 试述轧环原理。
13. 轧环机有哪些类型？各有何特点？
14. 轧环机的轧辊类型有几种？
15. 简述旋压成型的特点、原理及分类。
16. 试述旋压机的结构特点。

参考文献

[1]王廷溥. 金属塑性加工·轧制理论与工艺[M]. 北京:冶金工业出版社,1988.

[2]赵志业. 金属塑性变形与轧制理论[M]. 北京:冶金工业出版社,1980.

[3]白星良. 有色金属压力加工[M]. 北京:冶金工业出版社,2004.

[4]王廷溥,齐克敏. 金属塑性加工学·轧制理论与工艺[M]. 北京:冶金工业出版社,2012.

[5]康永林. 轧制工程学[M]. 北京:冶金工业出版社,2004.

[6]王占学. 控制轧制与控制冷却[M]. 北京:冶金工业出版社,1988.

[7]王有铭. 钢材的控制轧制与控制冷却[M]. 北京:冶金工业出版社,1995.

[8]吕立华. 轧制理论基础[M]. 重庆:重庆大学出版社,1991.

[9]庞玉华. 金属塑性加工学[M]. 西安:西北工业大学出版社,2005.

[10]李曼云,孙本荣. 钢材的控制轧制与控制冷却技术手册[M]. 北京:冶金工业出版社,1990.

[11]魏立群. 金属压力加工原理[M]. 北京:冶金工业出版社,2008.

[12]段小勇. 金属压力加工理论基础[M]. 北京:冶金工业出版社,2004.

[13]王有铭. 型钢生产理论与工艺[M]. 北京:冶金工业出版社,1996.

[14]黄庆学. 轧钢生产实用技术[M]. 北京:冶金工业出版社,2004.

[15]张小平,秦建平. 轧制理论[M]. 北京:冶金工业出版社,2006.

[16]李曼云. 小型型钢连轧生产工艺与设备[M]. 北京:冶金工业出版社,1999.

[17]王子亮. 螺纹钢生产工艺与技术[M]. 北京:冶金工业出版社,2008.

[18]张景进. 板带冷轧生产[M]. 北京:冶金工业出版社,2006.

[19]第一机械工业部机电研究所. 压力加工[D]. 北京:第一机械工业部科学技术情报研究所,1980.

[20]李生智. 金属压力加工概论[M]. 北京:冶金工业出版社,2005.

[21]柳谋渊. 金属压力加工工艺学[M]. 北京:冶金工业出版社,2008.

[22]连家创,吴坚. 轧钢设备及工艺[D]. 齐齐哈尔:东北重型机械学院材料学院,1985.

[23]孙朝阳. 金属工艺学[M]. 北京:北京大学出版社,2006.

[24]张景进. 中厚板生产[M]. 北京:冶金工业出版社,2005.

[25]王仲仁. 特种塑性成型[M]. 北京:机械工业出版社,1995.

[26]秦建平,帅美荣. 特种轧制技术[M]. 北京:化学工业出版社,2007.

[27]刘战英. 轧钢[M]. 北京:冶金工业出版社,1995.

[28]林法禹. 特种锻压技术[M]. 北京:机械工业出版社,1991.

[29]王成和. 旋压技术[M]. 北京:机械工业出版社,1986.

[30]王廷溥. 轧钢工艺学[M]. 北京:冶金工业出版社,1980.

[31]邹家祥. 轧钢机械[M]. 北京:冶金工业出版社,2000.